可 再 生 能 源 应 用 系 列

太阳能光伏发电系统

U0249031

车孝轩 著

WUHAN UNIVERSITY PRESS
武汉大学出版社

图书在版编目(CIP)数据

太阳能光伏发电系统/车孝轩著. —武汉:武汉大学出版社,2024.7
(2024.12 重印)
可再生能源应用系列
ISBN 978-7-307-24250-0

Ⅰ.太⋯　Ⅱ.车⋯　Ⅲ.太阳能发电　Ⅳ.TM615

中国国家版本馆 CIP 数据核字(2024)第 033017 号

责任编辑:谢文涛　　　责任校对:汪欣怡　　　版式设计:马　佳

出版发行:**武汉大学出版社**　　(430072　武昌　珞珈山)
　　　　　(电子邮箱:cbs22@ whu.edu.cn 网址:www.wdp.com.cn)
印刷:武汉邮科印务有限公司
开本:787×1092　1/16　印张:17.75　字数:418 千字　插页:1
版次:2024 年 7 月第 1 版　　2024 年 12 月第 2 次印刷
ISBN 978-7-307-24250-0　　　定价:60.00 元

2023. 4

推 薦 状

東京理科大学名誉教授

元日本太陽エネルギー学会会長

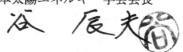
谷　辰夫

　我々は、科学・技術の進展によって、豊かな生活を享受することになったが、経済性や効率を重視するあまり、地球環境問題、エネルギー問題という大きな課題に直面しております。日本において、東日本大震災の後、現在原子力発電所が数か所を除いてストップしている状態です。この代わりに、火力発電所を再稼働し、電力を賄っているのが現状です。

　中国の電源構成は石炭発電が中心となっており、環境汚染が大きな問題です。「中国再生可能エネルギー十三五計画」により、2030 年まで非化石エネルギーによる消費量は一次エネルギーの 20％に占め、2050 年までには全電力の 82％を非化石電源にするということです。

　この計画を実現するため、地球環境問題、エネルギー問題を解決するには、再生可能エネルギーの利用が不可欠です。また人々の環境、エネルギーに対する関心や意識を高める必要があります。特に若手技術者の育成は最重要課題の一つです。

　本シリーズでは、これらの要求に応えるため執筆され、太陽光発電システム、再生可能エネルギー発電システム、および分散型発電システムの３部から構成され、最新技術や応用事例を多く取り入れ、発電システム構成や特長が明瞭に記され、内容を平易に書くことに心がけており、高校生以上の読者に十分読みこなすことができるように配慮しています。学生の環境・エネルギーの教材として、また技術者・研究者の文献、参考書として十分活用できると思います。

　本シリーズは必ずや人々の環境、エネルギー問題に対する意識向上や技術者に大いに貢献すると確信し、推薦致します。

推荐信

由于科学技术的进步，我们正享受着富裕的生活，但因人们过于重视经济性和效率，所以正面临地球环境问题、能源问题等重大课题。东日本大地震后，除了几座核电站在发电外，其余均已停发，现处在重启火力发电以满足电力需要的状态。

中国的电源构成以煤电为主，环境污染是一大问题。根据"中国可再生能源十三五规划"，到 2030 年非化石能源的消费量将占一次能源的 20%，到 2050 年非化石电源将占总电源的 82%。

为了实现上述规划，解决地球环境问题、能源问题，因此必须利用可再生能源。此外，提高人们对环境、能源的关心和意识也非常必要，特别是培养年轻科技工作者也是最重要的课题之一。

为了满足上述的需要，著者特编著了这套丛书，该丛书由《太阳能光伏发电系统》、《可再生能源发电系统》以及《分布能源发电系统》3 册构成。在编著过程中，著者力求介绍最新技术和应用事例，简明介绍发电系统的构成、特点等，内容通俗易懂以满足高中以上读者的需要。本丛书可作为学生的教材、技术工作者以及研究人员的文献、参考书使用。

本丛书将会对提高人们的环境和能源问题的意识及对技术工作者有所贡献，特为读者推荐此书。

东京理科大学名誉教授
原日本太阳能学会会长
谷辰夫
2023 年 4 月

前　言

在现代社会中，为了满足工业化、文明化、人口增长以及经济发展的需要，全球一次能源消费量和电能消费量正在不断增加。到 2020 年年底，全球人口约为 76 亿，全球一次能源消费量换算成石油约为 151 亿吨，全球电能消费量约为 23.1 TkWh。由于人类已进入 21 世纪高度信息化时代，随着 5G 技术、人工智能技术、物联网技术、电动汽车等的应用与普及，全球的能源需求将会不断增加。

目前人类主要使用的石油、天然气、煤炭等化石能源，铀 235 等资源正在不断减少，未来将面临化石能源枯竭的境地。有关资料显示全球化石能源最大可开采年数约为 164 年，而我国再过 30 年左右将面临无煤可挖、无油可采、无气可开的严峻局面，因此寻找替代能源，实现能源转型已刻不容缓。

人类利用化石能源时会产生二氧化碳（CO_2）、氮氧化物（NO_x）以及硫磺氧化物（SO_x）等温室气体或有害气体，会导致温室效应、大气污染、酸雨、呼吸疾病、海洋酸化等环境问题的发生，其中温室效应主要由二氧化碳温室气体的大量排放、浓度不断上升所致，它对地球的自然环境、生态系统产生巨大影响。根据温室气体世界资料中心的相关数据，最近 20 年间全球的二氧化碳浓度增加了 42.6ppm（1ppm = 0.0001%），增长率为 11.5%。由于二氧化碳浓度仍在不断上升，如果不加以控制，未来将直接危及人类的生活和生存，因此利用太阳能等清洁能源，降低碳排放已迫在眉睫。

在最近 100 年间，温室气体的排放已使地球温度上升了 1.09℃。预计到 2040 年可能上升 1.5℃，2300 年海平面水位可能上升约 15m，有可能对上海、广州，甚至内陆的南京、武汉等城市产生严重影响。由于受二氧化碳等因素的影响，全球平均气温仍在不断上升，因此 2015 年通过了《巴黎协定》，其目标是国际社会同意将 21 世纪全球气温上升幅度控制在比工业化前（指 1850 年到 1900 年 50 年间的全球气温的平均值）的水平高 2.0℃以内，并努力将气温上升限制在 1.5℃以内。为了实现这一宏伟目标，必须大力推广太阳能光伏发电的应用与普及。

太阳能是由太阳内部的氢原子经核聚变反应而产生的一种能量，它每秒向宇宙释放出约 $3.8×10^{23}$ kW 的巨大能量，大约有 $121×10^{12}$ kW 的能量到达地表。由于太阳的能量巨大、取之不尽、用之不竭、清洁无污染，是一种非常理想的能源，所以可充分利用太阳能以解决能源供给、经济发展以及环境污染等问题，造福于人类。

太阳能光伏发电使用太阳的光能，而太阳能电池是太阳能光伏发电的核心部件，它将太阳的光能直接转换成电能。该发电方式具有发电资源丰富、清洁无污染、寿命长、可分布设置、使用方便、发电无噪声、安装维护方便等特点，可广泛用于住宅屋顶、工商业屋顶、大型电站等众多领域，为用户提供清洁能源，减少二氧化碳排放。

我国将采取更加有力的政策和措施，力争使二氧化碳排放于 2030 年前达到峰值（又称碳达峰），努力争取 2060 年前实现碳中和。为了实现上述目标，我国正在实现能源转型发展，进一步提高非化石能源占一次能源消费比重，太阳能将从补充能源向替代能源转变，可以预料，未来太阳能光伏发电将会得到高速发展。

近年来，太阳能光伏发电系统正在急速普及，其背景除了与人口增加、能源需求增加，化石能源枯竭、二氧化碳浓度增加、全球气温上升、环境污染等问题有关之外，还与"电能购买制度"有关，即电力公司购买住宅屋顶、工商业屋顶等设置的太阳能光伏发电系统所发电能，一般用户可设置太阳能光伏发电系统，自发自用，余电上网，以一定的价格将电能出售给电力公司获得收益。此外，还与太阳能光伏发电的技术进步、发电成本降低以及人们对能源需求的增长、环保意识的提高密切相关。因此有理由相信，解决能源需求、经济发展以及环境保护等问题的必由之路是尽量减少化石能源的消费量，全力推广太阳能光伏发电等的应用与普及。

为了进一步提高人们的新能源和环保等方面的意识，大力普及太阳能光伏发电方面的知识，积极推进太阳能发电的应用与普及，配合国家实现"碳达峰"和"碳中和"的目标，满足一般读者、工程应用者以及科技工作者等的需要，特编写了"可再生能源应用系列"，该丛书由《可再生能源发电系统》《分布式发电系统》以及《太阳能光伏发电系统》共三册构成，内容包括基础知识、目前世界的最新技术、科研成果以及应用等，在编写过程中遵循简明、易读、实用的原则，希望该应用丛书能为解决能源、经济以及环境等问题尽微薄之力。

《太阳能光伏发电系统》一书是"可再生能源应用系列"之一，主要介绍了太阳能，太阳能光伏发电原理，各种太阳能电池的结构、原理、特点、性能、制造方法，各种发电系统的构成、设计、施工、试验、故障诊断以及应用等。此外还介绍了国内外的最新技术、科研成果等。本书的特点是全面、详细地介绍了太阳能电池的发电原理、太阳能电池的制造方法、各种太阳能电池组件、各种发电系统以及各种应用等，可作为一般读者、工程应用者和科研工作者的参考书。

"可再生能源应用系列"的出版，很荣幸得到原日本太阳能学会会长（相当于中国太阳能学会理事长）、原东京理科大学教授、现名誉教授谷辰夫先生的推荐，在此深表谢意！

在本书的编写过程中，陈惠老师参与了校对工作。本书的出版还得到了武汉大学出版社谢文涛编辑等的大力支持，在此深表谢意！

车孝轩
2024 年 1 月

目　　录

第1章 太阳能光伏发电总论

21世纪人类文明的发展面临诸多问题。人口的增加、经济的发展必然会导致能源需求的增加，化石能源的不断开采必然会出现化石能源的短缺，化石能源的使用又会导致环境的污染、破坏。经济（Economy）的发展使能源（Energy）的需求增加，从而导致环境问题（Environment problem）出现。三者（又称3E问题）之间形成链环，要想独立解决其中的任何一个问题并非易事。

随着我国经济的快速发展和5G、人工智能、物联网等新技术的应用，能源的需求量越来越大，同时大量使用化石能源使能源枯竭、环境污染等问题日益突出。近年来由于人们对经济发展、能源安全、环境保护等问题日益关注，使得太阳能光伏发电等清洁能源的利用受到了越来越广泛的重视。

太阳能光伏发电是指利用太阳能电池将有效吸收的太阳辐射能直接转换成电能的直接发电方式。该发电方式利用太阳能，具有资源丰富、清洁无污染、设备寿命长、使用方便、发电无噪声、安装维护便捷等特点。太阳能光伏发电越来越受到人们的高度重视，其应用正在急速扩大。

本章主要论述能源与需求、可开采资源、环境问题等，包括：太阳能、太阳能的利用、太阳能光伏发电简介、太阳能光伏发电的特点、太阳能光伏发电的现状和未来等，并阐述太阳能光伏发电应用和普及的必要性。

1.1 能源与需求

能源是人类赖以生存的基础，从日常生活所必需的电、水、气到人们所利用的交通、通信、娱乐等都与能源息息相关，因此人类为了生存需要利用诸如石油、煤炭、电能等能源。

在现代社会中，随着全球人口的增加，全球一次能源消费量和电能消费量也在不断地增加。从图1.1可以看出，从1980年到2020年的40年间，全球人口从44.5亿增加到76亿，增长了约1.71倍；全球一次能源消费量换算成石油，从66亿吨增加到151亿吨，增长了约2.29倍；全球电能消费量则由6.8TkWh增加到23.1TkWh，增长了约3.4倍。人类已进入21世纪高度信息化时代，随着5G技术、人工智能技术、互联网技术、电动汽车等的应用与普及，全球的能源需求将不断增加，特别在亚洲，随着人口的增加和经济的快速发展，能源需求将会显著增加。

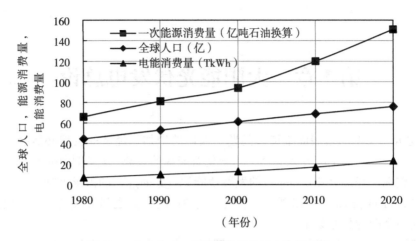

图 1.1　全球人口、能源消费量以及电能消费量

1.2　可开采资源

为了满足人口增加和经济发展等的需要，能源需求正在不断增加，目前所使用的能源主要是石油、天然气、煤炭、铀 235 等资源。图 1.2 所示为全球化石能源可开采年数，其中石油的开采年数约为 41 年，天然气约为 67 年，煤炭约为 164 年，铀 235 约为 85 年。可见化石能源的开采年数最大为 164 年左右。而我国的石油开采年数约为 11.7 年，天然气约为 27.8 年，煤炭约为 31 年，也就是说，再过 30 年左右，我国将无煤可挖，无油可采，无气可开。尽管最近发现了页岩气、可燃冰等能源，但这些能源也是有限的，终究会被开发利用直至枯竭。因此为了维持人类的生存与发展，使用包括太阳能光伏发电在内的可再生能源发电是解决未来能源需求的必由之路。

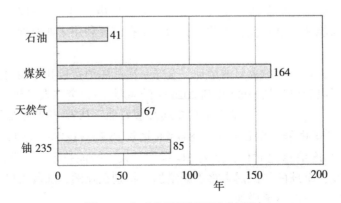

图 1.2　全球化石能源可开采年数

1.3 环境问题

人类利用能源可以追溯到约 50 万年前发现火的时代，人类使用石油、煤炭等作为能源也已有相当长的历史了，虽然这些能源为人类的生存、发展以及社会的进步提供了很大的支持，但同时也给人类自身带来了很大的问题。由于二氧化碳对地面热量的反射，加快了地球表面温度升高、冰川融化、海平面升高、极端天气频发、冰川快速消失、大量土壤荒漠化等，使地球的环境（如空气、气候等）受到了很大的影响，已经直接危及人类的生活、生存条件。因此必须解决使用化石能源给人类自身带来的诸多问题。

1.3.1 全球二氧化碳浓度

目前，人类利用的主要能源是煤炭、石油、天然气等化石能源，它们的主要成分是碳，此外还含有磷和硫磺。利用化石能源时会产生二氧化碳（CO_2）、氮氧化物（NO_x）以及硫磺氧化物（SO_x）等物质，这些物质会导致温室效应、大气污染、酸性雨、呼吸疾病、海洋酸化等环境问题的发生。温室效应主要由二氧化碳的大量排放、浓度不断上升所致，它对地球的自然环境、生态系统产生巨大影响。而大气污染主要由氮氧化物和硫磺氧化物等物质产生。由于化石能源的消费量仍在不断增加，这些有害物的排放量也在不断增加，因此必须大量减少化石能源的使用。

太阳能在到达地球的过程中，一部分被辐射至宇宙，一部分被大气所吸收，另一部分到达地表。到达地表的光先蓄积在地表，然后以红外线，即以热的形式放出，此时二氧化碳、甲烷（CH_4）、对流层臭氧（O_3）等吸收一部分红外线，使地球表面的平均温度保持在适应生物生存的 14° 左右。这种具有让光通过、可吸收热能的气体成为温室气体。由于经济活动的不断增加，大气中的温室气体浓度也在急剧增加，使本应向太空辐射的红外线被温室气体所吸收，导致地球表面的平均温度上升，温室效应不断加剧。

温室效应可能会导致全球气温升高、海面水温上升、降水量的变化，引起洪涝干旱、热带低气压等极端气候的增加，造成物种的大量灭绝等。另外，自然环境的变化使水资源减少、影响农林渔业，产生粮食不足以及人类健康等诸多问题。

根据温室气体世界资料中心的相关数据，图 1.3 所示为 2000—2020 年全球二氧化碳浓度，由图可知，最近 20 年间的二氧化碳浓度增加了 42.6ppm（1ppm＝0.0001%），增长率为 11.5%，而最近 10 年间的二氧化碳浓度增加了 22.15ppm，增长率为 5.7%。由于全球二氧化碳浓度正在不断上升，如果不加以控制，未来将直接危及人类的生活和生存，因此利用太阳能等清洁能源发电，解决能源供给、降低碳排放已刻不容缓。

1.3.2 全球平均气温上升

环境问题主要表现为地球温室效应和酸性雨等。地球温室效应是由于二氧化碳、氟利昂等温室气体使地球吸收的太阳能量不易散发到大气层外而导致的，温室气体使地球表面的温度在最近 100 年间上升了约 1℃。二氧化碳主要是由于使用化石能源而产生的，化石能源除了产生二氧化碳外，还排出硫磺氧化物、氮氧化物等，由此形成酸性雨。

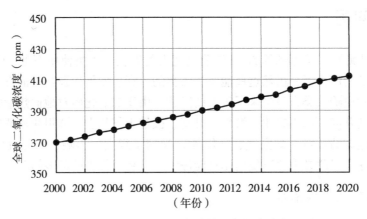

图1.3　2000—2020年全球二氧化碳浓度

图1.4所示为全球平均气温上升曲线。由图可知，由于受二氧化碳等因素的影响，全球平均气温在不断上升。根据2015年通过的《巴黎协定》，国际社会同意将本世纪全球气温上升幅度控制在比工业化前水平高2.0℃以内，并努力将气温上升限制在1.5℃以内。为了实现这一宏伟目标，必须大力使用可再生能源，推广包括太阳能光伏发电在内的可再生能源发电的应用和普及。

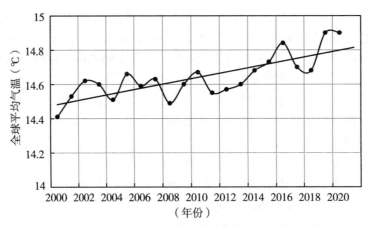

图1.4　全球平均气温上升曲线

由于化石能源总会枯竭，使用化石能源会造成二氧化碳浓度增加、全球气温上升、环境污染等问题，加之太阳能等可再生能源的利用在技术上、经济上已成为可能，因此有理由相信，解决经济发展、能源需求以及环境破坏等问题的办法之一是尽量减少化石能源的消费，大力使用可再生能源，全力推广太阳能光伏发电等可再生能源发电的应用和普及。

1.4 太阳能

太阳能是由太阳内部的氢原子经核聚变而产生的一种能量,它每秒向宇宙释放出约 $3.8×10^{23}kW$ 的巨大能量,到达大气层外的能量约为 $1.73×10^{14}kW$ (约为太阳每秒向宇宙释放能量的 1/22 亿),其中约30%的能量 $0.52×10^{14}kW$ 会反射到宇宙,剩下的70%的能量约 $1.21×10^{14}kW$ 到达地表。由于大气层中的云、水分子等的反射和吸收作用,太阳能在到达地表的途中会减少,但该能量仍相当于目前全球总消费电能 $1.10×10^{10}kW$ 的一万倍以上。太阳照射至地表的辐射强度约为 $1kW/m^2$,可利用太阳能电池将太阳的光能直接转换成电能。人们推测太阳的寿命约为 100 亿年,其寿命至少还有约 54 亿年,由于太阳的能量巨大、取之不尽、用之不竭、清洁无污染,是一种非常理想的能源,所以充分利用太阳能可解决能源供给、经济发展以及环境污染等问题。

太阳能的特点主要有:①太阳能特别巨大,太阳照射在地球上一小时的能量相当于全球一年的总消费量;②太阳能非枯竭,据推测太阳的寿命至少还有约 54 亿年,因此对于地球上的人类来说太阳能可被视为一种无限的能源;③太阳能非常清洁,不含有害物质,不排出二氧化碳,对大气无污染,不影响地球的热平衡;④太阳能无地域不均匀性;⑤太阳能的能量密度较低,地表约为 $1kW/m^2$。由此可见,太阳能具有能量巨大、非枯竭、清洁、均匀等特点,是一种非常理想的清洁能源,如果有效利用太阳能,可为人类提供充足的清洁能源。

1.5 太阳能的利用

太阳能可广泛用于民生、工业、农业、林业、环保、发电、园艺、消毒等众多领域,其利用形式多种多样,主要可分为太阳热利用和太阳光利用。太阳热利用可分为直接利用和间接利用,直接利用主要有太阳能光热发电、太阳能冷暖空调、供热、温室、太阳能灶等;间接利用主要有水力发电、风力发电、波浪发电、潮汐发电以及潮流发电等。其中,太阳能光热发电是利用凸面镜、平面反射镜等聚光、集热获得的高温高压热能(如热工质、水蒸气等),利用汽轮机将热能转换成电能的发电方式。

太阳光能的利用也可分为直接利用和间接利用。直接利用主要有太阳能光伏发电、太阳光分解(如光催化等)、太阳光化学反应、环保光催化等;间接利用主要有光合成利用(如农林业)、生物质能利用(如制造燃料等)、园艺、消毒以及杀菌等。其中,太阳能光伏发电是一种利用太阳能电池将太阳的光能直接转换成电能的发电方式。在生物质能利用方面,可利用秸秆等生物质制造氢能和甲醇等燃料,作为化石能源的替代能源。

1.6 太阳能光伏发电简介

太阳能光伏发电所使用的能源是太阳的光能,而由半导体器件构成的太阳能电池是太阳能光伏发电的核心部件,太阳能电池发电基于光生伏特效应(photovoltaic effect)原理,将太阳的光能直接转换成电能。太阳能光伏发电系统主要有三种类型，即安装在一般居民家庭屋顶的户用型太阳能光伏发电系统，安装在楼宇、工厂等工商业屋顶、幕墙等处的工商业型太阳能光伏发电系统以及安装在辽阔的沙漠、地面或水面的大型太阳能光伏发电站。大型太阳能光伏发电站又称集中型太阳能光伏发电站或大型光伏电站。

图 1.5 所示为户用型太阳能光伏发电系统。该系统主要由太阳能电池方阵、汇流箱、并网逆变器、智能电表、室内配电盘、配线以及插座等构成。太阳能电池方阵的直流出力在汇流箱中进行汇集，然后送入并网逆变器转换成交流电，最后交流电经室内配电盘送往各室内电器使用。

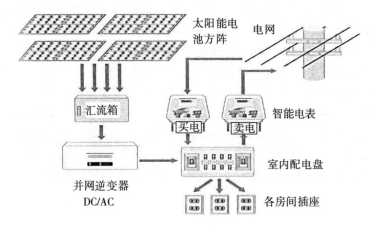

图 1.5　户用型太阳能光伏发电系统

太阳能电池是发电装置，是整个系统的核心部分。太阳能电池是一种将丰富的太阳光能直接转换成电能，但不能储存电能的光伏器件。它可利用取之不尽、用之不竭的太阳光能发电，具有清洁环保、应用灵活、使用方便等特点。太阳能电池的种类较多，用于发电的太阳能电池主要有单晶硅太阳能电池、多晶硅太阳能电池以及化合物太阳能电池等。

在太阳能光伏发电系统中，先将多枚太阳能电池组件和阻塞二极管串联成一组，称为组串，然后对各组串进行并联，构成太阳能电池方阵。太阳能电池组件一般由尺寸为150mm×150mm（我国已研发出 210mm×210mm 的芯片）、厚约 0.2mm 的太阳能电池芯片串联而成。在住宅屋顶安装的户用型太阳能光伏发电系统中一般使用数枚至数十枚组件，系统容量为 5kW 左右。汇流箱用来将多个子方阵的输出电路汇集成一路，然后接入并网逆变器。

由于太阳能电池的输出为直流电，而通常需将发出的电能供交流负载使用或送入交流电网，因此需要使用并网逆变器。并网逆变器由逆变器、并网装置、系统监视、保护装置以及蓄电池充放电控制装置等构成，具有将直流电转换成交流电、并网、最大功率点跟踪、监控、保护等功能。太阳能光伏发电系统一般接入配电网，进行电能流通和电能买卖。在一些大型太阳能光伏发电站也可接入输电网，将电能输往遥远的负荷中心。

室内配电盘用来分配电能供室内各负载使用，在其内装有漏电开关、分路开关等。当室内的电器等出现漏电时，漏电开关动作断开全部电路。当其他电路出现过电流时，分路开关动作切断电路以保护电器。在并网型太阳能光伏发电系统所使用的配电盘中，在太阳能电池侧装有开关，并网型太阳能光伏发电系统在配电盘中接入电网。

电表有买电电表和卖电电表，买电电表用来记录用户从电力系统购买的电能，而卖电电表用来记录用户送入电力系统的销售电能。记录电能可分别设置买电电表和卖电电表，也可设置一块智能电表。智能电表除了具备传统电能表基本用电量的计量功能以外，为了适应智能电网和新能源的使用，它还具有双向多种费率计量功能、用户端控制功能、多种数据传输模式的双向数据通信功能以及防窃电功能等智能化的功能。

图 1.6 所示为大型太阳能光伏发电站，该电站可利用地面、水面、沙漠等地进行建设，为当地用户提供电能，或将电能经电网送往大城市等负荷中心。建设大型太阳能光伏发电站可降低建设和管理运营成本，充分利用沙漠、闲置的土地以及水面等资源。

图 1.6   太阳能光伏发电站

近年来，太阳能光伏发电系统正在急速地普及，其背景与"电能购买制度"有关，即利用该制度电力公司购买家庭、楼宇等太阳能光伏发电系统所发电能。一般家庭可设置太阳能光伏发电系统，自发自用，余电上网，以一定的价格将多余电能出售给电力公司获得收益；此外还与太阳能光伏发电系统的发电成本降低以及人们对能源需求、环保意识的提高密切相关。

1.7   太阳能光伏发电的特点

太阳能光伏发电系统所利用的能源是太阳能，由半导体器件构成的太阳能电池是该系

7

统的核心部分，它将巨大、清洁的太阳能直接转换成电能。太阳能光伏发电具有如下特点：

1. 在使用能源方面

包括：①发电利用能量极其巨大，取之不尽、用之不竭的太阳能；②与火力发电等相比不需要燃料，可节约燃料成本；③发电对环境无污染，无有害排放物，有助于解决地球环境、地球暖化等问题。

2. 在发电设备方面

包括：①太阳能电池将太阳的光能直接转换成电能，无可动部件，无机械磨损、发电时无噪声；②太阳能电池的使用寿命较长，可达 30 年以上；③太阳能光伏发电系统结构简单，运行维护管理比较方便、可实现自动化、无人化运行。

3. 在发电特性方面

包括：①火力发电、核能发电的发电效率因容量而变，但太阳能光伏发电的转换效率与其容量大小无关，对于太阳能电池组件、方阵来说，其转换效率变化不大；②无论是夏季还是冬季，是正中午还是傍晚，是晴天还是雨天，太阳能电池在弱光下均可发电。

4. 在应用方面

包括：①太阳能电池以组件模块为单位，可根据用户的需要增减组件，非常方便地增减系统容量，以满足负载的要求；②太阳能光伏发电系统可作为离网系统使用，为偏僻山村、孤岛、海洋导航设备等提供电能，也可作为应急电源用于救灾、应急等场合；③可作为分布式发电系统，设置在负荷近旁，不需输电设备，没有输电损失，可降低成本，节省能源；④作为分布式电源使用时，可与具有独立运行功能的并网逆变器、蓄电池等设备并用，提高电力系统的电能质量和稳定运行；⑤可使电源多样化，改善配电系统的运行特性，如实现高速控制、无功功率控制等，提高电力系统的可靠性；⑥太阳能发电出力峰值一般与昼间电力需求峰值重合，利用太阳能发电的电能可削减系统峰荷。

5. 太阳能光伏发电的缺点

包括：①能量密度较低、大容量发电站需要占用较大的设备安装面积；②太阳能电池的输出功率随季节、天气、时刻的变化而波动，且夜间不能发电，是一种间歇式电源；③发电系统的输出为直流电能、且无蓄电功能；④太阳能光伏发电系统在夜间不能发电，该发电系统不能作为基荷电源使用；⑤火力发电的发电效率一般为 30%～60%，而太阳能光伏发电系统的为 10%～22%，与火力发电相比发电效率较低；⑥太阳能光伏发电可能产生多余电能，造成配电线局部电压上升、频率波动等现象；⑦太阳能电池制造和发电成本还有降低的空间，未来需要进一步提高太阳能电池的转换效率、降低成本。

1.8 太阳能光伏发电的现状

1.8.1 太阳能电池产量的现状

随着太阳能光伏发电在民用住宅屋顶、工商业屋顶、大型电站等众多领域的广泛应用，太阳能电池的需求量在不断增加，太阳能电池的年产量也在不断增加。图1.7所示为我国2015—2020年5年间的太阳能电池年产量的现状。2015年的产量为58.63GW，2020年为157.29GW，增长了约2.68倍。与2019年的128.62GW相比，2020年同比增速为22.3%。为了实现2030年碳达峰、2060年碳中和的目标，毫无疑问，未来我国的太阳能电池产量将会不断增加。

图1.7 太阳能电池产量的现状

1.8.2 太阳能光伏发电总装机容量的现状

图1.8所示为太阳能光伏发电总装机容量的现状。截至2020年年底，全球太阳能光伏发电总装机容量已达到760GW，2020年新增装机容量为133GW，与2019年的627GW相比，增长了21.2%。同样，我国太阳能光伏发电总装机容量已达到254.35GW，约占全球的33.5%，居全球第一位。2020年新增装机容量为49.65GW，与2019年的204.7GW相比，增长了24.3%，预计到2030年总装机容量将达到400GW。可见我国的太阳能光伏发电装机容量在持续增加，在全球占有重要地位。

我国将采取更加有力的政策和措施，使二氧化碳排放力争于2030年前达到峰值（又称碳达峰），努力争取2060年前实现碳中和。为了实现上述目标，我国正在实现能源转型发展，进一步提高非化石能源占一次能源消费比重，太阳能等可再生能源从补充能源向替代能源转变，可以预料，未来太阳能光伏发电将会得到高速发展。

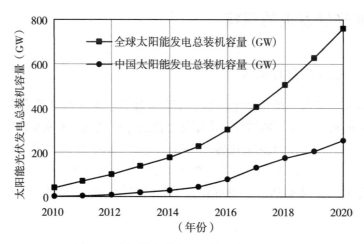

图 1.8　太阳能光伏发电总装机容量的现状

1.9　太阳能光伏发电的未来

1. 居民拥有自己的发电站

太阳能光伏发电有着广阔的发展前景,应用领域也在不断扩大。居民家庭可以拥有自己的自家消费型发电站,发出的电能可优先自己使用,有多余电能时可出售给电力公司获得收益。在一些楼宇可建造太阳能光伏发电系统,一方面可自发自用,解决自身用电问题,另一方面可减少碳排放,为实现到 2030 年碳达峰、到 2060 年碳中和的目标做贡献。

2. 加油站变为加氢站

由于燃料电池既可发电又可提供热能,不排出温室气体和有害气体,能源利用率很高,可达 80% 以上,因此它有望成为未来主要的能源供给方式。由于家庭用燃料电池发电、燃料电池汽车、燃料电池充电器等都需要使用氢气,因此可使用太阳能光伏发电的电能制造氢能,变现在的加油站为加氢站,为燃料电池等提供清洁、廉价的氢能源。

3. 太阳能充电站

电动汽车也正在逐步走向居民家庭,越来越多的家庭在住宅屋顶安装太阳能光伏发电系统,在住宅附近安装蓄电池或太阳能充电站,使用太阳能光伏发电系统所发电能对电动汽车、电动摩托车以及电动自行车等进行充电。另外,在地震灾害、电网停电等紧急情况下,可以利用电动汽车的蓄电池放电,为照明、通信以及家电提供电能,以解决无电时的用电问题。此外,利用太阳能充电站和电动汽车的蓄电池还可与电网进行联动,当电网供电不足时由蓄电池补充,而电网有多余电能时由蓄电池接纳,提高电力系统的电能质量和稳定运行。

4. 小型电网诞生

由于可再生能源发电（包括太阳能光伏发电、风力发电、小型水力发电、燃料电池发电、生物质能发电等）的大量应用和普及，太阳能光伏发电、风力发电等间歇式发电的出力变化、频率波动以及多余电能等会对电网的电能质量、稳定运行等产生不良影响，因此对可再生能源发电和负载消费电能之间的供求进行最优控制、协调管理等显得非常重要，有必要建设小型电网。

小型电网由可再生能源发电系统、制氢系统、储能系统、负载、区域配电线等设备构成独立电网。可再生能源发电系统所发电能通过区域配电线优先供区域内负载使用，有多余电能时利用储能系统进行储存，或利用制氢系统将多余电能转换成氢能。当可再生能源发电系统所产生的电能和储能系统的电能不能满足负载的需要时，可通过燃料电池发电为负载供电。可以预料，小型电网与大电网同时共存的时代必将到来，这将会使现在的电网、电源构成等发生很大的变化。

5. 全球规模的太阳能光伏发电系统

太阳能光伏发电有许多优点，但也存在一些弱点，例如，该系统在夜间不能发电，雨天、阴天发电量会减少，因此无法保证稳定的电力供给。随着光电技术的发展、超导电缆技术的进步，将来有望实现全球规模的太阳能光伏发电系统，即在地球上各地分布设置太阳能光伏发电系统，用超导电缆将这些发电系统连接起来形成一个网络，从而构成全球规模的太阳能光伏发电系统。

利用全球规模的太阳能光伏发电系统，可将昼间地区的多余电能输往太阳能光伏发电系统不能发电的夜间地区使用，这样无论在地球上的任何地区都可以从其他地区得到电能，使电能得到可靠供给、合理使用。当然，实现这一计划还面临许多问题，从技术角度看，需要研发高性能、低成本的太阳能电池以及常温下的超导电缆等。

6. 太空太阳能发电站

在地球上太阳能的利用受太阳能电池的设置纬度、昼夜、四季等日照条件的变化和气象条件等因素的影响而发生很大变化。与地球上相比，大气层外的太阳光能量密度高 1.4 倍左右，日照时间长 4~5 倍，发电量高 5.5~7 倍。为了克服在地球上发电的不足，人们提出了太空太阳能光伏发电（SSPS）的概念。太空太阳能发电站由太阳能电池、输电天线、接收天线、电力微波转换器、微波电力转换器以及控制系统等构成。其发电原理是将位于地球上空 36000km 的静止轨道上的太阳能电池板展开，将太阳能电池发出的直流电转换成微波，通过输电天线传输到地球，然后将微波转换成直流电或交流电供负载使用。

我国计划到 2035 年建成 200MW 级的太空太阳能发电站，设计寿命约 30 年。该太空太阳能发电站将按四步走设想向前推进，2011—2020 年的第一阶段进行太空太阳能发电站的验证与设计；2021—2025 年的第二阶段将建成第一个低轨道空间太空太阳能发电站；2026—2035 年的第三阶段将发射太空太阳能发电站并完成组装；2036—2050 年正式实现太空太阳能发电站商业运营。

　　在现代生活中，电力是不可缺少的能源。电力的产生主要分为使用煤炭、石油、天然气的火力发电、使用铀235等核燃料的核能发电以及使用太阳能等的可再生能源发电等。现在，除了少数几个国家之外，火力发电在一些国家仍是主流发电方式，但这种发电方式存在燃料枯竭、环境污染等问题。对环境的影响主要有大气污染、水质污染以及地球暖化等。核能发电与火力发电相比虽然具有发电使用燃料少、不排放二氧化碳等优点，但考虑核能发电后的放射性核废料处理和发生核事故后对环境的影响，它对环境的压力也不小。在这样的背景下，太阳能光伏发电等可再生能源发电备受瞩目。随着太阳能光伏发电技术的进步、发电效率的不断提高以及成本的不断下降，设备小、投资少、可分布设置的太阳能光伏发电正在广泛应用和大力普及，不久将成为主流电源。

第 2 章 太 阳 能

太阳能（solar energy）是由太阳的氢原子经过核聚变而产生的一种能源。太阳的寿命很长，是一种非枯竭的能源，太阳的能量特别巨大，用于发电时不排出有害气体和二氧化碳等温室气体，是一种清洁环保、非常理想的能源。太阳能光伏发电系统利用太阳能电池将太阳的光能直接转换成电能，称之为太阳能光伏发电。该发电系统的发电出力、转换效率等与太阳能密切相关。

本章主要介绍太阳的结构、太阳能的产生、太阳辐射的衰减、太阳常数和大气质量、太阳光谱、地表太阳能的分布、直接辐射、散射辐射与总辐射、辐射量的分布、日射诸量、太阳能电池的光谱响应特性以及太阳能利用等内容。

2.1 太阳的结构

太阳是一颗位于离银河系中心约 3 万光年位置的恒星，半径约为 $6.96×10^5$ km，质量约为 $1.99×10^{30}$ kg，太阳核的密度为 160g/cm³，分别为地球的 108 倍、33 万倍和 29 倍。太阳离地球的平均距离约为 $1.5×10^8$ km。图 2.1 所示为太阳的结构，可分为内部结构和大气结构。从太阳的中心向外依次为太阳核（半径为 10^5 km）、辐射层（厚 $4×10^5$ km）、对流层（厚 $2×10^5$ km）、光球层（厚 600km）以及上色球层和下色球层（二者厚度之和约为 2000km），在太阳的大气最外层存在日冕。太阳核内部的温度大约为 1500 万℃，存在压力约为 2500 亿大气压的氢，表面温度约为 6000℃。

太阳的结构由内部结构和大气结构组成。内部结构由太阳核、辐射层以及对流层构成。太阳核是太阳的能源之地，在此进行核聚变反应；辐射层将太阳核产生的能量通过辐射向外传输；对流层利用巨大的温度差引起的对流，将太阳内部的热量以对流的形式向太阳表面传输。

大气结构由光球层、色球层以及日冕等构成。光球层为对流层上面的太阳大气，是太阳外边的大气层，是一层不透明的气体薄层，主要辐射出可见光，可用于太阳能光伏发电；色球层位于光球层之上，由于色球层发出的可见光总量不及光球层的 1%，因此人们平常看不到它，一般呈现出狭窄的玫瑰红色的发光圈层；日冕是太阳大气的最外层，由高温、低密度的等离子体所组成，亮度微弱，只有在日全食时才放出光彩，日冕的温度高达百万摄氏度，其大小和形状与太阳活动有关。

大约 46 亿年前，太阳由宇宙空间存在的固体微粒子（尘埃）、氢、氦等气体聚集而生，其中，氢约占 72%，氦约占 25.6%。在聚集的尘埃和气体的引力作用下，太阳收缩并使其内部变为高温高压状态，使氢原子之间发生冲突，原子核发生核聚变反应生成氦原

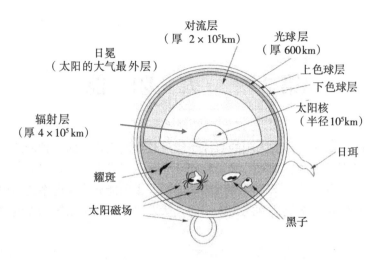

图 2.1　太阳的结构

子，同时放出巨大能量和高能 γ 射线。γ 射线进入太阳核外侧的辐射层、经对流层到达光球层，在光球层辐射出太阳光。到达辐射层的 γ 射线由于受到周围气体的吸收而变成低能的各种波长的电磁波，如 X 射线、紫外线、可见光线、红外线以及电磁波等。太阳能光伏发电则利用可见光线、红外线等的能量发电。

2.2　太阳能的产生

太阳核中 4 个氢原子经核聚变反应后生成一个氦原子，一个氢原子的质量为 1.0079u（u 为统一原子质量单位），4 个氢原子的质量为 4.0312u，而一个氦原子的质量为 4.0026u，二者的差为 0.0286u，可见 4 个氢原子经核聚变反应后质量减少了约 0.71%。在核聚变反应过程中，每秒约有质量为 6 亿吨的氢经过核聚变反应变为 5.96 亿吨的氦，并释放出相当于 420 万吨氢的能量，即每秒有 $3.59×10^{38}$ 个氢原子核经核聚变反应变成氦并使氢减少，使太阳的质量减少 420 万吨，约占质量 6 亿吨的 0.7%。根据爱因斯坦特殊相对论理论 $E=mc^2$（E 为能量，m 为质量，c 为光速），由于质量与能量等价，因此核聚变反应减少的质量则以太阳能的形式释放出来，其每秒辐射出的能量约为 $3.8×10^{23}$kW。

太阳的质量约为 $1.99×10^{27}$ 吨，太阳年消耗的氢约为 $1.89×10^{16}$ 吨，理论上太阳的氢能可消耗约 1000 亿年，但由于核聚变反应需要利用高温高压的氢进行，实际核聚变反应所使用的氢大约为太阳的氢的 10% 左右，因此太阳的寿命约为 100 亿年。现在太阳的年龄约为 46 亿年，还将继续照耀地球约 54 亿年，给人类带来取之不尽、用之不竭的能源。

太阳能的特点主要有：①能量巨大，太阳照射在地面上一个小时的能量相当于全球一年的总消费能量；②非枯竭，据推测太阳的寿命至少还有 54 亿年，因此对人类来说，太阳能是一种无限的能源；③清洁、不含有害物质，不排出二氧化碳，对大气无污染，不影响地球的热平衡；④无地域不均匀性；⑤但能量密度较低，地表约为 $1kW/m^2$。太阳能是一种能量巨大、非枯竭、清洁的能源，特别适合于太阳能光伏发电。对于人类来说，如果合理地利用太阳能，将会为人类提供充足的能源和优美的环境。

2.3 太阳辐射的衰减

地球从太阳获得非常巨大的能量，了解这些能量在地球上是如何变化的，对于如何合理利用其能量非常重要。根据能量守恒定律，能量以多种形式存在，如核能、光能、热能、机械能、电能、化学能等。太阳所具有的能量以太阳光的形式辐射到地球上，大气、大地和海洋等吸收太阳的热能，并将其转换为风、波浪、海流等形式的能量，太阳能为蒸发、对流、降雨、流水等流体循环提供能量，植物等直接吸收太阳光进行光合作用，并将能量储存起来，转换成生物质能等。

太阳辐射是指太阳以电磁波的形式向外传递的能量，它向宇宙空间辐射电磁波和粒子流。太阳辐射能量换算成电能大约为每秒 $3.8×10^{23}$ kW，太阳辐射到地球大气层外的能量为其总辐射能量的 22 亿分之一，高达 $173×10^{12}$ kW（假定为 100%），根据此值计算得知，太阳一小时辐射到地面的能量大致相当于全球一年的总消费量。一般来说，太阳辐射能量在到达大气层之前约有 30%（$52×10^{12}$ kW）因反射而损失掉了，剩下的 70%（$121×10^{12}$ kW）的辐射能量中的约 67%（$81×10^{12}$ kW）被大气、地表、海面吸收而转换成热能；约 33%（$40×10^{12}$ kW）的转换成蒸发、对流、降雨、流水等流体循环所需的能量；而与我们的生活等直接有关的风、波浪、海水对流等的能量约为 $0.37×10^{12}$ kW、再加上地球上动植物的生长等，以光合作用形式所使用的所谓生物质能源约为 $0.04×10^{12}$ kW；除了太阳能之外，由地球月亮等引力产生的潮汐能约为 $30×10^8$ kW，地热能约为 $320×10^8$ kW。

2.4 太阳常数和大气质量

2.4.1 太阳常数

太阳辐射出的能量通过约 $1.5×10^8$ km 的距离到达地球的大气层外，与太阳光垂直面上的辐射强度（太阳辐射强度是太阳在垂直照射下，单位时间内单位面积上的辐射能量）为 1.395kW/m^2，称为太阳常数（solar constant）。它指当太阳与地球处在平均距离位置时（又称日地平均距离），大气层上部与太阳光垂直的平面上单位面积的太阳辐射能量密度。它是用来表示太阳辐射能量的一个物理量，一般采用 1964 年国际地球观测年（IGY）所确定的值，即太阳常数的值为 1.382kW/m^2。由于晴天、正午前后到达地表的太阳辐射强度约为 1.0kW/m^2，而太空的辐射强度比地表高约 40%，因此在太空建造太空太阳能发电站可发出更多的电能。

然而，由于大气中含有水蒸气、尘埃和悬浮物、臭氧等物质，通过水蒸气对红外线的吸收，大气中尘埃和悬浮物对光的散射（即光线通过有尘埃的空气等介质时，部分光线会改变方向）以及臭氧层对紫外线的吸收等，会使太阳光的辐射强度衰减，因此到达地表的太阳辐射强度会小于太阳常数。

2.4.2 大气质量

实际上，地面上不同地点的太阳辐射强度是不同的，太阳辐射强度与所在地的纬度、季节、时间、气象条件等有关。即使是同一地点，正南时的直射日光也随四季的变化而有所不同，也就是说太阳光在到达地面的过程中，辐射强度的大小与其通过的大气的厚度（即光线通过大气的实际距离）有关。定量地表示大气厚度的单位称为大气质量 AM（Air Mass），它用来表示大气对地表接收太阳光的影响程度，是一个用来表示太阳光在到达地表的过程中，在大气中通过的距离的单位。

图 2.2 所示为大气质量示意图。垂直于地表到达地球的大气层外的太阳光称为 AM0 状态太阳光，用 AM0 表示，它表示在大气层外空间接收太阳光的情况；太阳光垂直地表入射时大气质量最小，相当于赤道下的太阳光，用 AM1 表示，它表示太阳光直接垂直照射到地表的情况；太阳光的入射角为 41.8° 时大气质量正好是赤道下的太阳光的 1.5 倍，此时的太阳光的辐射强度为 1kW/m^2，用 AM1.5 表示。在 AM1.5 时，相当一部分波长的太阳光被散射和吸收，其中臭氧层对紫外线的吸收最强，水蒸气分子对能量的吸收最大，而灰尘悬浮物等既能吸收太阳光也能反射太阳光。在太阳能光伏发电系统设计、测试以及评价时一般采用 AM1.5 作为标准。

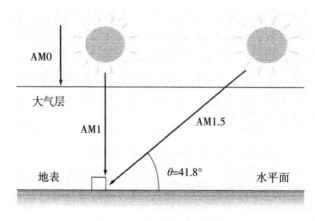

图 2.2 大气质量示意图

一般来说，通常使用由天顶垂直入射的大气质量作为基准，即太阳高度正当头（90°）时，太阳到地表的垂直距离的相对值为 1，如果太阳高度角为 θ（°），大气质量 AM 可由下式定义。

$$\text{AM} = \frac{1}{\sin\theta} \tag{2.1}$$

由上式可知，当太阳高度角 θ 为 41.8° 时，AM 为 1.5。太阳高度角指从太阳中心直射到当地的光线与当地水平面的夹角，其值在 0°~90° 之间变化，太阳在天顶位置时为 90°，日出、日落时为 0°。

2.5 地表的太阳能分布

地表的太阳能分布与所在地的纬度、时间、气象条件等有关。晴天正午前后到达地表的太阳能密度约为 $1kW/m^2$，但由于受气象条件、时间等因素的影响，实际的太阳能密度更低。一般来说，到达地表的平均辐射强度大约为 $0.165kW/m^2$，而地球的表面积为 $510×10^6km^2$，因此到达地表的太阳能约为 $84×10^{12}kW$，几乎与大气、地表以及海面吸收的热能相等，相当于现在人类消耗能源的几十万倍。

2.6 直接辐射、散射辐射与总辐射

2.6.1 直接辐射和散射辐射

大气中的细小尘埃是导致太阳辐射能量被吸收或被散射的原因之一。即使无尘埃、大气比较洁净时，太阳辐射能量也会出现散射的现象，其散射强度与波长的 4 次方成反比。由于短波长、蓝色光的散射强度较大，所以晴天时可以看到碧蓝的天空。太阳光在通过大气层到达地表的过程中，大气会对光进行反复吸收、散射，大气层中太阳光的直接辐射和散射辐射的状况如图 2.3 所示。

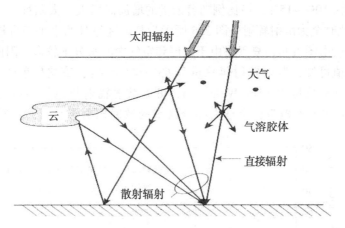

图 2.3 大气层中的直接辐射和散射辐射状况

太阳以电磁波的形式向外传递能量，到达地表的太阳辐射有两种形式，即直接辐射和散射辐射。图 2.4 所示为地表的直接辐射和散射辐射。太阳光直接投射到地表上的成分称为直接辐射（direct irradiance）；太阳光散射辐射到达地表的成分称为散射辐射（diffuse irradiance）。地表某一观测点水平面上接收太阳的直接辐射与散射辐射之和称为总辐射（global irradiance）。一般来说，在北半球太阳能电池和太阳热水器南向倾斜面设置的情况比较多，倾斜面的辐射加上设置地点的地表反射辐射称为倾斜面辐射。辐射的强弱通常以

直接辐射通量密度来表示，其大小取决于太阳高度角、大气透明度、云量、海拔高度和地理纬度等。

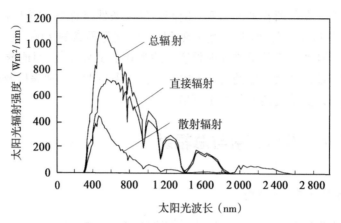

图 2.4　地表的直接辐射和散射辐射

2.6.2　直接辐射量与散射辐射量

利用太阳能发电时，散射辐射是一个不容忽视的重要成分。晴天时散射辐射强度占总辐射强度的比例为 10%～15%，该比例随着云量的增加而增大。太阳被云遮挡时，散射辐射为 100%，即此时全为散射辐射。图 2.5 所示为某地区每月的水平面直接辐射量与散射辐射量的测量值。由图可知，夏天时由于云层和空气中的水分子较多，因此散射辐射量占比较大。由测量值可知，散射辐射年总量为 632kW/m²·a，直接辐射年总量为 579kW/m²·a，故总辐射年总量为 1211kW/m²·a，可见散射辐射年总量约占总辐射年总量的 52%左右，如果除去沙漠地带，全球大部分区域的散射辐射年总量约占总辐射年总量的

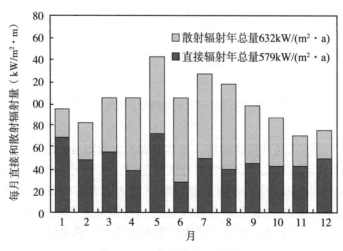

图 2.5　每月直接辐射量与散射辐射量

50%左右，因此太阳能光伏发电时，除了充分利用直接辐射的能量之外，还应尽可能多利用散射辐射的能量。

2.7 辐射量的分布

太阳辐射总量是指在特定时间内水平面上太阳辐射的累计值，该值与地理位置、季节、时刻、气象条件、大气的状况等因素有关。常用的统计值有日总量，月总量，年总量（或称年累计辐射量）。图 2.6 所示为全球年累计辐射量分布，可以看出从辐射量较多的沙漠地带到极地之间，年累计辐射量为 $300 \sim 800 \mathrm{kJ/cm^2}$，即 $3000 \sim 8000 \mathrm{MJ/m^2}$（为 $833 \sim 2222 \mathrm{kWh/m^2}$）。这里，图中纵坐标为纬度。

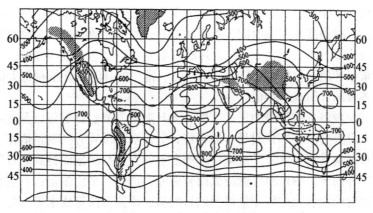

图 2.6 全球年累计辐射量分布（单位：$\mathrm{kJ/cm^2}$）

根据太阳辐射强度的大小，我国的太阳辐射量可分为 5 类地区：一类地区为太阳能资源最丰富的地区，包括宁夏及甘肃北部、新疆东部、青海及西藏西部等地，年累计辐射量在 $6600 \sim 8400 \mathrm{MJ/m^2}$；二类地区为太阳能资源较丰富的地区，包括河北西北部、山西北部、内蒙古南部、宁夏南部等地，年累计辐射量在 $5850 \sim 6680 \mathrm{MJ/m^2}$；三类地区为太阳能资源中等类型地区，包括山东、河南、河北东南部、山西南部、广东南部等地，年累计辐射量在 $5000 \sim 5850 \mathrm{MJ/m^2}$；四类地区为太阳能资源较差的地区，包括湖南、湖北、江西、广东北部等地，年累计辐射量在 $4200 \sim 5000 \mathrm{MJ/m^2}$；五类地区为太阳能资源最少的地区，包括四川、贵州两省，年累计辐射量在 $3350 \sim 4200 \mathrm{MJ/m^2}$。由此可见，我国有丰富的太阳能资源，利用前景十分广阔。

2.8 日射诸量

1. 日射强度

太阳照射到地面上的辐射（又称日射），它由直接日射（又称直射）和散射日射（又称散射）两部分组成。直射是指直接来自太阳，其辐射方向不变的辐射；而散射则是被大气等反射和散射后方向发生了改变的太阳辐射，二者之和称为总日射。

日射强度（irradiance）是指单位面积、单位时间内接收日射的能量，一般用单位面积、单位时间的能量密度来表示，单位为 mW/cm^2、kW/m^2 或 $J/（cm^2h）$ 等。日射强度与太阳高度、可降水量、气溶胶体、云量和云形等有关。由于日射强度随时间等的变化而变化，因此，太阳能电池的发电出力也会随日射强度而变，致使太阳能电池的输出功率呈现间歇式变动，从而导致发电不稳定。太阳能电池的运行特性、输出电压电流等测量以及太阳能光伏发电系统设计等都与日射强度有关。

2. 日射量

日射量指单位面积、一定时间内（如小时、日、月、年）从太阳接收的日射总能量，它与太阳辐射角度、距离、日照时间等因素有关。其大小可由日射强度和时间进行计算，即通过连续测量日射强度并乘以时间，然后进行日、月、年累加便可分别得到 1 日的日射量累计值，单位为 $kWh/（m^2·day）$、1 月的日射量累计值，单位为 $kWh/（m^2·m）$ 以及 1 年的日射量累计值，单位为 $kWh/（m^2·y）$。常用的日射量是指对每天的日射量进行累积而得到的各月的日射量平均值。

气象观测时一般将日射量分为三种，即全天日射量、散射日射量以及直射日射量。全天日射量是指来自天空的全部日射量，通常将日射计水平设置时的测量值称为水平面全天日射量；散射日射量是对大气分子或微粒子等散射的光进行测量而得到的日射量，它指太阳的光球部分以外的光，测量时应遮蔽太阳直射光，进行水平面测量；直射日射量是指对太阳光球部分辐射的直射光进行测量得到的日射量，该值可换算成水平直射日射量。水平面全天日射量为水平面散射日射量与水平面直射日射量之和。此外，由云、地表、建筑物等反射的日射量称为反射日射量，它可由物体的反射率得出。

日射量测量除了水平面测量之外，还可进行倾斜面测量。倾斜设置的太阳能电池的受光面所接收的日射量称为倾斜面日射量，一般将全天日射计安装在太阳能电池近旁，并与太阳能电池的倾斜度相同进行测量。倾斜面日射量为部分全天日射量与反射日射量之和。

3. 日照时间

按照世界气象组织（MWO）1981 年的定义，太阳的日射强度为 $0.12kW/m^2$ 以上的各段时间的总和称为日照时间，相当于晴天时日出 10min 后，或阴天时物影较淡的程度。由于地球的自转，纬度不同，日照时间存在较大差异，太阳能光伏发电的发电量与日照时间密切相关。

4. 日射变化

日射强度受季节、时刻、天气的影响较大。图 2.7 所示为夏季晴天时的日射强度，图 2.8 所示为夏季阴天时的日射强度。由图可知，晴天时全天日射强度中散射日射强度所占比例较低；而阴天时几乎无直接日射，全天日射强度与散射日射强度基本相同。当然不同地方全天日射强度中散射日射强度所占比例也不尽相同，因此在建造太阳能光伏发电系统时应充分考虑当地的太阳能辐射条件，以提高发电系统的发电量。

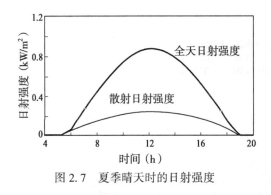

图 2.7　夏季晴天时的日射强度

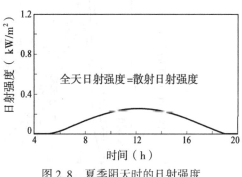

图 2.8　夏季阴天时的日射强度

2.9　太阳光谱

　　太阳能光伏发电的输出功率与太阳光谱密切相关，因此了解和分析太阳光谱十分必要。太阳光谱是指太阳辐射经色散分光后按波长大小排列的图案，它包括红外线、可见光、紫外线、X 射线以及 γ 射线等波谱。图 2.9 所示为太阳光谱分布图，该图表示太阳光波长与太阳光辐射强度的关系。由图可知，太阳光是由不同波长的光构成的。太阳光谱可分别用曲线 A、曲线 B 以及曲线 C 来表示。曲线 A 为将黑体物质加热至 6000K 时的辐射光谱，即黑体辐射光谱，它具有较宽的连续光谱，其波长范围为 100～3500nm（与 100～3500nm 相同）；曲线 B 为大气层外（AM0）的太阳光谱，该曲线与黑体辐射光谱类似，对应太阳光球层的温度（约 6273K），其波长范围为 200～3500nm，而波长在约 500nm 时光的强度最强，大于 500nm 的波长范围光的强度不断衰减；曲线 C 表示垂直地表（AM1）的太阳光谱，其强度随太阳光波长增加而显著减少。在 200～700nm 的范围内，由于大气中的臭氧、空气、水蒸气、云以及粉尘等的吸收、散射等的作用使太阳光的强度衰减；在大于 700nm 的范围，由于水分子、氧化碳分子等吸收红外线，致使太阳光的强度降低，因此到达地表的太阳光谱的波长范围为 300～2400nm。

　　通常将小于 400nm 的短波长光称为紫外光，400～760nm 的光称为可见光，大于 760nm 的长波长光称为红外光。在到达地表的太阳光中，紫外线约占 5%、可见光约占 50%、红外光约占 45%。太阳能光伏发电可利用各种不同特性的太阳能电池分别利用紫外光、可见光以及红外光发电。

　　太阳光穿过大气到达地表时，由于各种吸收、散射等影响而衰减。吸收主要由水蒸气、臭氧、氧气等引起，其中水蒸气的吸收较大，特别是水蒸气量较多的大气使太阳光辐射强度衰减较大。臭氧层一般吸收短波长紫外线，近年来由于臭氧层的破坏，吸收这种短波长紫外线的量正在减少。

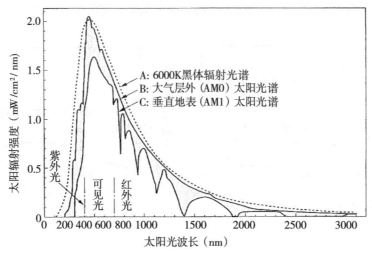

图 2.9　太阳光谱分布图

2.10　太阳能电池的光谱响应特性

2.10.1　基准太阳光谱分布

太阳能电池在将光能转换成电能的过程中，由于转换器件材料的不同，因而所对应的光波长的响应特性也不同，其所转换的能量也不同。太阳能电池对应于不同光波长的响应特性称为光谱响应特性（spectral response）。图 2.10 所示为基准太阳光谱分布与多晶硅太阳能电池的光谱响应特性。由图可知，多晶硅太阳能电池光谱响应所对应波长为 0.3～1.2μm（与 0.3～1.2μm 相同），因此该太阳能电池只能吸收基准太阳光谱 0.3～1.2μm 范围的光能发电。

由于太阳光谱由各种不同波长的光组成，因此根据太阳光谱分布，如何选择合适的太阳能电池，对提高太阳能电池的转换效率、增加发电出力非常重要。

2.10.2　各种太阳能电池的光谱响应特性

各种太阳能电池的光谱响应特性如图 2.11 所示，图中的太阳能电池光谱响应特性是以光谱响应最大值为基准值的相对光谱响应。由图可知，多晶硅太阳能电池光谱响应对应的波长为 300～1200nm，非晶硅太阳能电池对应的波长为 300～800nm，CdS/CdTe 太阳能电池对应的波长为 500～900nm，2 积层（由两种不同种类的太阳能电池叠加而成，又称叠层）非晶硅太阳能电池对应的波长为 300～800nm。可见对于不同种类的太阳能电池而言，其光谱响应特性是不同的，因此利用这些特点可以在不同光照条件下使用相应的太阳能电池，如室内使用荧光灯照明时，太阳能计算器一般使用非晶硅电池。

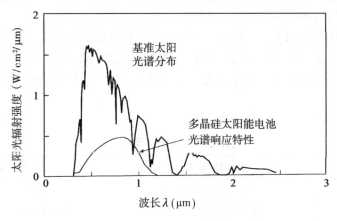

图 2.10　基准太阳光谱分布与多晶硅的光谱响应特性

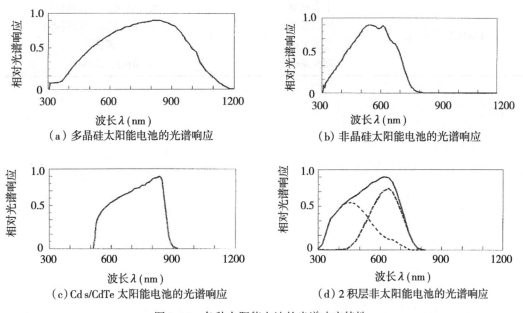

（a）多晶硅太阳能电池的光谱响应　　　　（b）非晶硅太阳能电池的光谱响应

（c）Cd s/CdTe 太阳能电池的光谱响应　　（d）2 积层非太阳能电池的光谱响应

图 2.11　各种太阳能电池的光谱响应特性

2.11　太阳能的利用

太阳能利用的形式多种多样，如热利用、照明、发电等。热利用就是将太阳能转换成热能，供热水器、冷热空调系统等使用；在照明方面的应用，如利用太阳光给室内照明，或通过光导纤维将太阳光引入地下室等处进行照明；在发电方面的应用，主要是利用太阳的热能和光能进行发电，前者称为太阳能光热发电，后者称为太阳能光伏发电。太阳能光热发电是利用凸面镜、平面反射镜等聚光、集热得到高温热能（如热工质、水蒸气等）

23

驱动汽轮机等做功，将热能转换成电能的发电方式；太阳能光伏发电则是利用太阳能电池将太阳的光能直接转换成电能的发电方式。

太阳能的利用形式如表 2.1 所示，可分为直接利用和间接利用，除了发电以外，也可广泛用于民生、工业、农业、林业、环保、园艺、消毒等领域。如利用太阳的热能和光能，通过催化作用经化学反应制造氢能、甲醇等燃料，使用光催化的涂料分解有害物质等。

表 2.1　　　　　　　　　　　　　太阳能的利用形式

	太阳热利用	太阳光利用
直接利用	太阳能光热发电 太阳能冷暖空调、供热 温室、塑料温室、 太阳能灶	太阳能光伏发电 太阳光分解（光催化等） 太阳光化学反应 环保光催化
间接利用	水力发电 风力发电 波浪发电 潮汐发电	光合成利用（农林业） 生物质能利用（燃料等） 园艺 消毒、杀菌等

24

第3章 太阳能电池发电原理

19世纪科学家们发现了将光照射在半导体上时会产生电动势这一光电现象，称之为光电效应，之后科学家们又发现了光生伏特效应。20世纪50年代开始研究太阳能电池，由于当时的太阳能电池价格昂贵，其应用范围主要集中在人造卫星等宇宙空间领域。70年代由于石油危机，太阳能作为代替能源被广泛关注，世界各国开始大力研究太阳能电池。

太阳能电池可将太阳的光能直接转换成电能，太阳能电池作为光电转换的关键器件，经过多年的研发，其价格已大幅下降、性能得到显著提高，已达到了大规模应用和普及的阶段。太阳能光伏发电具有资源丰富、清洁环保、无转动部分、发电时无噪声、使用灵活、维护方便等特点，是利用太阳能较为理想的方式之一。

太阳能电池的种类繁多，主要有晶硅太阳能电池、非晶硅太阳能电池、化合物太阳能电池、有机薄膜太阳能电池以及由两种以上不同太阳能电池构成的叠层型太阳能电池等。可用于住宅屋顶发电、工商业屋顶发电、大型发电站发电以及宇宙空间发电等领域。目前单晶硅太阳能电池、多晶硅太阳能电池以及化合物太阳能电池的应用较多。

本章主要介绍能级、能带和能带图的概念、半导体PN结、太阳能电池的发电原理、禁带形成与带隙、太阳能电池芯片、组件及方阵的构成等内容。

3.1 能级、能带和能带图

1. 能级

固体物质是由原子构成的，而原子是由原子核和电子构成的，电子在以原子核为中心的轨道上运动。距离原子核越远的轨道其能级（电位能的级别）越高，电子也越容易脱离原子的束缚成为可自由运动的自由电子。带负电荷的电子分布在原子核周围，其存在的轨道群称为电子壳，在最外层电子壳存在的、能与其他原子相互作用形成化学键的电子称为价电子。电子存在的轨道与洋葱皮的多重结构类似，最外层轨道的电子在多个原子结合时起非常重要的作用。

对单个原子来说，原子核外的电子按照一定的轨道排列，每一壳层容纳一定数量的电子。每个轨道上的电子只能在特定的、分立的轨道上运动，各个轨道上的电子具有分立的能量，这些能量值称为能级。电子可以在不同的轨道间发生跃迁，电子吸收足够的能量可以从低能级跃迁到高能级，也可从高能级跃迁到低能级，在跃迁过程中辐射出光子。

2. 能带

通常原子构成分子，分子构成各种晶体。在原子形成分子时，由原子轨道构成具有分立能级的分子轨道。晶体是由大量的原子有序堆积而成的，由原子轨道所构成的分子轨道的数量非常大，可以将所形成的分子轨道的能级看成是准连续的，即形成能带。

3. 能带图

如前所述，由于各个轨道上的电子具有分立能级，也就是说电子按能级分布。为了表示电子不同能级能量的大小，在表示能量高低的图上，用一条条高低不同的水平线来表示电子的不同能级，该图称为能带图。图 3.1 所示为电子的能带图。它主要由价带、禁带、导带以及电子等构成。价电子充满的轨道群称为价带，它是由已充满电子的原子轨道能级所形成的低能量带；空的轨道群称为导带，它是由自由电子形成的能量空间；价带与导带之间的区域称为禁带，在禁带中不存在电子。

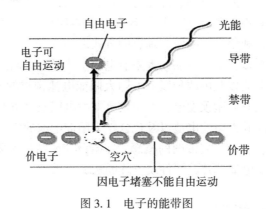

图 3.1　电子的能带图

价带顶与导带底之间的能量差称为半导体的禁带宽度，又称带隙（band gap）或能隙。当价带中的电子获得光能后能级提高，当能级达一定水平以上时，便跃过不存在电子的禁带到达高能级的导带。在价带中由于充满了电子，因堵塞原因导致电子无法自由移动，而导带中的电子可自由移动，该现象称为光电效应。光电效应的特点之一是在没有外加电动势的情况下，电子无法被导出形成电流。而基于光生伏特效应，在 PN 结内形成的内建电场的作用下可使电子沿一定方向流动形成电流，太阳能光伏发电则是基于光生伏特效应，产生源源不断的电能。

3.2　半导体 PN 结

在常温下通常把电气传导特性（即导电性能）较好的材料，如金、银、铜等称为导体，而把电气传导特性较差的物质，如陶瓷等称为绝缘体，而把电气传导特性介于二者之间的物质称为半导体。半导体是一种导电性可控范围从绝缘体到导体之间的材料，常见的半导体材料有硅、锗等，利用它们可制成 N 型半导体和 P 型半导体，利用二者形成的 PN 结可制成太阳能电池，太阳能电池基于光生伏特效应，可直接将太阳的光能转换成发电。

3.2.1 硅半导体及能带图

1. 硅半导体

硅元素是地球上第二多的元素，是砂、岩石的主要成分，它主要以氧化物的形式存在，制造晶硅太阳能电池时一般使用纯度较高的硅原料。图 3.2 所示为硅原子的电子分布图。硅原子的原子核周围有 14 个电子，最内层的轨道上有 2 个电子，中间轨道上有 8 个电子，这些电子均处在稳定状态。而最外层的 4 个电子最为活跃，当受到光、热等的影响时其状态容易发生变化，它们决定了与其他原子结合的方式（化学键）、元素的化学性质以及该原子的"价值"，因此被称为"价电子"。由于硅原子最外层的轨道上有 4 个价电子，因此在硅结晶中邻接的硅原子有 8 个价电子形成共价键，这些价电子处在价带中并处在稳定状态，在此状态下不存在自由电子和空穴。

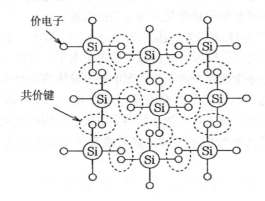

图 3.2 硅原子的电子分布图

2. 硅半导体的能带图

原子的物理特性、化学特性与价电子密切相关，原子的电子状态决定了物质的导电特性，在半导体物理中常用能带来表征电子状态。图 3.3 所示为硅半导体的能带图，它由价带、导带、禁带等构成，用来表示电子的不同能级。当硅原子最外层的价电子受到光的照射时，获得一定能量的价电子被激发成为自由电子，并从该轨道逸出迁移到导带，该状态称为激发状态。自由电子逸出的原子称为空穴。图中的带隙用来表示禁带的能量。

3.2.2 N 型半导体

制造晶硅太阳能电池时，一般使用化学成分纯净、完全不含杂质且无晶格缺陷的纯净半导体，这种半导体称为本征半导体，典型的本征半导体有硅（Si）、砷化镓（GaAs）

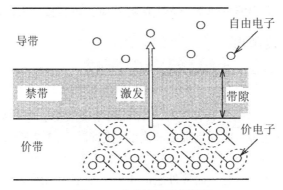

图 3.3　硅半导体的能带图

等。对本征半导体进行掺杂工艺，可制成具有多数载流子为带负电的自由电子的 N 型半导体，或多数载流子为带正电的空穴的 P 型半导体，利用 N 型半导体和 P 型半导体可制成具有 PN 结的太阳能电池。如果利用硅半导体材料则可制成晶硅太阳能电池，而利用砷化镓化合物半导体材料则可制成砷化镓化合物太阳能电池。

图 3.4 所示为 N 型半导体的结构。在 N 型半导体中，硅原子的最外层有 4 个电子，而磷原子的最外层有 5 个电子，磷原子比硅原子多 1 个电子。在掺入少量磷元素的硅晶体中，磷原子外层的五个电子中的 4 个电子与周围的硅半导体原子形成共价键，成为稳定结构。而多出的一个电子几乎不受束缚而逸出成为自由电子，导致磷原子周围的价电子不足，磷原子成为带正电荷的正离子。当掺杂的磷原子较多时则产生大量的自由电子，于是就成了含自由电子浓度较高的 N 型半导体，多数载流子为带负电的自由电子，其导电性主要是自由电子导电。

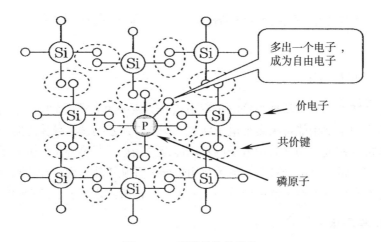

图 3.4　N 型半导体的结构

3.2.3 P型半导体

图3.5所示为P型半导体的结构。在P型半导体中，由于硼原子的最外层有3个电子，比硅原子少1个电子。在掺入少量硼元素的硅晶体中，硼原子外层的3个价电子与周围的硅半导体原子形成共价键时电子不足，因而产生一个"空穴"，这个空穴会吸引其他原子的电子来"填充"，硼原子周围的空穴不足，成为带负电荷的负离子。当掺杂的硼原子较多时则产生大量的空穴，于是就成了含有较高浓度"空穴"的P型半导体，多数载流子为带正电空穴，其导电性主要是空穴导电。

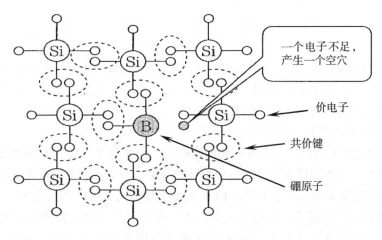

图3.5 P型半导体的结构

3.2.4 PN结及内建电场

1. N型半导体与P型半导体未结合时

当N型半导体与P型半导体未结合时，在N型半导体中存在多数的自由电子，而在P型半导体中存在多数的空穴。在半导体中自由电子和空穴可自由移动，并保持电中性。

如果能让自由电子沿一定方向流动则可产生电流，而利用内建电场可解决电流的流向问题。为了形成内建电场，需要使用两种不同类型的半导体，并将它们进行结合形成PN结。这两种半导体分别是存在正离子和自由电子的N型半导体，存在负离子和空穴的P型半导体。其中正、负离子在半导体中无法自由运动，而自由电子可在内建电场的作用下沿一定方向流动产生电流。图3.6所示为自由电子、空穴以及正、负离子的状况。

2. N型半导体与P型半导体结合时

1）PN结的形成

采用不同的掺杂工艺，通过扩散工艺将P型半导体与N型半导体制作在同一块半导体硅片上，使其一边形成N型半导体，另一边形成P型半导体。当这两种半导体结合时，

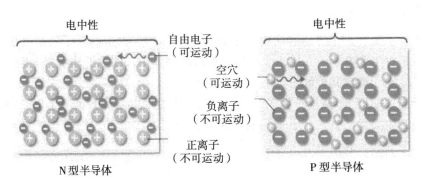

图 3.6　自由电子、空穴以及正、负离子的状况

便形成 PN 结（PN junction），即 PN 结是由一个 N 型掺杂区和一个 P 型掺杂区紧密结合而成的。在 PN 结形成的过程中，P 型半导体吸引电子，而 N 型半导体吸引空穴，在它们的界面会形成空间电荷区，并产生内建电场。

2）扩散与空间电荷区

图 3.7 所示为 PN 结的空间电荷区和内建电场。当 N 型半导体和 P 型半导体结合在一起时，在这两种半导体的界面便形成一个特殊的薄层。由于浓度差而使载流子从高浓度区域向低浓度区域的流动称为扩散运动。由于 N 型半导体内自由电子为多子，空穴为少子；而 P 型半导体内空穴为多子，自由电子为少子，在它们的结合处就出现了电子和空穴的浓度差，该浓度导致空穴从 P 型半导体向 N 型半导体扩散（空穴向浓度低的方向扩散，P→N），在 N 型半导体侧增加了正电荷，同时在 P 型半导体一边失去空穴，从而在 P 型半导体侧存在带负电的负离子；同样，电子从 N 型半导体向 P 型半导体扩散（电子向浓度低的方向扩散 N→P），在 P 型半导体侧增加了负电荷，同时在 N 型半导体一边失去电子，从而在 N 型半导体侧存在带正电的正离子。这样在 P 型半导体一边存在负电荷，而在 N 型半导体一边存在正电荷。由于开路时半导体中的离子不能任意移动，因此不参与导电。这些不能任意移动的带电离子在 P 型半导体和 N 型半导体交界面附近便形成一个空间电荷区。

3）内建电场

当空间电荷区形成后，由于在两种半导体接触边缘的附近存在空间电荷区，N 型半导体则为正，P 型半导体则为负。因此形成如图 3.7 所示的内建电场，其方向是从 N 型半导体指向 P 型半导体，该电场仅局限于空间电荷区范围之内，在此范围之外为电中性区。在内建电场的作用下使自由电子沿一定的方向流动。另外，由于该电场阻止自由电子、空穴的扩散，达到平衡后就形成了这样一个特殊的薄层，即不存在电子的耗尽层，这就是 PN 结。

当太阳光照射在 PN 结上时，便产生电子空穴对（electron hole pair），在内建电场的作用下，自由电子向负极集结、而空穴向正极集结，在两极之间产生电位差，如果将正极和负极用导线连接（或接入负载）时，则自由电子从负极移动至正极，电流则从正极流

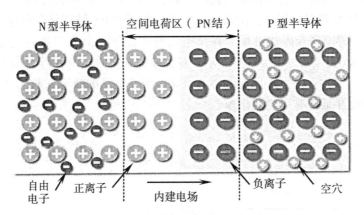

图 3.7 PN 结的空间电荷区和内建电场

向负极。由于太阳能电池利用 PN 结发电，因此 PN 结中的内建电场在太阳能光伏发电中起非常重要的作用。

4）漂移运动

一方面，在空间电荷区形成后，由于正负电荷之间的相互作用，在空间电荷区形成由 N 型半导体指向 P 型半导体的内建电场，显然，这个电场的方向与载流子扩散运动的方向相反，并阻止载流子的扩散。另一方面，内建电场将使 N 型半导体的少数载流子空穴向 P 型半导体漂移（空穴向电位高的方向漂移，N→P），使 P 型半导体的少数载流子电子向 N 型半导体漂移（电子向电位低的方向漂移，P→N），漂移运动的方向正好与扩散运动的方向相反。即在内建电场作用下，空穴沿着内建电场方向的运动，电子逆着内建电场方向的运动。从 N 型半导体漂移到 P 型半导体的空穴补充了原界面上 P 型半导体所失去的空穴，从 P 型半导体漂移到 N 型半导体的电子补充了原界面上 N 型半导体所失去的电子，这就使空间电荷减少，内建电场减弱。因此，漂移运动的结果是使空间电荷区变窄，使扩散运动加强。

总之，N 型半导体和 P 型半导体结合在一起时，在它们的结合处出现电子和空穴的浓度差，由于扩散的作用在它们的界面形成空间电荷区，由此产生了内建电场，其方向由 N 型半导体指向 P 型半导体。内建电场的方向与载流子扩散运动的方向相反，并阻止载流子的扩散。漂移运动的方向正好与扩散运动的方向相反。漂移运动的结果是使空间电荷区变窄，扩散运动加强。最后，多子的扩散和少子的漂移达到动态平衡，在 P 型半导体和 N 型半导体的结合面两侧留下离子薄层，这个离子薄层形成的空间电荷区称为 PN 结。当太阳光照射在由 PN 结构成的太阳能电池时，将太阳光能直接转换成电能。

3.2.5 PN 结的能带图

图 3.8 所示为 PN 结的能带图。该能带图由价带、禁带和导带构成。当太阳光照射在 PN 结上，处在价带的自由电子所吸收的光能量大于带隙的能量时，自由电子被激发并迁移至导带，在内建电场的作用下向 N 型半导体迁移，而在价带失去电子所产生的空穴则

向 P 型半导体迁移，如果此时外部电路接有负载，N 型半导体中的自由电子通过外部电路
移动到 P 型半导体并与空穴复合，从而产生电流。在图的 PN 结部分存在电子的能量斜面
（slop），该斜面的梯度即为内建电场，在该电场的作用下，由光产生的电子向斜面下移
动，而空穴向斜面上移动，从而使电子向 N 型半导体、空穴向 P 型半导体分离，电流通
过外部电路流动。这种不使用外部电源将电子导出形成电流的效应（称为光电伏特效应）
在太阳能光伏发电中起非常关键的作用。

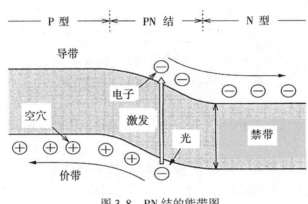

图 3.8　PN 结的能带图

3.3　太阳能电池发电原理

3.3.1　晶硅太阳能电池的发电原理

图 3.9 所示为基于光生伏特效应的太阳能电池发电原理。当太阳光照射在晶硅太阳能
电池的 PN 结上时则产生电子空穴对，自由电子向 N 型半导体集结，空穴向 P 型半导体集
结，结果使 N 型半导体有大量的自由电子，P 型半导体有大量的空穴，使 N 型半导体带
负电，P 型半导体带正电，在 N 型半导体和 P 型半导体之间的薄层产生电动势，这就是
光生伏特效应（photovoltaic effect）。光生伏特效应是指半导体在受到光照射时产生电动势
的现象，其产生过程是首先光子（光波）转化为电子、光能量转化为电能量，其次是形
成电压，有了电压，如果将电路短路或接入负载，电子从 N 型半导体侧（负极）流出，
与 P 型半导体侧的空穴复合消失，电子的流动形成电流，方向与电子的运动相反，形成
电流回路，这就是基于光生伏特效应的晶硅太阳能电池的发电原理。

3.3.2　PN 结与电位差和电流

1. 费米能级

费米能级表示电子存在概率为 50% 时的能级，它是一个很重要的物理参数，只要知

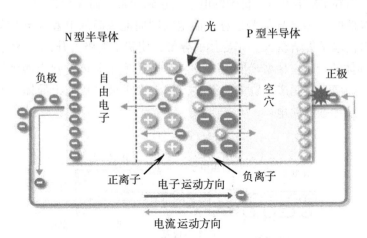

图 3.9 基于光生伏特效应的太阳能电池发电原理

道了费米能级,电子在各量子态上的统计分布就完全确定了。半导体的带隙存在费米能级,图 3.10 所示为本征半导体、N 型半导体以及 P 型半导体的能带图。对于本征半导体来说,价带充满了价电子,电子存在概率为 100%,导带的电子存在概率为 0%,因此本征半导体的费米能级处在带隙的中间位置。

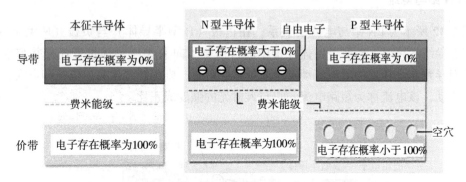

图 3.10 本征半导体、N 型半导体以及 P 型半导体的能带图

对于 N 型半导体来说,由于掺杂了磷元素,在价带充满了电子,因此电子存在概率为 100%,而在导带也存在电子,电子存在概率大于 0%,因此与本征半导体的费米能级相比,N 型半导体的费米能级趋向于导带。

对于 P 型半导体来说,由于掺杂了硼元素,价带中的一部分价电子消失而存在空穴,因此电子存在概率小于 100%,而导带的电子存在概率为 0%,与本征半导体的费米能级相比,P 型半导体的费米能级趋向于价带。

2. PN 结与电位差

图 3.11 所示为 PN 结与电位差(即开路电压)的关系。由于电子具有向低能级迁移

的性质，当光照射在 PN 结上时，价带的电子迁移到导带，而在价带产生空穴，跃迁到导带的电子向能级低的 N 型半导体侧迁移，而空穴则向能级高的 P 型半导体侧迁移。当光持续照射时，自由电子集结在 N 型半导体的导带，使费米能级上升，而空穴（电子减少）集结在 P 型半导体的价带，使费米能级下降，因此 N 型半导体的费米能级高于 P 型半导体的费米能级，在两者之间产生费米能级差，称之为正极（P 型半导体）与负极（N 型半导体）间的电位差或开路电压。

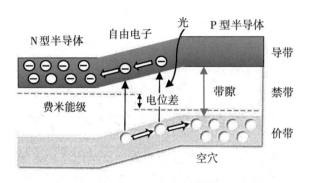

图 3.11　PN 结与电位差

3. PN 结与电流

图 3.12 所示为 PN 结与电流的关系。在正极（P 型半导体）与负极（N 型半导体）之间接上导线短路时，N 型半导体导带中的自由电子向 P 型半导体价带迁移并与空穴复合，从而导致与之相反的电流流动。当光持续照射时，则不断产生自由电子和空穴，使电流持续流动，该电流称为短路电流，它与入射光的强度成正比。

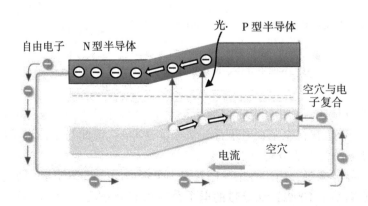

图 3.12　PN 结与电流

3.4 禁带的形成与带隙

3.4.1 禁带的形成

如前所述，电子分布在围绕原子核的多个轨道群（电子壳）上，在外侧轨道群上的电子称为价电子。当原子构成分子或结晶时，在电子波的干涉作用下，外侧轨道群会分成高能级轨道群和低能级轨道群，并形成共价键关系，在两轨道群之间产生电子无法存在的禁带。

晶体中电子所具有的能量范围往往形象化地用一条条水平横线来表示，能量愈大，则线的位置愈高。当原子处于孤立状态时，其电子能级可以用一根线来表示；当若干原子相互靠近时，能级可用一束线表示；当大量原子在内部结构呈规律排列的晶体内共存时，密集的能级就变成了带状，称为能带。能带结构可以解释固体中导体、半导体、绝缘体三大类区别的由来。材料的导电性是由导带中含有的电子量决定的，当电子从价带获得能量而跳跃至导带时，电子就可以在带间任意移动而导电。

图 3.13 所示为半导体的禁带形成原理。如同图（a）所示，对于硅原子来说，在外侧的轨道群中存在 4 条轨道，最外侧的两条轨道为空轨道，而在其内侧的两条轨道存在价电子；如同图（b）所示，当两个硅原子紧密结合形成分子时会产生 8 条轨道，其中外侧的 4 条轨道为空轨道，而内侧的 4 条轨道有价电子存在，内侧轨道与外测轨道之间形成能隙（energy gap）；如同图（c）所示，随着硅原子紧密结合的数量的增加，在电子轨道群与空轨道群之间开始形成能带（energy band）；如同图（d）所示，当原子形成分子时，原子轨道构成具有分立能级的分子轨道。而晶体是由大量的原子有序堆积而成的，由于原子轨道所构成的分子轨道的数量非常之大，以至于可以将所形成的分子轨道的能级看成是准连续的，即形成能带。如图所示，该能带由价带（充满电子的轨道群）、导带（中空轨道群）以及禁带（不存在电子）构成，在电子轨道群与空轨道群之间产形成禁带，一般用带隙来表示禁带的能量，即导带的最低点与价带的最高点之间的能量差。太阳能电池输出电压、输出电流、转换效率等都与带隙密切相关。

3.4.2 半导体的带隙

带隙表示导带的最低点与价带的最高点之间的能量之差，也称为能隙或禁带宽度。带隙一般用 E_g 表示，其单位为电子伏特 eV，它表示用 1V 的电压对一个电子加速后的能量。带隙的大小主要与半导体材料的种类有关，如单晶硅材料的 E_g 值为 1.1eV，GaAs 化合物半导体材料的 E_g 为 1.42eV。由于不同半导体材料的带隙存在较大差异，因此太阳能电池所用半导体材料的带隙对太阳能光伏发电起非常关键的作用。

对于不同种类的半导体材料，只有获得足够能量的电子才能被激发，从价带跨过禁带跃迁至导带。如果带隙 E_g 小，则开路电压小，电子可在低能量的情况下被激发产生大的电流；若带隙大则开路电压大，但如果没有足够大的能量，电子无法被激发而产生较多的

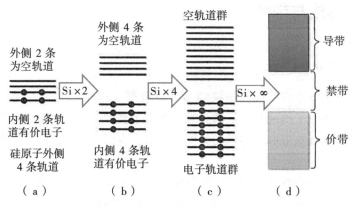

图 3.13　半导体的禁带形成原理

电子，因而电流就小，可见开路电压和电流与带隙的大小密切相关。半导体材料的带隙直接影响太阳能电池的输出电压、输出电流、光电转换效率等特性，因此在实际应用中需根据负载所需功率、用途等选择相应的半导体材料制成的太阳能电池。

太阳光中含有紫外线光、近红外线光、远红外线光以及可见光等各种波长的光，这些光含有不同波长的能量，波长越长则能量越小，如红外线、红色光等；而波长越短则短能量越大，如蓝色光、紫外线等。由于不同波长的光所激发产生的电子数不同，因此利用不同波长的太阳光能发电时，应选择与该波长相应的带隙的太阳能电池。另外，在光照相同的条件下，可选择带隙小的半导体材料以激发更多的电子，产生较大的电流，但如果对太阳能电池的输出电压有一定的要求，则需要进行平衡，选择合适带隙的半导体材料的太阳能电池。

3.4.3　带隙与太阳能电池的开路电压

太阳能电池为负载提供电能时，需要满足电压、电流的需要。太阳能电池的开路电压因所用半导体材料不同而存在差异。太阳能电池芯片（solar cell）又称太阳能电池片或太阳能电池单体，其输出电压一般为 1.0V 左右，如晶硅太阳能电池约为 0.7V。太阳能电池的电压与所使用的半导体材料的带隙密切相关，带隙小则太阳能电池的电压低，反之，带隙大则太阳能电池的电压高。

太阳能电池的开路电压与哪些因素有关尤为重要，太阳能电池在太阳光照射下处在工作状态时的电压称为光电压（电动势）。太阳能电池在无负载电流时的电压称为开路电压 V_{oc}，该电压值最大。太阳能电池的开路电压 V_{oc} 用无光照时 N 型半导体的导带之下的费米能级和 P 型半导体的价带之上的费米能级之间的差来表示，如图 3.14 所示。一般来说，开路电压 V_{oc} 略小于半导体的带隙 E_g 值，也就是说支配太阳能电池电压的因素是半导体材料的带隙 E_g 值。单晶硅材料的 E_g 值是 1.1eV，而单晶硅太阳能电池的开路电压 V_{oc} 约为 0.7V，其值略小于 E_g 值。

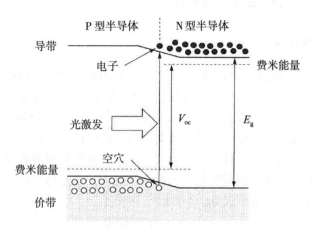

图 3.14　带隙与开路电压的关系

图 3.15 所示为半导体材料的带隙 E_g 与太阳能电池的开路电压 V_{oc} 之间的关系。由该图可见，随着半导体材料的带隙 E_g 增加，太阳能电池的开路电压 V_{oc} 呈增加的趋势。GaAs 化合物半导体的 E_g 为 1.42eV，而单晶硅半导体的 E_g 为 1.1eV，前者比后者大 0.32eV。另外，GaAs 太阳能电池的开路电压 V_{oc} 为 1.12V，比单晶硅太阳能电池的开路电压 0.7V 大 0.42V。

半导体可吸收光的最大波长与带隙有关，带隙小的太阳能电池可吸收波长范围较宽的太阳光，开路电压较低；反之带隙大的太阳能电池只能吸收波长范围较窄的太阳光，因此开路电压较高。

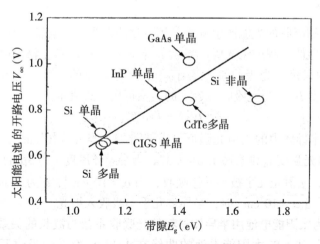

图 3.15　半导体材料的带隙与太阳能电池的开路电压

3.4.4　带隙与太阳能电池的短路电流

1. 太阳光波长与带隙

除了太阳能电池的开路电压与带隙有关之外，太阳能电池的短路电流也与其相关。太阳能电池的短路电流与半导体的带隙成反比，一般用短路电流密度来表示，即太阳能电池所获取的电流除以受光面积，单位为 mA/cm^2。电流与从太阳能电池导出的电子量有关，它与所吸收的光子量成正比，而光的吸收量与半导体的带隙密切相关。

太阳光含有紫外线光、近红外线光、远红外线光以及可见光等各种波长的光，如果半导体材料可吸收光的波长范围越宽则获取的电流就越大。半导体材料的可吸收光最大波长由带隙决定，它们之间存在如下关系。

$$E_g = hv = \frac{ch}{\lambda} = \frac{1240}{\lambda} \tag{3.1}$$

式中，E_g 为带隙，eV；hv 为光能量，J；c 为光速（$2.998 \times 10^8 m/s$），m/s；h 为布朗常数（$6.626 \times 10^{-34} J.S$）；$v$ 为光的振动数（c/λ），1/s；λ 为波长，nm。如果半导体的带隙为 1.55eV，由上式可知，可吸收波长小于 800nm 的可见光，而带隙为 1.24eV 时，则可吸收波长小于 1000nm 的近红外线光。

根据可吸收光的波长范围可得知理论最大电流，如可吸收光的波长为 800nm 时，则理论最大电流约为 $24mA/cm^2$，可吸收光的波长为 1000nm 时，约为 $34mA/cm^2$。另外，带隙为 1.4eV 左右时，理论最大转换效率为 30% 左右。总之，太阳能电池的电压、电流与带隙密切相关，带隙大，可吸收波长较窄的光能，太阳能电池的电压高，电流小；反之若带隙小，则可吸收波长较宽的光能，电压低，电流大。

2. 光吸收系数

太阳能电池根据吸收的光能产生电能，光吸收的强弱与太阳能电池所采用的半导体材料有关，半导体光吸收的程度用光吸收系数 α 来表示，它是光在物质中穿透 1cm 时，光的强度降低多少的尺度。光吸收系数表示物质中光衰减的尺度。光在半导体中穿透 x（cm）距离时的强度 $I(x)$ 与光吸收系数 α 的关系可用下式表示。

$$I(x) = I_0 e^{-\alpha x} \tag{3.2}$$

式中，I_0 为照射在半导体中的入射光强度。由式可知，当 $\alpha = 10^4 cm^{-1}$，而 $x = 1/\alpha = 10^{-4}$ cm = 1μm 时，入射光强度 I_0 则衰减 1/e = 0.37。当半导体厚度 x 为 3μm 时，入射光强度 I_0 则衰减到 5% 以下，入射光几乎被半导体吸收；当 $\alpha = 10^3 cm^{-1}$，x 为 3μm 时，入射光强度 I_0 则衰减到 74%，当 $\alpha = 10^2 cm^{-1}$ 时，半导体几乎不吸收入射光。

图 3.16 所示为太阳能电池用半导体材料的光吸收系数与波长的关系（又称光吸收频谱）。由图可知，晶硅 c-Si 太阳能电池的曲线在 1.13eV 附近光吸收开始，随光子能量（eV）的增加，光吸收系数 α 缓慢地增加，在 1.25eV 时光吸收系数 α 为 $10^2 cm^{-1}$，光在晶硅的内部只能穿透至 $x = 1/\alpha = 10^{-2} cm = 0.01 cm = 100μm$ 的程度。因此，晶硅太阳能电池的膜厚小于 100μm 时，则入射光会穿过太阳能电池，也就是说晶硅太阳能电池硅片厚度

为 $100\sim300\mu m$ 时才可利用全部入射光能，这就是晶硅太阳能电池硅片厚度一般为 $200\mu m$ 左右的原因。综上所述，光吸收系数 α 大，太阳能电池可使用较薄的硅片制成，可吸收更多的入射光能，增加太阳能电池的输出电流。

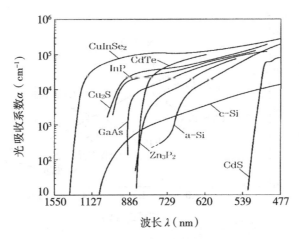

图 3.16　半导体材料的光吸收系数与波长

3. 半导体材料的光吸收端

如图 3.16 所示，对于半导体来说，光吸收系数根据禁带的光子能量的位置（或波长位置）而开始上升，随能量的增加吸收强度增加（或随波长的减少吸收强度增加），光吸收开始的位置称为光吸收端（light absorption edge）。半导体材料的光吸收端由带隙 E_g 决定，E_g 与光吸收端的波长 λ 之间的关系为 $\lambda = 1240/E_g$，例如 CIS 太阳能电池的 E_g 为 1.04eV，光吸收端为 1192nm，它可吸收 $477\sim1192nm$ 范围的可见光、红外光。晶硅 c-Si 的 E_g 为 1.13eV，光吸收端为 1097nm，它可吸收 1097nm 以内的太阳光。

另外，在太阳光的波长为 729nm（相当于 1.7eV）时，GaAs 的光吸收系数比晶硅 c-Si 的高一个数量级。对于 E_g 为 1.13eV 的单晶硅来说，可吸收波长小于 1097nm 的短波长太阳光能，即可吸收约 75% 的太阳光能；而对于 E_g 为 1.42eV 的 GaAs 化合物半导体，吸收波长小于 873nm 的短波长太阳光能，可吸收约 62% 的太阳光能，可见单晶硅太阳能电池可吸收波长更宽的太阳光能。

4. 带隙与太阳能电池的短路电流

太阳能电池的短路电流受电荷载流子的收集效率、光吸收层厚度、半导体的光吸收端以及光吸收系数等的影响。

太阳能电池是一种吸收太阳光并将其转换成电子的转换装置，太阳光的吸收量越多则光电流就越大。图 3.17 所示为半导体的带隙 E_g 与由该半导体制成的太阳能电池的短路电流 J_{sc} 之间的关系。E_g 小则短路电流大，反之，E_g 大则短路电流小，可见支配太阳能电池短路电流大小的因素主要是半导体的带隙。当然，太阳能电池的短路电流还与电荷载流子的收集效率、半导体的光吸收端以及光吸收系数等因素有关。

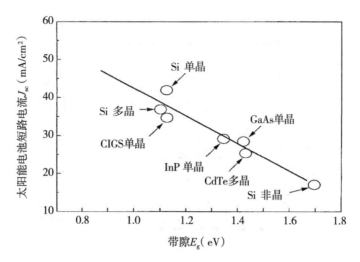

图 3.17　带隙与太阳能电池的短路电流

3.5　太阳能电池芯片、组件及方阵的构成

3.5.1　太阳能电池芯片的构成

　　太阳能电池是太阳能光伏发电中最核心的器件，是将太阳光能直接转换为电能的一种装置，这种光电转换过程通常称为"光生伏特效应"，因此太阳能电池又被称为"光伏电池"。晶硅太阳能电池芯片是构成太阳能电池组件的基本单元，在太阳能电池芯片的内部，分别由上下两层不同的硅材料构成，在两层硅材料中掺杂的种类有所不同，掺杂一般使用磷、硼等元素，掺杂比例从 10 万分之一到 100 万分之一不等。通常太阳能电池的上层为自由电子数较多的 N 型半导体，而下层为自由电子不足、空穴数较多的 P 型半导体，这种结构的太阳能电池在太阳能电池发电中起非常关键的作用。

　　图 3.18 所示为单晶硅太阳能电池芯片的构成。它主要由表面电极、减反射膜、N 型硅层和 P 型硅层、背面电极以及衬底（又称背板或基板）等组成。①表面电极为楔形结构，由银等金属材料制成的栅线电极和主线电极构成。太阳能电池芯片表面的水平细线为栅线电极，其功能是减少电阻、收集更多的电流。虽然减少电极面积可增加接受太阳光的面积，但会使太阳能电池芯片的电阻增加，导致收集的电流减少。主线电极与栅线电极垂直连接，线宽约为 1mm，太阳能电池芯片被分割以增加其受光面积，其功能是使栅线电极收集的电流能顺利流出；②表面电极的下面是减反射膜，使用该膜能更多地吸收太阳光能，一般使用 SiN、SiO_2 或 TiO_2 等；③减反射膜的下面是 N 型硅层和 P 型硅层。N 型硅层的厚度为 1~3μm，P 型硅层的厚度为 ~400μm；④P 型硅层的下面是背面电极，一般使用

铝（Al）材料；⑤背面电极的下面是衬底。

单晶硅太阳能电池的发电原理是：当太阳光照射到 PN 结时生成电子空穴对，在内建电场的作用下，电子向表面的楔形电极集结，空穴向背面电极集结，在两极之间产生电动势，当外部电路接上负载时便有电流流过。为了增加太阳能电池表面的受光面积，电极可不配置在太阳能电池表面，而是配置在太阳能电池的背面，这样既可增加输出功率又显得美观，但会增加太阳能电池的制造成本。图 3.19 所示为单晶硅太阳能电池芯片的表里外观。

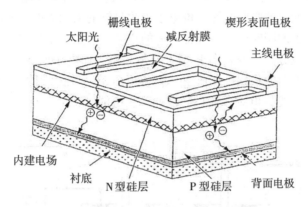

图 3.18 单晶硅太阳能电池芯片的构成

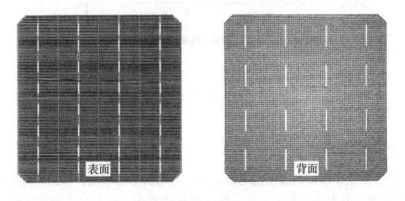

图 3.19 单晶硅太阳能电池芯片的表面和背面

3.5.2 太阳能电池芯片的内部结构和发电原理

图 3.20 所示为晶硅太阳能电池芯片的内部结构和发电原理。该太阳能电池主要由 P 型半导体、N 型半导体、PN 结、正极、负极以及减反射膜等构成，表面电极为负极，而背面电极为正极。

使用硅材料制成的太阳能电池具有独特的性质，在光照作用下硅材料中的电子会离开原子的轨道而成为自由电子，同时产生空穴。为了使太阳能电池产生电能，需要将电子导出并使之以一定方向流向电极，因此太阳能电池发电需要两个条件：其一是需要制成 N 型半导体和 P 型半导体，并将上层的 N 型半导体与下层的 P 型半导体构成分离的结构，在无光照条件下，上层的 N 型半导体中存在自由电子，下层的 P 型半导体中存在空穴；其二是需要形成 PN 结，它是上层和下层之间的结合面，上层的自由电子与下层的空穴进行复合，自由电子和空穴都处在稳定状态。

根据所使用的材料、制造方法等不同，太阳能电池多种多样，发电原理也不尽相同。太阳能电池是将太阳光能直接转换成电能的能量转换器，其发电原理是光生伏特效应。对于由 N 型和 P 型这两种不同类型的硅半导体材料构成的太阳能电池，当太阳光照射在太阳能电池上时，太阳能电池吸收光能，价电子吸收足够的太阳光能并逸出轨道而成为自由电子，此时在电子逸出的同时会出现带正电荷的空穴，产生电子空穴对。在内建电场的作用下光生电子和空穴被分离，空穴向 P 型半导体集结，而电子向 N 型半导体集结，太阳能电池两端出现正负电荷的积累，即产生"光生电压"，当在太阳能电池的正极和负极之间接上负载时，便有"光生电流"流过，从而产生电能。

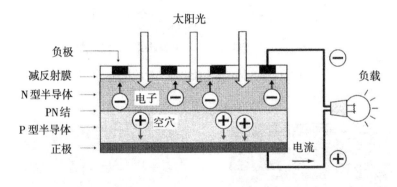

图 3.20　晶硅太阳能电池芯片的内部结构和发电原理

3.5.3　太阳能电池组件和方阵简介

太阳能电池的最小单位是太阳能电池芯片，其输出电压较低，如晶硅太阳能电池的输出电压约为 0.7V，由于输出电压太低一般不能直接使用，而是将太阳能电池芯片进行串联，严密封装成组件使用。太阳能电池组件（solar battery component）又称为太阳能电池板或光伏组件，它由串联的太阳能电池芯片、互联条、汇流条、接线盒、绒面钢化玻璃、EVA 等封装材料以及铝合金边框等组成。在太阳能电池组件中排列有太阳能电池芯片，填充有透明树脂，并用金属边框固定，在其表面有强化玻璃，以防止飞来之石、尘土、鸟粪等对太阳能电池组件造成损伤。

太阳能电池组件的尺寸各种各样，大小各异，长宽超过 1m，重量在 10kg 以上。目前由尺寸为 210mm×210mm 的太阳能电池芯片构成的组件已经问世，其最大功率已达 600W以上，可大幅提高转换效率、降低成本。太阳能电池组件一般固定在支架上，可安装在屋顶、幕墙、陆地、水面水上等处，利用它直接将太阳光能转换成电能。有关太阳能电池组件的详细内容可参考第 8 章的有关内容。

在太阳能光伏发电系统中，根据负载功率的大小、设置面积等条件，需要先将多枚太阳能电池组件串联成一组，称为组串，然后对各组串进行并联，构成太阳能电池方阵。住宅屋顶安装的太阳能光伏发电系统一般使用数枚至数十枚太阳能电池组件构成的太阳能电池方阵，以满足住宅内负载或售电的需要。大型太阳能光伏发电系统可使用数万枚，甚至数百万枚太阳能电池组件构成大型太阳能电池方阵，系统发电功率可达数万千瓦（kW），甚至数吉瓦（GW），如我国在青海省建造的全球最大的太阳能光伏电站的装机容量就达到 2.2 吉瓦。目前太阳能光伏发电系统正在得到广泛的应用，必将为我国实现 2030 年"碳达峰"和 2060 年"碳中和"的目标发挥重要作用。

第4章　常用太阳能电池

太阳能电池将太阳的光能直接转换成电能，是太阳能光伏发电系统中最重要的半导体器件，对发电起着非常关键的作用。太阳能电池可分为常用太阳能电池和新型太阳能电池，常用太阳能电池主要有单晶硅太阳能电池、多晶硅太阳能电池、非晶硅薄膜太阳能电池以及铜铟镓硒化合物太阳能电池等，其中单晶硅太阳能电池和多晶硅太阳能电池应用较多；新型太阳能电池主要包括有机太阳能电池、量子点太阳能电池、钙钛矿太阳能电池等。新型太阳能电池层出不穷，性能在不断改善，转换效率在不断提高。由太阳能电池构成的太阳能光伏发电系统正在大量应用和普及，在解决能源短缺、改善环境和提供清洁能源方面起着非常重要的作用。

本章主要介绍常用太阳能电池的种类、结构、特点和用途等，内容包括单晶硅太阳能电池、多晶硅太阳能电池、非晶硅薄膜太阳能电池等硅太阳能电池；砷化镓、硫化镉、碲化镉、铜铟硒、铜铟镓硒等化合物太阳能电池。此外还将介绍硅薄膜太阳能电池、异质结太阳能电池以及叠层型太阳能电池等。有机太阳能电池和量子点太阳能电池等将在"新型太阳能电池"一章中介绍。

4.1　太阳能电池的种类

太阳能电池自发明以来已经历了三代，第一代主要指单晶硅和多晶硅太阳能电池；第二代主要包括非晶硅薄膜和多晶硅薄膜太阳能电池；第三代主要指一些新型太阳能电池，如有机太阳能电池、量子点太阳能电池以及钙钛矿型太阳能电池等。

太阳能电池的种类繁多、用途各异，根据太阳能电池的应用、太阳能电池材料、PN结的构成、太阳能电池厚薄、太阳能电池用途等，可将太阳能电池分成各种不同的种类。了解太阳能电池的种类、太阳能电池的材料、太阳能电池的特性等，对于研发、设计太阳能光伏发电系统，合理选择太阳能电池和实际应用非常重要。

4.1.1　根据太阳能电池的应用分类

1. 常用太阳能电池的种类

常用太阳能电池是指已经制造、销售和使用的太阳能电池，主要有硅太阳能电池和化合物太阳能电池。硅太阳能电池是指使用硅材料制造的太阳能电池。按硅材料的结晶形态可分为单晶硅太阳能电池、多晶硅太阳能电池和非晶硅太阳能电池。这些太阳能电池统称为晶硅太阳能电池（crystalline silicon solar cell），简称为 c-Si 太阳能电池，主要包括单晶硅太阳能电池（single crystalline silicon solar cell, monocrystalline silicon solar cell），简称为 s-Si 太阳能电池、多晶硅太阳能电池（polycrystalline silicon solar cell），简称为 p-Si 太阳能电池、微晶硅太阳能电池（microcrystalline silicon cell），简称为 m-Si 或 μc-Si 太阳能电池、非晶硅太阳能电池（amorphous silicon solar cell），简称为 a-Si 太阳能电池、硅薄膜太阳能电池（silicon thin solar cell）、使用硅材料的异质结太阳能电池（heterojunction solar cell）和叠层型太阳能电池（multi-junction solar cell）等。

硅太阳能电池应用比较广泛，其中单晶硅太阳能电池的转换效率较高，发电出力比较稳定，近年来由于实现了技术突破，大幅降低了单晶硅芯片的成本，现在已成为主流太阳能电池，市场占有率高达 80%；而多晶硅太阳能电池的制造成本高于单晶硅太阳能电池，转换效率较高；微晶硅太阳能电池和非晶硅薄膜太阳能电池转换效率较低，但使用方便，价格便宜，膜较薄，容易制成硅薄膜太阳能电池，其硅材料使用量非常少，可制成大面积太阳能电池、薄膜太阳能电池以及柔性太阳能电池，此外还可与其他种类的太阳能电池构成异质结太阳能电池、叠层型太阳能电池等，因此有较好的应用前景。

化合物太阳能电池不使用硅材料，而是使用化合物半导体材料。该太阳能电池主要包括砷化镓（GaAs）太阳能电池、磷化铟（InP）太阳能电池、硫化镉（CdS）太阳能电池、碲化镉（CdTe）太阳能电池、铜铟硒（CIS）太阳能电池、铜铟镓硒（CIGS）太阳能电池以及使用化合物材料的异质结太阳能电池和叠层型太阳能电池等。其中叠层型太阳能电池是由不同带隙的多个太阳能电池叠加而成的太阳能电池。

化合物太阳能电池在太空的卫星、空间站以及民用等发电领域已得到广泛应用。其中 GaAs 太阳能电池的性能较好，但价格昂贵，CIGS 太阳能电池和 CdTe 太阳能电池的制造能耗少，使用材料少、成本低，有望取代硅太阳能电池，特别是 CIGS 太阳能电池具有转换效率较高、高温特性好、柔性好、降价空间大等特点，应用前景看好。

2. 新型太阳能电池的种类

新型太阳能电池包括有机太阳能电池、量子点（quantum dot）太阳能电池、氧化物太阳能电池、硫化物太阳能电池、碳太阳能电池、钙钛矿太阳能电池等。有机太阳能电池为多结晶化合物太阳能电池，可分为有机薄膜太阳能电池和染料敏化太阳能电池。有机薄膜太阳能电池可利用印刷技术制造，可大幅降低制造成本。由于成本低廉，柔性好，将来可像大街小巷张贴的广告、宣传画一样被使用；染料敏化太阳能电池是一种利用染料吸收光能，通过电解质层的离子移动进行发电的太阳能电池，它色彩多样、使用方便，不仅可安装在屋顶、室内发电，还可作为装饰用品使用。

量子点太阳能电池是第三代太阳能电池，其尺度介于宏观固体与微观原子、分子之间。量子点具有量子尺寸效应，可通过改变半导体量子点的大小，使太阳能电池吸收宽范围波长的光能，可大幅提高太阳能电池的转换效率。是目前最新、最尖端的太阳能电池之一，现阶段还处在研发之中。

这里简单介绍了有机薄膜太阳能电池、染料敏化太阳能电池以及量子点太阳能电池。

有关氧化物太阳能电池、硫化物太阳能电池、碳太阳能电池以及钙钛矿太阳能电池等，可参考第 5 章新型太阳能电池中的有关内容。

4.1.2 根据太阳能电池材料的分类

表 4.1 所示为根据太阳能电池材料的太阳能电池分类。制造太阳能电池的材料主要可分为硅半导体、化合物半导体以及有机半导体等种类。使用硅半导体制成的太阳能电池有晶硅太阳能电池（如单晶硅、多晶硅以及微晶硅太阳能电池等）和非晶硅太阳能电池（如薄膜、HIT 太阳能电池等）；使用化合物半导体制成的太阳能电池有Ⅲ-Ⅴ族（如 GaAs、InP）、Ⅱ-Ⅵ族（如 CdS、CdTe 等）、Ⅰ-Ⅲ-Ⅵ族（如 CIS、CIGS 等）太阳能电池、使用有机半导体制成的太阳能电池有染料敏化、有机薄膜、钙钛矿等太阳能电池。此外还有量子点、纳米粒子等太阳能电池。本章将主要介绍根据太阳能电池材料分类的太阳能电池。

表 4.1　　　　　　　　　　**根据太阳能电池材料的太阳能电池分类**

硅半导体 （无机系）	晶硅	单晶硅
		多晶硅
		微晶硅（薄膜）
	非晶硅	薄膜，HIT（异质结）
化合物半导体 （无机系）	Ⅲ-Ⅴ族	GaAs（砷化镓），InP（磷化铟）等
	Ⅱ-Ⅵ族	CdS（硫化镉），CdTe（碲化镉）等
	Ⅰ-Ⅲ-Ⅵ族	CIGS（铜铟镓硒）等
有机半导体 （有机系）	有机	有机薄膜
	有机和无机混合	染料敏化、钙钛矿
其他	量子点、纳米粒子	

4.1.3 根据 PN 结构成的分类

太阳能电池的 PN 结可分为均质结太阳能电池和异质结太阳能电池。一般将使用同一种材料制成的 PN 结称为均质结，如单晶硅太阳能电池等；而由两种带隙不同的半导体材料制成的 PN 结称为异质结。由异质结构成的太阳能电池称为异质结太阳能电池，如带本征薄层异质结的 HIT（heterojunction with intrinsic thinlayer）太阳能电池，其结构是在 P 型氢化非晶硅（a-Si：H）和 N 型单晶硅之间，N 型单晶硅与 N 型非晶硅衬底（又称基板）之间各增加一层非掺杂（即本征）I 型氢化非晶硅薄膜，从而使 PN 结的性能得到改善，成为一种低价高效的太阳能电池。HIT 太阳能电池具有制备工艺温度低、转换效率高、高温特性好等特点，被广泛用于安装面积有限、要求发电出力大、环境温度较高的场合。

单晶硅太阳能电池等一般为单结型太阳能电池，这类太阳能电池难以吸收波长范围较广的光能，因此转换效率受到限制。而叠层型太阳能电池由不同带隙的两个以上太阳能电池叠加而成，如太阳能电池的上层使用 InGaP 芯片、中间层使用 InGaAs 芯片、底层使用 Ge 芯片构成的三结叠层型太阳能电池。由于各层的太阳能电池 PN 结可吸收不同波长范围的太阳光能，因此三结叠层型太阳能电池可吸收波长范围较宽的光能，并大幅提高太阳能电池的转换效率。

多结太阳能电池是将带隙不同的半导体材料构成的 PN 结太阳能电池按照带隙的递减自上而下叠加起来的。因为 PN 结太阳能电池只能吸收能量大于其带隙的光子，这样的排列可使高能量光子在上层的宽带隙被吸收，低能量的光子在下层的窄带隙被吸收。这样选择性地吸收太阳光谱的不同区域，能有效地提高了太阳能电池的转换效率。

4.1.4 根据太阳能电池厚薄的分类

如果根据太阳能电池的厚薄分类，可分为块状太阳能电池（bulk cell）和薄膜太阳能电池（thin film cell）。块状太阳能电池是将制成的结晶块加工成薄片（约 300μm）制成的太阳能电池；而薄膜太阳能电池是一种半导体层厚度在 0.1 微米到几微米以下的太阳能电池，衬底一般采用成本较低的玻璃、不锈钢等材料，在其上形成薄膜太阳能电池。

薄膜太阳能电池可分为硅薄膜太阳能电池和化合物薄膜太阳能电池等种类，薄膜太阳能电池具有节约原材料、成本较低、柔性、应用广等特点，而化合物薄膜太阳能电池的效率较高、发电特性比较稳定，将来会被大量应用。

4.1.5 根据太阳能电池用途的分类

根据用途不同，太阳能电池可分为住宅用、工商企业用、太空用等许多种类，可用于户用屋顶发电、工商企业屋顶发电、大型发电以及太空发电等领域。在户用型太阳能光伏发电中，一般使用住宅用太阳能电池，主要有单晶硅、多晶硅太阳能电池、HIT 太阳能电池以及光伏建筑一体化薄膜太阳能电池等；在大型太阳能光伏发电中，主要使用单晶硅太阳能电池、多晶硅太阳能电池、HIT 太阳能电池、CIGS 太阳能电池等。太空发电主要使用单晶硅太阳能电池、化合物太阳能电池等，如 CIGS 太阳能电池、GaAs 太阳能电池等。此外，根据环境温度还可选用高温特性较好的 HIT 太阳能电池、CIGS 太阳能电池等。

4.2 太阳能电池的特点和用途

太阳能电池的种类多种多样，其中历史较长、应用较多的是晶硅太阳能电池。目前化合物太阳能电池的应用也在不断增加，将来，有机太阳能电池有望得到广泛应用。表 4.2 所示为各种太阳能电池的特性和用途。

表 4.2　　　　　　　　　　　　　　　各种太阳能电池的特点和用途

半导体	晶型	电池种类	特　点	用　途
硅太阳能电池	晶硅	单晶硅太阳能电池（组件转换效率约为 22%）	可靠性高，使用实绩多，价格高，转换效率高	地上（各种室外用途）以及太空太阳能光伏系统
		多晶硅太阳能电池（组件效率约为 20%）	可靠性高，转换效率略低，适用于量产	地上用太阳能光伏系统、电子计算器、钟表等民生用
	非晶硅	非晶硅薄膜太阳能电池（硅薄膜太阳能电池）（组件转换效率约为 10%）	电池为薄膜型，适合于大面积量产，高温时的特性强于晶硅太阳能电池，与荧光灯的光谱对应	厚度薄，透明，用于光伏建筑一体化，圆柱、斜面等地上用光伏系统以及民生用等领域
化合物太阳能电池	单晶多晶	化合物电池（CIGS 组件转换效率约为 18%、CdTe 约为 15%、GaAs 约为 25%）	不使用硅材料，薄膜，省料，可与高转换效率材料组合，转换效率较高，CIGS、CdTe 电池价格低于晶硅太阳能电池	GaAs、CIGS 太阳能电池抗辐射性能好，转换效率高，太空用。CIGS 的高温特性好，民生用
有机太阳能电池	染料敏化	染料敏化电池组件效率约为 12%	价格低，柔性，颜色和形状可自由选择，适合室内装饰，可蓄电，存在转换效率较低、耐久性问题	民生用
	有机薄膜	有机薄膜太阳能电池（研究阶段组件转换效率约为 10%）	转换效率较低，价格低，可使用印刷方法大量制造。重量轻，柔性，应用广	民生用
量子点太阳能电池		量子点电池	转换效率较高，理论转换效率可达 75%	地上，民生用

4.3　硅太阳能电池

硅太阳能电池主要有单晶硅太阳能电池、多晶硅太阳能电池、非晶硅薄膜太阳能电池，以及由它们构成的硅薄膜太阳能电池、异质结太阳能电池以及叠层型太阳能电池等种类。本节主要介绍这些太阳能电池的材料、太阳能电池的构成、太阳能电池的特点等。

4.3.1　单晶硅太阳能电池

晶体硅根据晶体取向不同可分为单晶硅和多晶硅。当熔融的单质硅（同种元素构成的纯净物）凝固时，硅原子排列成许多晶核，如果这些晶核长成晶面取向相同的晶粒则形成单晶硅，如果这些晶核长成晶面取向不同的晶粒，这些晶粒结合起来则形成多晶硅。由单晶硅构成的太阳能电池称为单晶硅太阳能电池，而由多晶硅构成的太阳能电池称为多晶硅太阳能电池。

图 4.1 所示为单晶硅太阳能电池的构成，它由 P 型半导体层、N 型半导体层、减反射膜、表面电极及背面电极等组成。P 型半导体通常在制造硅棒的流程中加入硼制成，而 N 型半导体层则在硅片的表面制成，即先涂上含磷的浆料，然后经热处理扩散而成，减反射膜利用化学气相沉积法（CDV）堆积而成，表面电极利用含银原料印刷烧结而成，背面电极利用含银或铝的原料烧结而成。

单晶硅太阳能电池使用高纯度的单晶硅棒为原料，该原料由同一硅结晶组成，硅结晶中的原子在三维空间规则整齐排列，自由电子、空穴可在其中顺利迁移，因此该太阳能电池的转换效率较高。单晶硅太阳能电池芯片的理论转换效率为 30%，其组件转换效率约为 22%。与后述的多晶硅太阳能电池比较，单晶硅太阳能电池制造技术比较成熟、结晶中的缺陷较少、转换效率较高、可靠性较高、发电特性比较稳定、使用寿命较长、成本较低、使用实绩多，且价格有明显下降。

单晶硅太阳能电池在太阳能光伏发电中占主流地位，作为电源在街灯照明、防灾、住宅、工商企业、大型光伏发电站、太空等领域已得到广泛的应用。图 4.2 所示为单晶硅太阳能电池组件的外形，我国研发的太阳能电池组件的输出功率已超过 600W，处于全球领先水平。

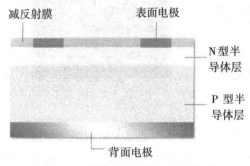

图 4.1　单晶硅太阳能电池的构成

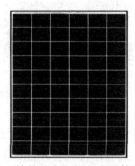

图 4.2　单晶硅太阳能电池组件的外形

4.3.2　多晶硅太阳能电池

多晶硅太阳能电池由多晶硅半导体材料制成，与晶体规则排列的单晶硅相比，多晶硅半导体中有一些单晶体呈现不规则排列的状态，一些小晶硅使整个排列出现崩溃，其表面类似大理石状的模样。在多晶硅的晶界（晶粒与晶粒之间的接触界面），由于结晶原子排列不规则，结晶之间存在间隙，原子失去共价键结合的一方会出现电气不稳定的状态，在晶界出现自由电子和空穴容易集结、复合的现象，导致电子消失，使转换效率产生衰退效应。因此改善或消除结晶之间的间隙，减少电子消失，对于提高转换效率非常重要。

为了提高多晶硅太阳能电池的转换效率，通常采取三种方法，一是在硅材料中加入氢原子，在晶界建立共价键结合，减少自由电子和空穴的复合；二是在太阳能电池表面制绒，形成细小的金字塔式结构，将光长期封闭在其中；三是在硅片的背面制作浓度更高的 P 型半导体，使 P 型和 P⁺型之间产生电场，避免在背面电极附近发生电子和空穴复合现象。

图 4.3 所示为多晶硅太阳能电池的构成。该电池主要由 N 型半导体、P 型半导体、减反射膜、表面电极、背面电极等组成。该太阳能电池采用了在硅材料中添加氢原子使其处于稳定状态，在硅片的背面制作浓度更高的 P 型半导体的方法，以提高多晶硅太阳能电池的转换效率。

图 4.4 所示为多晶硅太阳能电池组件的外形。多晶硅由较小的单晶硅构成，自由电子和空穴的移动不如单晶硅那样顺畅，因而转换效率略低。多晶硅太阳能电池的理论转换效率约为 30%，实际产品的转换效率约为 20%。由于多晶硅太阳能电池具有制造原料丰富、制造容易、制造成本低、可实现量产、转换效率高、发电出力稳定、可靠性高、寿命长等特点，在住宅、工商企业、大型太阳能电站、钟表等行业应用比较广泛，是目前使用最广的太阳能电池之一。

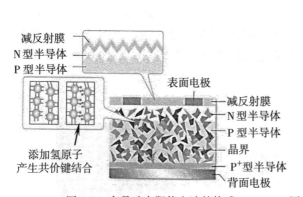

图 4.3　多晶硅太阳能电池的构成

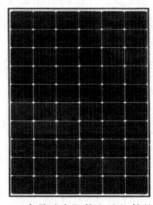

图 4.4　多晶硅太阳能电池组件的外形

单晶硅太阳能电池与多晶硅太阳能电池的主要区别有：①原子结构排列和加工工艺不同，单晶硅是有序排列，多晶硅是无序排列，这主要是由它们的加工工艺决定的，单晶硅采取直拉方法，直拉过程是原子结构重组的过程；而多晶硅采用铸模法，直接把硅料倒入坩埚中熔化定型。②转换效率和价格不同，单晶硅太阳能电池平均转换效率和价格要比多晶硅略高。③外观不同，从外观看，单晶硅太阳能电池芯片的四角呈圆弧状或方形，表面没有花纹；而多晶硅太阳能电池芯片的四角呈方角，表面有类似冰花的花纹，可看见闪光的单晶硅晶粒，不过近年来由于采用刻蚀技术，使太阳能电池表面形成花纹，太阳能电池表面已看不到晶粒，其表面呈深蓝色。

随着科技的进步，晶硅太阳能电池的电极得到了很大改进。太阳能电池电极用来收集晶硅太阳能电池内部产生的电子，由于太阳能电池的表面电极会遮挡一部分太阳光线，造成部分电流损失。为了解决此问题，可将表面电极移至背面，使太阳能电池的转换效率得到提高。另外，晶硅太阳能电池一般呈蓝色，这是由于晶硅太阳能电池未吸收太阳光中蓝色波长的光，造成蓝光被反射的缘故，如果没有光被反射，则晶硅太阳能电池的理想颜色为黑色。

4.3.3 硅薄膜太阳能电池

通常所说的薄膜太阳能电池是指使用玻璃、不锈钢等价格低廉的材料作为衬底，发电用 PN 结膜厚仅为 0.1 微米到几微米的太阳能电池。薄膜太阳能电池有硅薄膜太阳能电池、化合物薄膜太阳能电池以及有机太阳能电池等种类，这些太阳能电池虽然所用材料不同、构成各异，但最大特点是制造简单、使用材料较少、成本较低，但转换效率有待提高，性能有待改善。

1. 薄膜太阳能电池的种类

硅薄膜太阳能电池包括非晶硅薄膜太阳能电池、微晶硅薄膜太阳能电池、多晶硅薄膜太阳能电池等。目前非晶硅薄膜太阳能电池应用较多，其带隙约为 1.7eV，通过掺硼可制成 P 型太阳能电池，掺磷可制成 N 型太阳能电池。为了提高效率和改善稳定性，可用非晶硅薄膜太阳能电池、微晶硅太阳能电池等构成叠层型太阳能电池。

化合物薄膜太阳能电池主要有 CdTe、CIGS 以及 GaAs 等种类。其中 CdTe 薄膜太阳能电池工艺过程简单，制造成本低，太阳能电池芯片的转换效率已超过 16%，组件的转换效率约为 15%，远高于非晶硅薄膜太阳能电池。不过由于镉元素可能对环境造成污染，因此其使用受到限制。近年来由于采用独特的蒸气输送法沉积等特殊措施，使污染问题已得到解决。

CIGS 薄膜太阳能电池是近年来发展起来的太阳能电池，通过磁控溅射、真空蒸发等方法，在衬底上沉积铜铟镓硒薄膜。衬底一般使用玻璃、不锈钢等材料。实验室最高转换效率已超过 20%，组件效率为 18% 以上，是目前薄膜太阳能电池中转换效率最高的太阳能电池之一。

GaAs 薄膜太阳能电池在单晶硅衬底上利用化学气相沉积法制备，其带隙为 1.424eV，组件转换效率可达 25% 以上，重量比功率大，可在人造卫星等航天器上作为太空电源使用，但砷化镓太阳能电池价格昂贵，且砷是有毒元素，因此在地面上应用较少。

有机太阳能电池可分为有机薄膜太阳能电池和染料敏化薄膜太阳能电池两种。有机薄膜太阳能电池是使用导电聚合物或有机材料制成的薄膜太阳能电池，该电池制造成本低、轻便、可弯曲、不易碎裂、五颜六色，但耐久性较差、转换效率较低，组件的转换效率约为 10%。可广泛用于庭院中、窗台上、背包表面，也可作为便携式装置等的电源。染料敏化太阳能电池是一种相当新颖的太阳能电池，该太阳能电池利用染料吸收光能，通过电解质层的离子移动发电，组件转换效率约为 12%。该太阳能电池色彩华丽、多种多样，不仅可安装在屋顶、室内发电，还可作为装饰用品使用。

2. 硅薄膜太阳能电池

太阳能电池中最重要的部分是 PN 结，利用硅材料制成的 PN 结膜极薄的太阳能电池称为硅薄膜太阳能电池。硅薄膜太阳能电池有多晶硅薄膜太阳能电池、微晶硅薄膜太阳能电池、非晶硅薄膜太阳能电池以及由其中的太阳能电池构成的叠层型太阳能电池、异质结太阳能电池等，如非晶硅与微晶硅构成的叠层型太阳能电池，HIT 太阳能电池和 HBC 太阳能电池等异质结太阳能电池。

与晶硅太阳能电池相比，硅薄膜太阳能电池的最大特长是使用硅原料非常少，制造简单、制造成本低。单晶硅和多晶硅太阳能电池的膜厚为 $200\sim300\mu m$，而硅薄膜太阳能电池的膜厚为 $0.3\sim2\mu m$，其硅材料的使用量只有晶硅太阳能电池的 1% 左右。表 4.3 所示为太阳能电池用各种硅材料的特征

表 4.3　　　　　　　　　　　　太阳能电池用各种硅材料的特征

硅材料	种类	硅粒直径子	带隙 光吸收端 λ	光照射 稳定性
单晶硅 （s-Si）	单晶	$1\sim20cm$	~1.1eV $\lambda < 1100nm$	好
多晶硅 （p-Si）	多晶	$5\sim10\mu m$	~1.1eV $\lambda < 1100nm$	好
非晶硅 （a-Si）	非晶	—	1.4~1.7eV $\lambda < 729\sim885nm$	不好
微晶硅 （μc-Si）	非晶+ 结晶	$10\sim100nm$	~1.1eV $\lambda < 1100nm$	好

在制备硅薄膜太阳能电池时，通常利用化学气相沉积 CVD（chemical vapor deposition）法，将硅材料变为气态，将其喷涂在玻璃等衬底上形成薄膜硅层，与单晶硅和多晶硅相比，制造方法简单、制造成本较低。

在应用方面，非晶硅和微晶硅等硅薄膜太阳能电池的转换效率约为 10%，只有单晶硅、多晶硅太阳能电池的一半左右。由于转换效率较低，一般将非晶硅薄膜太阳能电池、微晶硅太阳能电池与其他太阳能电池进行组合以提高转换效率。另外，硅薄膜太阳能电池高温特性好，可用于高温环境发电。

1）多晶硅薄膜太阳能电池

多晶硅薄膜太阳能电池使用多晶硅半导体材料，首先在衬底上使用 CVD 法、液相生长法或固相结晶法等方法制备多晶硅薄膜，然后制作多晶硅薄膜太阳能电池。在制作多晶硅薄膜太阳能电池的过程中，由于电极、PN 结形成条件受到一定的制约，因此该太阳能电池的转换效率只有 10% 左右。该太阳能电池使用硅材料少、制造比较容易、成本较低，但用于发电时还需要进一步提高其转换效率。

2）微晶硅薄膜太阳能电池

微晶硅又称纳米硅，是一种晶粒较小的无定形态的硅晶粒，其结构有序。由于晶粒的颗粒大小在微米量级，因此称之为微晶硅。微晶硅利用离子 CVD 装置制膜，衬底使用玻璃、塑料或不锈钢等材料，可制成 PIN 结型和 NIP 结型两种类型。微晶硅薄膜是由几十纳米到几百纳米大小的晶硅颗粒镶嵌在非晶硅薄膜中组成的，因此该薄膜具有单晶硅和非晶硅材料的优点，微结晶粒子的直径为 $10\sim100nm$，膜厚为数微米，带隙为 1.1eV，光

吸收端（light absorption edge）为1100nm。

3）非晶硅薄膜太阳能电池

非晶硅是一种无定形硅，颜色呈灰黑色。与晶体硅相比其熔点、密度和硬度较低，化学性质比较活泼。非晶硅是一种直接能带半导体，其结构内部没有和周围的硅原子成键的电子（称为悬键）。非晶硅的结构为正四面体，但因发生变形而产生悬挂链和空洞等缺陷，原子排列不整齐。为了解决这些问题，可使用氢补偿悬挂链方法。

图4.5所示为氢补偿悬挂链非晶硅结构。与图4.5（b）的晶硅结构相比，图4.5（a）的非晶硅结构中存在氢原子，其作用是使非晶硅结构稳定并减少其缺陷。由于该结构内部的硅原子呈现不规则排列，故称为非晶硅，而由非晶硅薄膜制成的太阳能电池称为非晶硅薄膜太阳能电池。非晶硅薄膜一般采用CVD法制备，膜厚约为1μm，一般制成PIN结构。

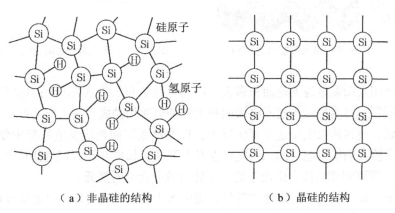

（a）非晶硅的结构　　　　　　　（b）晶硅的结构

图4.5　氢补偿悬挂链非晶硅结构

图4.6所示为非晶硅薄膜太阳能电池的结构。透明电极由具有保光花纹的SnO_2构成。为了尽可能吸收更多的太阳光，P型非晶硅层使用了比非晶硅带隙更宽的SiC层，P型非晶硅层的下面依次是I型非晶硅层、N型非晶硅层，最底层为氧化锌ZnO和Ag形成的背面电极。光吸收层（I型非晶硅层）的厚度为200nm，P型层和N型层较薄约为20nm。与PN结型的结构相比，PIN结型结构由于I层的费米能级处在禁带中间位置，并位于PN之间，因此电场梯度比较平缓，电荷分离效率较高，可提高太阳能电池的转换效率。非晶硅薄膜太阳能电池除了使用玻璃衬底以外，也可使用高分子、不锈钢等作为衬底，该太阳能电池可利用卷对卷（roll to roll）印刷方法进行大量制造。

图4.7所示为非晶硅薄膜太阳能电池的外形。它的原子排列呈现无规则状态，因此转换效率低，实际产品的组件转换效率为10%左右。由于在可见光范围内非晶硅的光吸收系数较大，因此0.3μm左右的膜厚可充分吸收太阳光能。非晶硅薄膜太阳能电池膜厚一般在数微米以下，可大幅减少硅材料的使用量和制造成本。

非晶硅薄膜太阳能电池的优点是可以做得很薄，使用原料少；制造工艺简单，可实现规模化生产、大面积制造容易；可制成柔性太阳能电池，制作成本较低，可以自由裁剪以充分利用制成的产品。其缺点是：非晶硅中存在悬键等缺陷致使结构不稳定，在光照射下会发生光电转换效率衰退效应，致使光电转换效率较低。

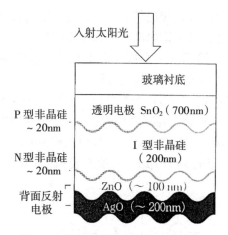

入射太阳光

P 型非晶硅
～20nm

N 型非晶硅
～20nm

背面反射
电极

玻璃衬底

透明电极 SnO₂（700nm）

I 型非晶硅
（200nm）

ZnO（～100 nm）

AgO（～200nm）

图 4.6　非晶硅薄膜太阳能电池结构

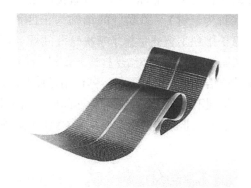

图 4.7　非晶硅薄膜太阳能电池外形

非晶硅薄膜太阳能电池无论面积多大，因其电压太低，在实际应用中受到一定限制，为了解决此问题，可利用激光技术将大面积太阳能电池切割成多枚太阳能电池芯片，然后将其进行串联，使其输出电压达数百伏以上，以便在太阳能光伏发电系统中使用。另外，由于非晶硅薄膜太阳能电池很薄，因此可在其上开孔，如果开孔面积达到整个太阳能电池面积的 10%，则可制成柔性太阳能电池，但转换效率会有所降低。

另外，非晶硅薄膜太阳能电池与其他种类的太阳能电池进行组合可制成异质结太阳能电池、叠层型太阳能电池等，可提高太阳能电池的温度特性、转换效率以及输出功率等。非晶硅薄膜太阳能电池具有广阔的应用前景，目前在计算器、钟表等行业已被广泛应用。

4.3.4　叠层型硅太阳能电池

太阳光含有紫外线、可见光、红外线等各种波长的光，但单晶硅太阳能电池、多晶硅太阳能电池这类单结型太阳能电池只能利用太阳光中一部分波长的光能发电，存在不能有效利用更宽波长范围的太阳光的问题，严重影响太阳能电池的转换效率。如前所述，单晶硅太阳能电池组件的转换效率约为 22%，多晶硅太阳能电池组件的转换效率为 20% 左右，而非晶硅薄膜太阳组件电池和微晶硅太阳能电池组件的转换效率为 10% 左右。为了提高太阳能电池的性能，将光吸收范围不同的太阳能电池进行叠加，构成叠层型太阳能电池，可大幅提高太阳能电池的转换效率。

叠层型太阳能电池（multi-junction solar cell）是指在同一衬底上将两个以上太阳能电池进行串联叠加制作而成的太阳能电池。将晶体结构相同的多个太阳能电池进行叠加称为同质叠加，而将晶体结构不同的多个太阳能电池进行叠加则称为异质叠加。

叠层型太阳能电池有许多种类，如将 a-Si 太阳能电池与 μc-Si 太阳能电池进行叠层的 a-Si/μc-Si 双结型太阳能电池、a-Si/a-SiGe 双结型太阳能电池以及 a-Si/a-SiGe/a-SiGe 三结型太阳能电池等。叠层型太阳能电池可使用硅材料，也可使用化合物材料，使用硅材料的有 a-Si/μc-Si 叠层型太阳能电池和 a-Si/a-SiGe 叠层型太阳能电池等。

1. a-Si/μc-Si 叠层型太阳能电池

微晶硅是由非晶硅与纳米硅结晶混合而成的，a-Si/μc-Si 叠层型太阳能电池是在微晶硅层上与非晶硅叠加而成的太阳能电池，该太阳能电池又称微晶硅叠层型太阳能电池。非晶硅层可吸收从紫外线到可见光范围的太阳光，而微晶硅层可吸收从可见光到红外线范围的太阳光，二者进行组合可吸收从短波长到长波长范围的太阳光，可大大扩展该太阳能电池利用太阳光的波长范围，使转换效率得到提高，其组件的转换效率比非晶硅薄膜太阳能电池高出 30% 以上，达 13% 左右。

通常晶硅太阳能电池随气温的上升其发电出力会降低，而微晶硅叠层型太阳能电池的发电出力受高温的影响较小，夏季的发电量要比晶硅太阳能电池高 10% 左右。另外，微晶硅叠层型太阳能电池制造所需硅材料较少，只有晶硅太阳能电池的 1% 左右，而且制造能耗也较低。

图 4.8 所示为 a-Si/μc-Si 叠层型太阳能电池的结构，它由非晶硅和微晶硅构成。主要由玻璃衬底、透明电极、顶层、底层、透明中间层以及 Ag 反射电极等构成，其中顶层由 P 型非晶硅、I 型非晶硅以及 N 型非晶硅构成；而底层由 P 型微晶硅、I 型微晶硅以及 N 型微晶硅构成。

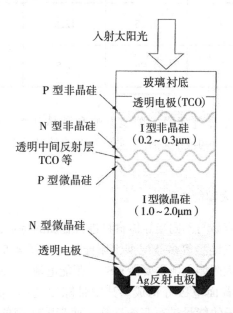

图 4.8　a-Si/μc-Si 叠层型太阳能电池的结构

当太阳光透过玻璃衬底、TCO 膜后，顶层的 P 型非晶硅层吸收波长范围为 300~800nm 的短波长太阳光，800nm 以内的未吸收的一部分光被带有花纹结构的透明中间反射层散射、反射，再次被非晶硅层吸收发电。另外，透过顶层非晶硅薄膜太阳能电池的

800～1000nm 的长波长太阳光进入底层的微晶硅太阳能电池发电，微晶硅太阳能电池未吸收的 1000～1100nm 的太阳光被 Ag 反射电极（背面电极）反射，再次被微晶硅层所吸收发电。由此可见，非晶硅与微晶硅构成的叠层型太阳能电池可吸收 300～1100nm 波长范围的太阳光发电，使转换效率提高，发电出力增加。

由于叠层型太阳能电池芯片的结构采用顶层芯片和底层芯片串联的方式，其开路电压为各芯片的电压之和，而短路电流由两芯片中短路电流较小的芯片决定，因此各芯片的短路电流应尽可能相同。对于利用非晶硅与微晶硅构成的叠层型太阳能电池而言，光吸收系数大的非晶硅薄膜太阳能电池膜厚为 0.2～0.3μm，光吸收系数小的微晶硅太阳能电池膜厚为 1.0～2.0μm，是前者的约 10 倍，因此非晶硅层比通常的非晶硅薄膜太阳能电池的 1μm 要薄，这样可减少非晶硅薄膜太阳能电池特有的光劣化的影响。表 4.4 所示为具有代表性的非晶硅薄膜太阳能电池芯片的性能。

表 4.4　　　　　　　　　　　　非晶硅薄膜太阳能电池芯片的性能

太阳能电池结构		芯片面积（cm^2）	开路电压（V）	短路电流（mA/cm^2）	填充因子	转换效率（%）
单结型芯片	非晶硅	1.0	0.88	17.2	0.67	10.1
	微晶硅	0.25	0.56	27.4	0.74	10.9
双结型芯片非/微晶硅		1.0	1.36	12.9	0.69	12.3
三结型芯片非/微晶硅/微晶硅		1.0	1.96	9.5	0.72	13.4

一般来说，单结型的非晶硅薄膜太阳能电池和微晶硅太阳能电池的转换效率约为 10%，而由这两种太阳能电池构成的双结型太阳能电池的转换效率可达 12%～13%，三结型的可达 13%～14%。

2. a-Si/a-SiGe 叠层型太阳能电池

利用非晶硅半导体可容易与不同半导体材料进行叠加的特点，非晶硅半导体可与其他半导体叠加制成双结型、三结型等多叠层型太阳能电池。图 4.9 所示为 a-Si/a-SiGe 双结型太阳能电池的构成。该太阳能电池主要由 a-Si 太阳能电池、a-SiGe 太阳能电池、玻璃衬底、表面透明导电膜以及背面电极等构成。其中带隙较宽的 a-Si 太阳能电池（带隙为 1.4～1.7eV）可将高能光子的能量进行高效转换，而带隙较窄的 a-SiGe 太阳能电池（带隙为 1.12eV）可将低能光子的能量进行高效转换，因而该太阳能电池的转换效率较高。大面积太阳能电池的转换效率可达 10%～12%。

4.3.5　异质结硅太阳能电池

单晶硅太阳能电池的带隙为 1.12eV，可吸收长波长太阳光，虽然转换效率较高，但成

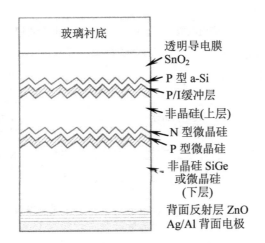

图 4.9 a-Si/a-SiGe 双结型太阳能电池的构成

本也高；而非晶硅薄膜太阳能电池的硅原子呈现无序排列状态，带隙为 1.4~1.7eV，氢化非晶硅薄膜的带隙可达到 1.7eV，可吸收短波长光能，虽然开路电压高，但转换效率低，该太阳能电池可单独使用，也可与其他太阳能电池组合构成异质结太阳能电池，实现优势互补。

由两种带隙不同的半导体材料制成的 PN 结称为异质结，由异质结所构成的太阳能电池称为异质结太阳能电池。异质结合可减少结合面的缺陷，抑制电荷复合，提高太阳能电池的性能，与同质结合在结合面产生缺陷、导致电荷复合，使太阳能电池的性能降低相比具有显著的优点。如由单晶硅太阳能电池和非晶硅薄膜太阳能电池构成的 HIT 异质结太阳能电池，具有制备工艺温度低、转换效率高、高温特性好等特点，被广泛用于安装面积有限、要求发电出力大、环境温度较高的地方。

1. HIT 太阳能电池

1) HIT 太阳能电池的构成

HIT 太阳能电池又称本征薄膜异质结太阳能电池，该电池是一种利用单晶硅半导体衬底和非晶硅半导体制成的混合型太阳能电池。图 4.10 所示为 HIT 太阳能电池的构成。它是在 N 型单晶硅的表面与 P 型非晶硅结合，在 N 型单晶硅的背面与 N 型非晶硅结合而形成的异质结太阳能电池，并在 N 型单晶硅层与 P 型非晶硅层和 N 型非晶硅层之间分别夹有 I 型本征非晶硅层。该太阳能电池的光入射侧为 P/I 型非晶硅膜（厚度为 5~10nm），背面侧为 I/N 型非晶硅膜（厚度为 5~10nm）。在太阳能电池表面和背面分别对称加装了透明导电膜（TCO）和电极。由于在表面、背面装有透明导电膜，因此 HIT 太阳能电池具有双面发电的功能。

由于 N 型半导体和 P 型半导体的晶界区域不稳定，存在失去电子的问题。在 HIT 太阳能电池中，将 P 型半导体改用非晶硅半导体，并在 N 型单晶硅与 P 型非晶硅和 N 型非晶硅之间加上 I 型本征非晶硅。I 型非晶硅层不仅可有效减少非晶硅与单晶硅的异质晶界的缺陷，抑制具有不同性质的半导体之间所产生的自由电子和空穴的复合现象，从而减少电子损失，此外还可提高内建电场强度，使 PN 晶界区域处于稳定；另外晶硅太阳能电池

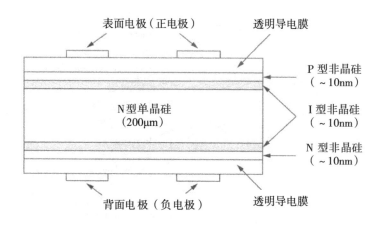

图 4.10　HIT 太阳能电池的构成

一般使用 SiO_2、SiN 等绝缘膜抑制载流子的复合，而在 HIT 太阳能电池中使用柔性的氢化非晶硅膜作为表面复合抑制膜。因此，使用 I 型非晶硅层和氢化非晶硅膜，可使 HIT 太阳能电池转换效率得到提高。

　　HIT 太阳能电池制造时无须复杂的工艺流程，制备温度在 200℃ 以下，比热扩散型结晶太阳能电池的制备温度（900℃）低 700℃ 左右，可大大降低制造成本。由于太阳能电池的表里采用了对称结构，减少了热、膜堆积对硅片变形和热损伤的影响，可使硅片更薄、转换效率更高。此外电极的形成可使用丝网印刷方法，衬底可采用低成本材料，实际应用中可双面发电，增加发电量。

　　由于在 HIT 太阳能电池中使用了 I 型非晶硅层，使非晶硅层与单晶硅层的表面特性得到提高，HIT 太阳能电池芯片的转换效率达到 24.7%，太阳能电池组件的转换效率达 20.7% 以上，开路电压达到 719mV。另外，HIT 太阳能电池的温度系数为 −0.33%，其绝对值低于单晶硅太阳能电池的温度系数 −0.48%，因此，HIT 太阳能电池可用于高温的场合以增加发电出力。有关 HIT 太阳能电池转换效率与温度的关系，可参考第 6 章太阳能电池的特性中的有关内容。

　　综上所述，HIT 太阳能电池具有制备温度低、成本低、转换效率高、高温特性好等特点，是一种低价高效电池。该太阳能电池适用于安装空间受限、高出力、高温度的场合使用。图 4.11 所示为 HIT 太阳能电池组件，图 4.12 所示为柔性 HIT 太阳能电池组件。

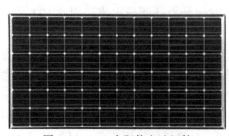
图 4.11　HIT 太阳能电池组件

图 4.12　柔性 HIT 太阳能电池组件

2）HIT 太阳能电池的特点

HIT 太阳能电池的主要特点有：①与单晶硅太阳能电池的制备温度 900℃相比，HIT 太阳能电池的制备温度为 200℃以下，非常节能；②由于太阳能电池表里采用了对称结构，可减少因热膨胀引起的不均匀，因此可使用薄型衬底，节省资源；③光电转换效率高，在硅太阳能电池中首屈一指；④与传统的晶硅太阳能电池比较，温升对转换效率的影响较小，在高温条件下发电量较多；⑤HIT 太阳能电池可双面发电，可水平、倾斜以及垂直安装使用，可在环境温度较高、要求出力较大的太阳能光伏发电系统中使用。

3）HIT 太阳能电池的应用

对于晶硅太阳能电池等来说，一般利用其表面的入射光发电。而 HIT 太阳能电池由于采用透明导电膜和对称结构，因此太阳能电池双面可分别利用入射光和反射光发电。图 4.13 所示为双面型 HIT 太阳能电池，该双面型 HIT 太阳能电池可安装在地面上，充分利用直射太阳光和地面反射太阳光发电，与单面太阳能电池发电相比，年发电量可提高 6%～10%。此外还可扩展双面型 HIT 太阳能电池新的使用领域，如安装在隔音墙、窗户等垂直建筑物上发电等。

2. HBC 太阳能电池

虽然 HIT 太阳能电池具有良好的性能，但由于在受光面配置的电极会遮挡一部分太阳光线，导致其不能充分利用太阳光。如果将电极装在太阳能电池背面，则 HIT 太阳能电池可充分利用入射光，可使转换效率和发电量得到进一步提高，这种将正、负电极全部配置在太阳能电池背面的异结型太阳能电池称为 HBC（heterojunction back contact）型太阳能电池。图 4.14 所示为 HBC 型太阳能电池的结构，该太阳能电池由减反射膜、异质结和背面电极等构成。

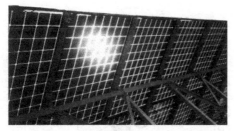

图 4.13 双面型 HIT 太阳能电池

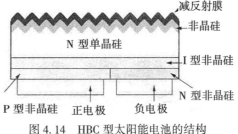

图 4.14 HBC 型太阳能电池的结构

4.3.6 球状硅太阳能电池

球状硅太阳能电池（sphere cell）由直径约为 1mm 的球状硅构成。具有易于制造，受光面积大，可吸收直射、反射、散射等 3 维度的光能，可充分利用任意方向的光能发电，转换效率高、发电出力大等特点，可制成透光性好、柔性优良的各种太阳能电池，将来可广泛使用于便携式产品、舒适生活空间等领域。

1. 球状硅太阳能电池的构成

图 4.15 所示为球状硅太阳能电池芯片的内部结构，该芯片为直径 1～2mm 的晶硅，由 P 核、扩散层、正电极、负电极、减反射膜等组成。图 4.16 所示为平板型芯片与球状芯片的比较，平板型太阳能电池芯片的受光面为平面，而球状硅太阳能电池芯片的受光面几乎遍及整个球面，因此可利用所有方向的光能发电。另外，太阳能电池芯片的正、负电极处在球体的中心对称位置，因此太阳能电池芯片可进行多种配置，可制成透明、柔性好、美观的组件，以满足各种用户的需求。

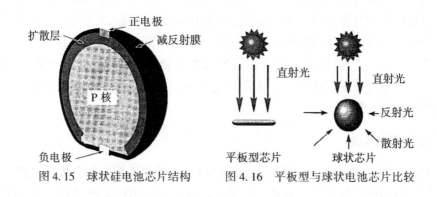

图 4.15　球状硅电池芯片结构　　　　图 4.16　平板型与球状电池芯片比较

球状硅太阳能电池组串的构成如图 4.17 所示。该太阳能电池由具有 PN 结的多个球状硅芯片、绝缘膜、正电极以及负电极等构成，绝缘膜的下侧与 P 型表面电极（即正电极）连接，绝缘膜的上侧与 N 型表面电极（即负电极）连接。图 4.18 所示为球状硅太阳能电池组件，它由球状硅太阳能电池组串经并联而成，可增加输出电压和输出电流。

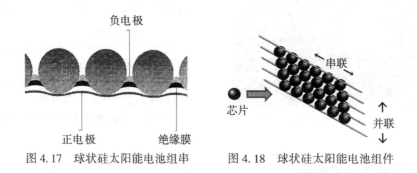

图 4.17　球状硅太阳能电池组串　　　　图 4.18　球状硅太阳能电池组件

为了克服球状硅太阳能电池光吸收特性较差的弱点，可制作球状硅聚光型太阳能电池芯片，其结构如图 4.19 所示。在直径约为 1mm 的球状硅周围安装直径 2.2～2.7mm 的蜂窝状伞形铝制反光镜，并将其作为负电极。由于反光镜断面积 S_2 约为球状硅的断

面积 S_1 的 4 倍，因此称为聚光率 4 倍的聚光型太阳能电池，150mm×150mm 聚光型太阳能电池组件效率可达 12.5%以上、开路电压为 0.61V、短路电流为 27.1mA/cm^2、FF 为 0.76。

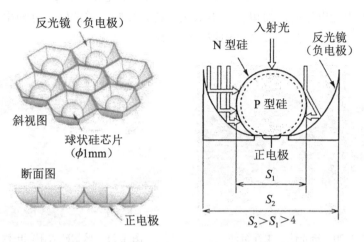

图 4.19　球状硅聚光型太阳能电池芯片的结构

2. 球状硅太阳能电池特点

球状硅太阳能电池的特点主要有：①没有硅切割工序，制造简单，可大幅降低制造成本；②每瓦使用的硅原材料较少，为平板型太阳能电池的约 1/5；③使用柔性衬底，可制作不易破损的柔性太阳能电池；④由于球状硅太阳能电池芯片使用直径 1~2mm 的球状硅材料，组件采用串并联的细小网状结构，所以发电量受阴影的影响不大；⑤平板型太阳能电池组件的发电量与太阳所处位置紧密相关，而球状太阳能电池几乎不受太阳位置的影响，发电量比较稳定；⑥可吸收来自任何方向的光能，包括直射光、反射光以及散射光；⑦由于球状硅太阳能电池的光利用范围较广，所以可大大提高发电出力，与平板型太阳能电池比较，发电出力可提高 2~3.6 倍；⑧由于球状硅太阳能电池芯片和组件可进行任意串联、并联连接，所以可对输出电压、输出电流进行任意调整以满足负载的要求；⑨需要使用衬底将球状硅芯片连成整体。

3. 球状硅太阳能电池的制造方法

球状硅太阳能电池的制造有两种方法，一种方法是使熔化的 P 型硅从高处落下，在落下的过程中凝固形成直径约为 1~2mm 的 P 型球状硅；另一种方法是将粒子直径为 10~100nm 的 P 型硅结晶粒子的集合体放入托盘中，将托盘放入移动型电炉中进行熔化、凝固，然后将托盘从电炉取出制成 P 型硅。球状硅的直径可根据所使用的硅结晶粒子量进行自由调整。制作球状硅太阳能电池芯片时，先在 P 型球状硅的表面制作 N 型硅形成 PN 结，然后安装正、负电极，则完成球状硅太阳能电池芯片的制作。

4. 球状硅太阳能电池的应用

球状硅太阳能电池的转换效率为 10%～12%，组件输出功率可达 100W 左右。图 4.20 所示为透光性、柔性组件。图 4.21 所示为球状硅太阳能电池方阵，它可用于便携设备的电源。球状硅太阳能电池制造简单、成本低廉、透光性好、柔性好，可利用直射光、反射光以及散射光，转换效率高，将来有望被广泛应用。

图 4.20 透光性、柔性组件

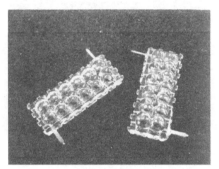

图 4.21 球状硅太阳能电池方阵

图 4.22 所示为在透明材料中埋入球状硅太阳能电池芯片的三维受光型太阳能电池。该太阳能电池可接收来自三维空间的太阳光，透光性和柔性都比较好，可用于光伏建筑一体化发电（BIPV）、能量采集、灯笼等装饰商品。将太阳能发电与建筑材料相结合，可使大型建筑物实现电能自发自用。

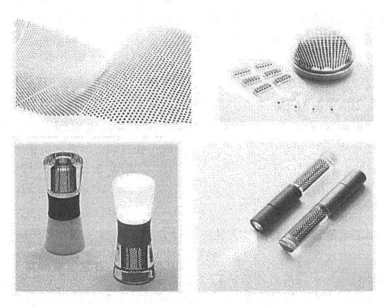

图 4.22 三维受光型太阳能电池

4.4 化合物太阳能电池

4.4.1 化合物太阳能电池的种类及特点

1. 化合物太阳能电池

实际上，太阳能电池并非一定要使用硅半导体材料，有些单一元素即使不具备半导体的性质，但将几种元素进行组合，则可得到类似硅半导体性质的化合物材料。所谓化合物是指两种以上元素构成的物质。化合物太阳能电池是由多种元素构成的化合物半导体材料制成的太阳能电池。众所周知，铜（Cu）、镓（Ga）、镉（Cd）、铟（In）、砷（As）、硒（Se）、碲（Te）等材料都不能独自成为半导体，但将其中几种材料进行组合则可构成GaAs、InP、CdTe、CIGS等化合物半导体。

由于化合物太阳能电池不使用硅材料，因此制造该太阳能电池不受硅材料供应量增减的影响。另外，根据用途不同，化合物太阳能电池组件的转换效率和价格差别较大，如太空用化合物太阳能电池必须具有防护宇宙辐射等功能，因此价格昂贵，转换效率较高。而地面用太阳能电池价格较便宜，但转换效率较低。由于化合物太阳能电池转换效率已接近或超过晶硅太阳能电池，因此CIGS、CdTe等化合物太阳能电池已得到越来越广泛的应用。

2. 化合物太阳能电池的种类

化合物太阳能电池主要有Ⅲ-Ⅴ族的GaAs、InP等；Ⅱ-Ⅵ族的CdS、CdTe等以及Ⅰ-Ⅲ-Ⅵ族的CIS、CIGS等种类。其中砷化镓（GaAs）太阳能电池是单晶化合物太阳能电池，其带隙为1.4eV。由于其转换效率较高，所以早期在卫星等航天器上得到了应用，但由于价格昂贵，而且砷是有毒元素，所以在地面应用极少。

多晶化合物太阳能电池主要有碲化镉（CdTe）太阳能电池、铜铟镓硒（CIGS）太阳能电池等。其中，CIGS太阳能电池可吸收波长范围较宽的太阳光能，其波长范围为300~1200nm，比晶硅太阳能电池的波长范围宽100nm以上，因此发电出力较大。与晶硅太阳能电池相比，CIGS太阳能电池具有可吸收太阳光波长范围较宽、发电受阴影影响较小等特点，年发电量高8%左右，太阳能电池厚度只有1/100左右，制造能耗较低。此外该材料无毒，可进行循环处理，对环境友好。但CIGS、CdTe等化合物太阳能电池需要进一步提高转换效率、开放电压、大面积均匀制膜技术等。

3. 化合物太阳能电池的特点

化合物太阳能电池的特点主要有：①几乎所有的化合物半导体都是直接迁移型半导体，与间接迁移型半导体硅相比，能量损失少、光迁移效率高；②化合物半导体的带隙接近1.4eV，光吸收系数较大，是硅半导体的1~2个数量级，晶硅太阳能电池的膜厚一般为

200~300μm，而化合物太阳能电池的膜厚为 2~3μm，只有前者的 1/10 左右，可节约大量资源，减少制造耗能，降低成本；③衬底可使用玻璃、金属箔、塑料等材料，可制成柔性化合物太阳能电池；④可实现大面积、规模化生产，降低成本；⑤可通过改变成膜法或材料，根据用途制造不同性能、不同价格的产品。

与硅材料太阳能电池相比，化合物太阳能电池具有带隙大、吸光能力强、转换效率高、柔性好、节省资源、重量轻、制造成本低等特点，但需要使用稀有元素材料，另外由于 CdTe 太阳能电池使用镉 Cd 元素，存在对人体和环境有害等问题。

4.4.2　GaAs 和 InP 化合物太阳能电池

GaAs 太阳能电池和 InP 太阳能电池以及由这些太阳能电池构成的叠层型太阳能电池都属于Ⅲ-Ⅴ族化合物半导体太阳能电池，这类太阳能电池的带隙为 1.4~1.5eV，光吸收系数大、转换效率高，可制成薄膜太阳能电池。改变化合物的组成可制成多种不同带隙的半导体，将这些半导体进行组合可制成光吸收范围宽、性能高的叠层型太阳能电池。

GaAs 太阳能电池和 InP 太阳能电池的耐热特性较好，高温环境对太阳能电池的性能影响不大，适合作为聚光型太阳能电池使用。此外，这类太阳能电池的抗辐射性能好，重量比功率大，可作为空间站等航天器的电源。

Ⅲ-Ⅴ族太阳能电池的转换效率较高的原因是由于Ⅲ-Ⅴ族化合物半导体的光吸收率较高，如Ⅲ-Ⅴ族化合物半导体（在光子能量 1.5eV 附近）光吸收率比硅半导体（在光子能量 1.25eV 附近）高 2 位数，因此可高效吸收光能。

1. GaAs 和 InP 太阳能电池的结构

图 4.23 所示为 GaAs 太阳能电池的结构，该太阳能电池使用镓 Ga 和砷 As 半导体材料，主要由正电极、P 型 AlGaAs、P 型 GaAs、N 型 GaAs 以及负电极构成。其中 N 型半导体使用 GaAs 化合物材料，P 型半导体使用 GaAs 化合物材料，在 P 型半导体与正电极之间使用 P 型 AlGaAs 化合物材料，即在 GaAs 化合物中掺杂铝 Al 制成的化合物。

GaAs 化合物半导体的带隙为 1.43eV，比晶硅半导体 1.11eV 要高，因此 GaAs 太阳能电池可高效吸收光能，转换效率较高，其太阳能电池芯片的转换效率为 30% 左右，聚光型太阳能电池的转换效率已超过 40%。此外 GaAs 太阳能电池的抗辐射性能和高温性能较好，因此可作为航天器的电源使用。图 4.24 所示为 GaAs 太阳能电池组件。

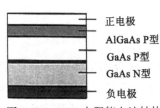

图 4.23　GaAs 太阳能电池结构　　　　图 4.24　GaAs 太阳能电池组件

InP 太阳能电池与 GaAs 太阳能电池的性能基本相同，它具有较强的太空辐射防护作用，当遭到太空辐射的破坏时，具有较好的自恢复能力，因此，InP 太阳能电池可在辐射较强的空间环境中使用。另外利用 InP 太阳能电池和 GaAs 太阳能电池的芯片可制成叠层型太阳能电池，使转换效率得到提高。

InP 太阳能电池的带隙为 1.35eV，GaAs 太阳能电池的带隙为 1.43eV，由于 InP 太阳能电池的光吸收系数略大于 GaAs，因此 InP 太阳能电池可做得更薄。此外 InP 太阳能电池在宇宙环境下使用时，其抗辐射性能优于 GaAs 太阳能电池。虽然 GaAs 和 InP 太阳能电池有许多优点，但与 CdTe、CIGS 太阳能电池相比，价格较高，此外，As 为有毒元素，In 为稀有元素，储藏量较少，原材料供给不太稳定。由于 GaAs、InP 太阳能电池具有较强的抗辐射性能，能够适应太空的使用要求，所以这类太阳能电池一般作为太空电源，目前主要用于人造卫星、空间站等航天领域。

2. GaAs 和 InP 构成的叠层型化合物太阳能电池

对于 III - V 族化合物半导体来说，改变其晶格常数（晶胞的边长）可控制带隙。图 4.25 所示为各种化合物半导体材料的带隙与晶格常数的关系。如图所示，理论上从带隙 2.48eV（磷化铝 AlP）到带隙 0.18eV（锑化铟 InSb）范围的化合物半导体都可进行组成，也就是说可对带隙不同的多个化合物半导体薄膜材料进行叠加，制成吸光波长范围宽、性能高的叠层型太阳能电池。

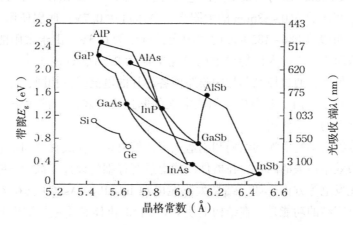

图 4.25 各种化合物半导体材料的带隙与晶格常数

叠层型化合物太阳能电池是一种高效太阳能电池，它可大幅提高太阳能电池的转换效率。图 4.26 所示为叠层型化合物太阳能电池的理论转换效率与太阳能电池结数的关系。由图可见，双结型化合物太阳能电池的理论转换效率约为 42%、三结型的约为 47%。虽然叠层型太阳能电池结数的增加可使太阳能电池的转换效率得到提高，但随着太阳能电池结数的增加，成本也会相应增加，因此目前多为三结型化合物太阳能电池。

众所周知，由单个 PN 结构成的硅太阳能电池的理论转换效率约为 30%，为了提高转

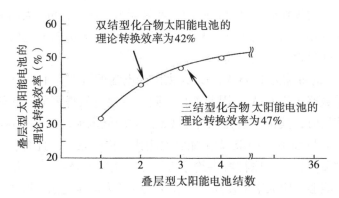

图 4.26　叠层型太阳能电池的理论转换效率与太阳能电池结数

换效率，可使用不同带隙的半导体材料制成 PN 结，然后将由这些 PN 结构成的太阳能电池进行叠加，制成高性能的叠层型太阳能电池。由于 GaAs 的带隙约为 1.4eV，非常适合用作太阳能电池的材料，其太阳能电池芯片的转换效率为 30% 左右。叠层型化合物太阳能电池一般采用以 GaAs 为主的 Ⅲ-Ⅴ 族化合物半导体构成，如二结型到五结型，理论上五结型太阳能电池的转换效率可达 50%～60%。

图 4.27 所示为三结型化合物太阳能电池，其上层使用 InGaP 芯片（带隙 E_g 为 1.88eV），可吸收 660nm 以内的太阳光，电压可达 1.5V；中间层使用 InGaAs 芯片（带隙 E_g 为 1.40eV），可吸收 660～886nm 的太阳光，电压可达 0.7V；底层使用 Ge 芯片（带隙 E_g 为 0.67eV），可吸收 886～1850nm 的太阳光，电压为 0.3V。由于太阳能电池由各太阳能电池芯片串联而成，因此太阳能电池的开路电压为 2.5V，远高于单个 PN 结太阳能电池的开路电压。另外，通过控制芯片的膜厚使各芯片的电流保持相同，可使太阳能电池的转换效率达 32% 以上。由于叠层型太阳能电池的制造成本较高，该太阳能电池一般作为航天器、空间站等的电源使用。

叠层型化合物太阳能电池的结构和制造流程比较复杂，衬底材料和制造成本较高，需要考虑引起转换效率损失的因素，在器件结构上进行仔细的设计。该太阳能电池目前主要用在太空、聚光发电等方面，如三结型太阳能电池 InGaP/GaAs/Ge 已在太空探测中得到应用。图中的隧穿结的功能是：在结构上使 PN 接合的供体和受主的浓度分别提高 100 倍左右，通过隧道效应，使电流通过较低的电阻从 N 层流向 P 层。

3. GaAs 构成的聚光型化合物太阳能电池

聚光型太阳能电池 CPV（concentrated photovoltaics）是一种利用透镜或反射镜等将聚集的太阳光照射在小面积太阳能电池上而获得高发电出力的太阳能电池。聚光型太阳能电池一般使用 Ⅲ-Ⅴ 族化合物太阳能电池，以节省太阳能电池材料的用量、降低成本、提高发电出力。

利用透镜或反射镜聚集的光强度可达到太阳光的约 1000 倍，在此光照条件下，双结

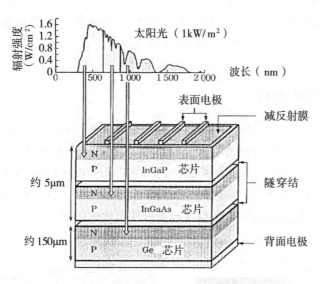

图 4.27 三结型化合物太阳能电池

型聚光太阳能电池和三结型聚光太阳能电池的转换效率可分别达到 50%、56%。图 4.28 所示为聚光型太阳能光伏发电系统。该发电系统中的太阳能电池组件由 192 个带平板型透镜的发电单元组成，太阳能电池方阵由 64 个组件构成，输出功率为 7.5kW，面积为 31m²。其发电原理是通过透镜聚集太阳光能并照射在叠层型化合物太阳能电池上产生电能。该系统设置有太阳光跟踪装置，使太阳能电池方阵始终面向太阳以获取最大辐射量，单位面积的发电量是晶硅太阳能电池发电量的约 2 倍。

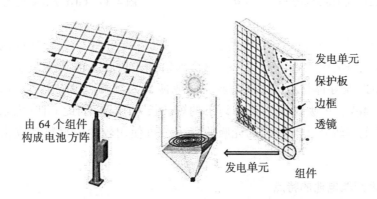

图 4.28 聚光型太阳能光伏发电系统

4.4.3 CdS 和 CdTe 化合物太阳能电池

由 Ⅱ-Ⅵ 族半导体材料组合而成的化合物太阳能电池有硫化镉 CdS [镉 Cd（Ⅱ族）、

硫磺 S（Ⅵ族）］、碲化镉 CdTe［镉 Cd（Ⅱ族）和碲 Te（Ⅵ族）］等太阳能电池，一般使用由二者组合而成的 CdTe 太阳能电池。这种太阳能电池制造简单、光吸收系数大、转换效率高、成本低，可制成低成本的薄膜太阳能电池。这里主要介绍 CdTe 太阳能电池。

1. CdTe 太阳能电池的结构

图 4.29 所示为 CdTe 太阳能电池的结构，它是一种由 P 型 CdTe 膜和 N 型 CdS 膜构成的化合物太阳能电池。主要由背面碳电极、P 型 CdTe 膜、N 型 CdS 膜、透明导电膜、玻璃衬底，减反射膜以及正电极、负电极构成，其中 PN 结由 P 型 CdTe 膜和 N 型 CdS 膜构成，在玻璃衬底的表面装有 MgF_2 等减反射膜。图 4.30 所示为 CdTe 太阳能电池组件，该组件是一种新型组件，它没有边框，在组件的表里使用玻璃固定。

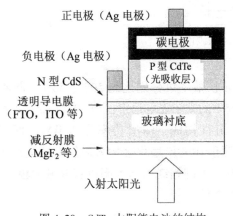

图 4.29　CdTe 太阳能电池的结构

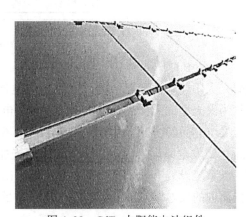

图 4.30　CdTe 太阳能电池组件

CdTe 的带隙为 1.5eV，接近理想值 1.4eV，可吸收 $0.517\sim0.827\mu m$ 范围的可见光和红外光。其光谱响应（在各波长下，每个入射光子所收集的载流子数）和太阳光谱非常匹配。CdTe 半导体材料可做成薄膜，制成薄膜太阳能电池。此外，CdS 半导体材料的带隙为 2.4eV，可吸收 $0.517\mu m$ 以下的短波长太阳光。因此 CdTe 太阳能电池的太阳光吸收波长范围较宽，有较强的光吸收能力，可使用较少的材料制成化合物薄膜太阳能电池。

2. CdTe 太阳能电池的特点

CdTe 太阳能电池的特点有：①CdTe 为直接迁移型半导体，光吸收系数比硅半导体高 1 个数量级，可做成低成本的薄膜太阳能电池；②带隙接近 1.5eV，制造流程简单，可高速制造；③太阳能电池组件转换效率较高，接近晶硅太阳能电池的转换效率；④能量回收时间较短，大约为 1 年（单晶硅太阳能电池为 3 年）。这里，能量回收时间指一个光伏发电系统全寿命周期内所消耗的能量除以该系统的年平均能量输出，单位为年。即光伏发电系统几年内能把自己寿命周期内消耗的能量回收回来。

3. CdTe 太阳能电池的转换效率

在制造 CdTe 太阳能电池时，由于可在普通的玻璃衬底上低温制备，所以该太阳能电池的制造成本低、转换效率高。CdTe 太阳能电池的理论转换效率约为 28%，实际的转换效率因制造方法不同而不同，采用印刷方式可实现低成本、大面积制造。小面积太阳能电池芯片的转换效率为 13%，而大面积组件的转换效率为 9% 左右；如果采用真空蒸镀法，小面积薄膜太阳能电池芯片的转换效率约为 16%，大面积的为 11% 左右。为了进一步提高该太阳能电池的转换效率，目前正在研发更高效率的太阳能电池。

4.4.4 CIGS 化合物太阳能电池

1. CIGS 太阳能电池的构成

前述的化合物太阳能电池 GaAs、InP 以及 CdTe 等分别由Ⅲ-Ⅴ族和Ⅱ-Ⅵ族材料制成，由于Ⅱ族处在Ⅰ族与Ⅲ族之间，所以由Ⅰ-Ⅲ-2Ⅵ族的材料可制成 CIS 和 CIGS 太阳能电池。CIS 太阳能电池由铜 Cu（Ⅰ族）-铟 In（Ⅲ族）-硒 Se_2（Ⅵ族）构成，称为铜铟硒太阳能电池。而 CIGS 太阳能电池是在 CIS 太阳能电池中加入了镓 Ga（Ⅲ族）所构成的太阳能电池，称为铜铟镓硒太阳能电池。该电池是直接迁移型太阳能电池，光吸收系统较大，膜厚为 $1 \sim 2 \mu m$，可做成薄膜太阳能电池。

CIGS 太阳能电池的组成比可用 $Cu\left[In_{(1-x)}Ga_{(x)}\right]Se_2$ 表示，Ga 的组成比 x 从 $0 \sim 1$ 变化时，半导体带隙则在 $1.0 \sim 1.7eV$ 之间变化，控制 x 可使太阳能电池的组成达到最佳。CIGS 太阳能电池的组成比 x 为 0 时，则称为 CIS 太阳能电池。CIGS 太阳能电池是具有代表性的化合物太阳能电池。它由铜铟硒（$CuInSe_2$：CIS）与铜镓硒（$CuGaSe_2$：CGS）混合而成，通过改变铟和镓的含量，即 CIS 和 CGS 的混合比例，可将带隙由 CIS 的 $1.0eV$ 提高到 CGS 的 $1.7Ve$，使太阳能电池的带隙处在最佳的 $1.45eV$ 附近。

图 4.31 所示为 CIGS 太阳能电池的结构，该太阳能电池是由 P 型半导体 CIGS、N 型半导体 CdS 以及 ZnO 构成的异质结太阳能电池，主要由蓝板玻璃衬底、钼 Mo 背面电极、P 型 CIGS 吸光层、N 型 CdS 缓冲层（又称过渡层）、ZnO 窗口层（让部分入射光通过）、透明电极层（氧化铟锡 ITO 等）以及正负电极等组成。

2. CIGS 太阳能电池组件

图 4.32 所示为 CIGS 太阳能电池组件。该太阳能电池组件的构成与晶硅太阳能电池组件不同，晶硅太阳能电池组件一般由太阳能电池芯片串联组成，串联的太阳能电池芯片会由于阴影的影响出现出力下降或不发电的情况，从而导致整个系统出力下降。而 CIGS 太阳能电池组件一般采用太阳能电池芯片全并联连接方式，即使部分太阳能电池被阴影遮挡，不会影响组件的电压，因此阴影对整个系统的稳定出力影响不大。

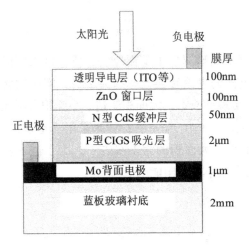

图 4.31　CIGS 太阳能电池的结构

图 4.32　CIGS 太阳能电池组件

3. CIGS 太阳能电池的发电原理

太阳光经 CIGS 太阳能电池上部的 ITO 透明导电膜层（负电极）进入太阳能电池，然后透过 N 型半导体 ZnO 窗口层，经 N 型 CdS 缓冲层进入 P 型半导体 CIGS 吸光层产生电子-空穴对，经电荷分离后电子流向负电极、空穴流向正电极。其中，ITO 透明导电层为 ITO 透明导电膜，它是一种在氧化铟（InO_2）中添加了氧化锡的化合物，具有高透明度和高导带性的薄膜。N 型 CdS 缓冲层用来减少 ZnO 层成膜时对 CIGS 太阳能电池的影响，起防止自由电子和空穴载流子复合的作用。CIGS 太阳能电池各层的带隙不同，ZnO 为 3.37eV，其光吸收端为 367nm；CdS 为 2.42eV，光吸收端为 512nm；CIGS 为 1.1eV，光吸收端为 1127nm，它可吸收 520~1130nm 范围的可见光、红外光。

4. CIGS 太阳能电池的特点

CIGS 太阳能电池的特点主要有：①CIGS 太阳能电池为直接迁移型太电池，能量损失小、光吸收系数大、转换效率高，组件约为 18%、吸光层膜厚为 1~2μm；②改变 In 和 Ga，或 Se 和 S 的比例可控制太阳能电池材料的带隙，使带隙达到最优值 1.4eV；③可连续生产制作，制膜比较容易，制造成本低；④衬底可使用不锈钢、玻璃、金属箔、塑料等重量轻、有柔性的材料，可制成柔性太阳能电池；⑤CIGS 太阳能电池的温度特性好、抗辐射性能强、可靠性较高，可作为地面或太空用太阳能电池使用；⑥能量回收时间约为 1.4 年，回收时间较短。

5. CIGS 太阳能电池的应用

CIGS 太阳能电池具有制造成本低、易实现规模化生产、膜厚薄、节省资源、光吸收率较高、转换效率高、温度特性好、可靠性高、安全性好、无光劣化等特点，已经在住宅屋顶发电、工商企业屋顶发电以及大型光伏发电站发电等方面得到了广泛应用，除此之外，由于该太阳能电池重量轻、抗辐射性能非常好，可用于人造卫星、空间站等航天领域。CIGS 太阳能电池由于其良好的发电特性，将来可能超过晶硅太阳能电池，成为太阳能光伏发电的主流电池。

4.5 柔性太阳能电池

晶硅太阳能电池采用玻璃板或金属板等衬底，因而较重，一般在住宅屋顶、工商企业屋顶、地面太阳能光伏发电站等处采用牢固的支架固定，会加大建筑物的承载能力和固定支架等的成本等，但如果使用重量轻、易弯曲的柔性太阳能电池，则该太阳能电池的用途会更加广泛。

柔性太阳能电池主要有柔性晶硅薄膜太阳能电池、柔性非晶硅薄膜太阳能电池以及柔性化合物薄膜太阳能电池等种类，这些太阳能电池具有制造所用原料少、制造成本低、有柔性、温度特性好等特点，可设置在幕墙和有曲面拱顶的屋顶、车顶、天棚、车棚、农业大棚等处发电。此外，柔性太阳能电池可作为手机、电脑等移动设备的电源以及可折叠式移动电源等。

4.5.1 柔性晶硅薄膜太阳能电池

太阳能电池产业正在迅猛发展，目前硅太阳能电池占主流地位，近年来多晶硅太阳能电池发展迅速，与单晶硅太阳能电池相比价格低、转换效率也达到了几乎同等的水平。现在太阳能光伏发电系统主要使用厚 $100 \sim 200 \mu m$ 的单晶硅、多晶硅太阳能电池，这些太阳能电池使用玻璃等作为衬底，重量较重，没有柔性。为了满足卫星、空间站、地上民用等对电源的需要，研发重量轻、成本低的柔性太阳能电池非常必要。

采用单晶硅材料制成的厚度为 $10 \mu m$ 左右的超薄膜太阳能电池受到人们的关注，这种太阳能电池具有重量轻、柔性好、效率高、性能稳定以及由宇宙辐射引起的劣化小等特点。单晶硅薄膜太阳能电池一般使用硅集成电路用衬底（SOI），采用阳极化成法或剥离法（多孔质硅层剥离）等技术制成。由于硅材料的光吸收系数较小，制造厚度为 $10 \mu m$ 以下的薄膜太阳能电池时，需要采用特殊技术制成减反射膜，以提高太阳能电池的转换效率。目前小面积太阳能电池芯片的光电转换效率可达 16.6% 以上。图 4.33 所示为柔性晶硅薄膜太阳能电池，其厚度为 $10 \mu m$ 左右，重量轻、柔性好，可广泛应用于太空和民用领域。

4.5.2 柔性非晶硅薄膜太阳能电池

重量轻并具有柔性的太阳能电池也可用非晶硅材料制成，虽然存在转换效率不高、光照劣化等问题，但该太阳能电池具有诸多优点，如材料使用量少、成本低、温度性好、大面积制造容易等。图 4.34 所示为柔性非晶硅薄膜太阳能电池，该太阳能电池衬底不使用玻璃，而使用耐热性好的聚酰亚胺或聚对苯二甲酸乙酯（PEN 树脂）等柔性材料，太阳能电池芯片串联时不用外部配线，而是在薄膜形成和加工的流程中完成，可使用卷对卷印刷工艺实现快速制造。制造太阳能电池所用原料少、制造成本低、重量轻、柔性好、温度特性好，转换效率达 10% 左右。

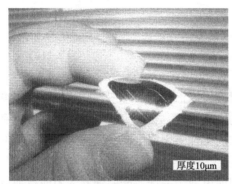
图 4.33　柔性晶硅薄膜太阳能电池

图 4.34　柔性非晶硅薄膜太阳能电池

4.5.3　柔性化合物薄膜太阳能电池

　　化合物太阳能电池有 GaAs、InP、CdTe 以及 CIGS 等种类，其中 CIGS 化合物太阳能电池也可使用碳酸盐玻璃、聚酰亚胺、不锈钢等重量轻又有柔性的衬底，利用化学沉积法制成柔性薄膜太阳能电池。图 4.35 所示为柔性 CIGS 化合物薄膜太阳能电池。该太阳能电池的性能较高，太阳能电池芯片的转换效率已达 20% 左右。CIGS 等柔性化合物太阳能电池的用途非常广泛，在地面可用于住宅屋顶、拱形车库屋顶、工商企业设施以及太阳能光伏发电站等。由于该太阳能电池的抗辐射性能较好，重量较轻，可作为人造卫星、空间站等的电源。

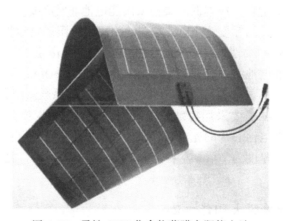
图 4.35　柔性 CIGS 化合物薄膜太阳能电池

4.6　透光型太阳能电池

　　图 4.36 所示为透光型太阳能电池（transparent cell），它是一种让可见光透过，而将

吸收的紫外光转换成电能的太阳能电池。透光型太阳能电池只利用太阳光能的约 8%的紫外光发电，因此转换效率较低。透光型太阳能电池通过对雾状气体、衬底的温度进行控制，在低于 500℃的温度下，在玻璃板上利用 N 型氧化锌半导体和 P 型铜铝氧化物半导体制成。

图 4.36　透光型太阳能电池

　　透光型太阳能电池可利用其辐射作用调整热反射，而对进入室内的光线影响不大，因此它可作为窗玻璃使用，起到住宅隔热、透光、节能的效果。由于透光型太阳能电池只吸收紫外光发电，不影响其他波长的光透过，因此透光型太阳能电池可用于农业大棚，如在种植蔬菜等农作物的农田上安装透光型太阳能电池，利用紫外线发电的同时，而让紫外线以外的光线透过，为蔬菜提供光合作用所需要的光线，农民可获得售电和销售蔬菜两方面的收入，在农村扶贫、振兴农业等方面发挥重要作用。

第5章 新型太阳能电池

太阳能电池的种类繁多，用途各异，根据太阳能电池的研发、应用等可将太阳能电池分为三代。第一代太阳能电池主要指单晶硅和多晶硅太阳能电池。第二代太阳能电池主要包括非晶硅薄膜电池和多晶硅薄膜电池。第三代太阳能电池又称新型太阳能电池，主要指一些新概念电池。新型太阳能电池包括染料敏化太阳能电池、有机薄膜太阳能电池、量子点太阳能电池、钙钛矿太阳能电池、氧化物太阳能电池、硫化物太阳能电池、碳系太阳能电池等。

本章主要叙述染料敏化太阳能电池、有机薄膜太阳能电池、量子点太阳能电池以及钙钛矿太阳能电池等的结构、发电原理、特点、性能以及应用等内容，而对氧化物太阳能电池、硫化物太阳能电池以及碳系太阳能电池只作简要介绍。

5.1 新型太阳能电池的种类

新型太阳能电池包括有机太阳能电池、量子点太阳能电池、氧化物太阳能电池、硫化物太阳能电池、碳系太阳能电池等。由有机物制成的太阳能电池称为有机太阳能电池（organic solar cell），该太阳能电池可分为染料敏化太阳能电池、有机薄膜太阳能电池以及钙钛矿太阳能电池，其中染料敏化太阳能电池和钙钛矿太阳能电池由有机物和无机物复合而成，可构成异质结太阳能电池。

有机太阳能电池OPV（organic photovoltaics）与目前的太阳能电池相比具有许多特点，如制造成本只有一半以下，可制成各种色彩和形状等。利用有机太阳能电池透明的特点，将蓝光吸光层与红光吸光层进行组合，可制成多结型太阳能电池，提高太阳能电池的转换效率。有机太阳能电池制造容易、成本低、降价余地大、重量轻、柔性好，从室内装饰到建筑等领域具有广泛的用途，未来可望用于许多新的应用领域中，被称为未来型太阳能电池或太阳能电池的最终型。

染料敏化太阳能电池DSC（dye sensitized solar cell）是一种利用在氧化钛表面吸附的染料分子吸收光能，产生电子空穴对，通过电解质层的离子移动进行发电的太阳能电池，其色彩多种多样，如红色、蓝色、黄色、紫色等，不仅可安装在屋顶、室内发电，还可作为装饰品使用。该太阳能电池发电时，即使光的辐射强度发生变化，但其输出电压几乎不变，因此使用该太阳能电池发电可缓解因气象条件变化而引起的发电出力急剧变动。

有机薄膜太阳能电池OTPV（organic thin photovoltaics）的发电层使用有机薄膜，利用导电聚合物或小分子有机材料实现光的吸收和电荷转移进行发电。该太阳能电池可利用印刷技术制造，大幅降低制造成本。由于成本低廉，柔性好，未来可像大街小巷张贴广告、宣传画一样被使用,迎来张贴太阳能电池的时代。

钙钛矿太阳能电池 PSC(perovskite solar cell)是利用钙钛矿型有机金属卤化物半导体作为吸光材料的太阳能电池。与硅太阳能电池相比,钙钛矿太阳能电池具有原料丰富、制备过程简单、生产成本低廉、生产能耗低等优点。近年来,钙钛矿太阳能电池取得了突飞猛进的发展,其太阳能电池芯片的转换效率已达到 25.5%,组件的转换效率已达 16% 左右。

量子点太阳能电池 QDC(quantum dot cell)是第三代太阳能电池,其尺度介于宏观固体与微观原子、分子之间。量子点具有量子尺寸效应,可通过改变半导体量子点的大小,使太阳能电池吸收特定波长的光能,即小量子点吸收短波长的光,大量子点吸收长波长的光,从而大幅提高太阳能电池的转换效率。量子点太阳能电池具有转换效率高、制造复杂等特点,是目前最新、最尖端的太阳能电池之一,现阶段还处在研发之中。表 5.1 所示为新型太阳能电池的种类和用途。

表 5.1　　　　　　　　　　新型太阳能电池的种类和用途

半导体	类型	转换效率	特点	主要用途
有机半导体	染料敏化太阳能电池	染料敏化电池(组件的转换效率约为 12%)	转换效率较低、价格低、柔性、颜色和形状可自由选择,适合室内装饰,可蓄电,存在耐久性问题	民用
	有机薄膜太阳能电池	有机薄膜电池(研究阶段组件转换效率约为 10%)	转换效率较低、价格低,可使用印刷方法大量制造。重量轻、柔性,应用广	民用
	钙钛矿太阳能电池	钙钛矿太阳能电池(组件转换效率为 16%)	原料丰富、制备过程简单、生产成本低廉、生产能耗低等	民用
量子点	量子点太阳能电池,纳米粒子太阳能电池	量子点太阳能电池的转换效率较高,理论值达 75%	转换效率高 制造成本低	地上 民用

5.2　染料敏化太阳能电池

染料敏化太阳能电池的研究始于 20 世纪 60 年代,1991 年瑞士科学家研制出了转换效率为 7% 的染料敏化太阳能电池,引起了人们的关注。染料敏化太阳能电池主要由贴在透明电极上的氧化钛粒子、使粒子染色的染料以及电解液等构成,其最大特点是没有 PN 结。所谓染料敏化是指利用染料增加无机半导体的敏化领域之意,而染料敏化太阳能电池是一种利用在氧化钛表面吸附的染料分子吸收可见光产生电子空穴对进行发电的太阳能电池，是一种模仿植物光合作用机理发电、相当新颖的太阳能电池。

染料敏化太阳能电池量产容易、重量轻、成本低、易弯曲、在室内等弱光条件下可高效发电，可制成红、蓝、黄、绿、紫等多种色彩。作为下一代新型太阳能电池，未来它将在手机、便携式数字播放机、笔记本电脑等的美观设计、色彩协调和电源中得到广泛应用。

5.2.1　染料敏化太阳能电池的构成

染料敏化太阳能电池以低成本的纳米（nanometer）氧化钛和光敏染料为主要原料，模拟自然界中植物利用太阳能进行光合作用的原理，将太阳光能转化为电能。图 5.1 所示为染料敏化太阳能电池的内部结构。主要由导电玻璃衬底、氧化锡铟透明导电膜 ITO（indium tin oxide）、纳米多孔半导体薄膜、染料敏化剂、氧化还原电解液、正负极等组成。导电玻璃衬底与透明导电膜构成透明电极；纳米多孔半导体薄膜为氧化钛（TiO_2）等金属氧化物，可使其表面吸收更多染料，它依附在带有透明导电膜的导电玻璃衬底上作为负极；氧化钛粒子大小为 $10\sim30nm$，表面吸附有染料，并放在电解液中；染料使用含有光吸收范围较宽的钌（Ru）等化合物，该染料被吸附在纳米多孔氧化钛膜表面，起吸收光能并放出电子的作用；电解液（或固态电解质）主要使用含有氧化还原电对的碘酸（$I_3^-\Leftrightarrow I^-$），它被填充在正、负极之间，起协调氧化还原反应过程，使电子移动的作用；通常在带有透明导电膜的玻璃上镀上铂（Pt），起还原催化剂的作用，并作为正极使用。

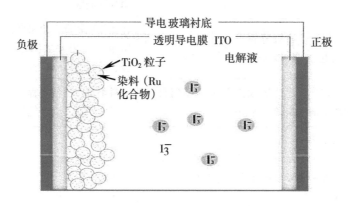

图 5.1　染料敏化太阳能电池的内部结构

5.2.2　染料敏化太阳能电池的发电原理

染料敏化太阳能电池的发电原理与晶硅半导体太阳能电池的发电原理截然不同，这是因为该太阳能电池没有像晶硅太阳能电池那样的 PN 结。图 5.2 所示为染料敏化太阳能电池的发电原理。在染料敏化太阳能电池中，将染料吸附在 TiO_2 粒子上，并浸泡在含有碘酸的电解液中。当染料受到太阳光的照射时，在 TiO_2 表面吸附的染料的敏化作用下，染料分子由基态跃迁至激发态，产生自由电子 e^- 和空穴 h^+，自由电子被 TiO_2 吸收，并在 TiO_2

膜中移动至 TiO_2 半导体的导带，经氟掺杂锡氧化物透明电极 FTO（fluorine-doped tin oxide）和外部电路流向 Pt 正极产生电流；而空穴与电解液中氧化还原电对I_3^-/I^- 反应还原，然后I^- 被I_3^- 氧化；I_3^- 在电解液中扩散并移动至 Pt 正极表面，与来自透明电极的电子反应还原成为I^-，然后I^- 在电解液中逆向扩散到达染料分子的界面，从而完成一个循环。

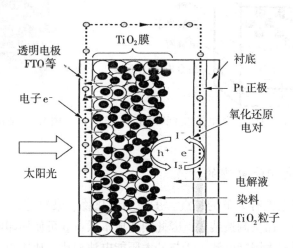

图 5.2 染料敏化太阳能电池的发电原理

5.2.3 染料敏化太阳能电池芯片和组件

1. 染料敏化太阳能电池芯片

图 5.3 所示为染料敏化太阳能电池芯片的构成。它由导电氧化物透明电极 TCO（transparent conductive oxide）、TiO_2 薄膜、染料、含有碘酸离子的电解液以及白金或碳电极等构成。其中吸附钛 TiO_2 粒子的透明电极为负极，白金或碳电极为正极。该太阳能电池芯片的转换效率为 12% 左右。

如果在电解液中放入具有蓄电功能的电极，可使染料敏化太阳能电池具有蓄电的功能。当染料敏化太阳能电池发电时，使部分电能储存在电极中，当无太阳光照射时，染料敏化太阳能电池不发电，此时电极放出电子为外部电路的负载供电。

2. 染料敏化太阳能电池组件

图 5.4 所示为染料敏化太阳能电池组件，该太阳能电池组件由多个染料敏化太阳能电池芯片组成，其转换效率与所使用的有机染料的种类有关，使用染料 N719、N3 以及 Ru 等时，太阳能电池组件转换效率为 12% 左右。一般来说，晶硅太阳能电池的寿命为 20~30 年，而染料敏化太阳能电池的寿命约为其一半，因此需要进一步提高染料敏化太阳能电池的转换效率、解决其耐久性问题。另外，如果需要不同色彩的染料敏化太阳能电池组件，则可根据有机染料吸收光的波长，任意改变染料敏化太阳能电池的颜色。

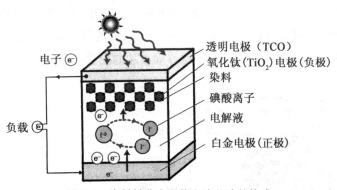

图 5.3　染料敏化太阳能电池芯片的构成　　　　图 5.4　染料敏化太阳能电池组件

5.2.4　染料敏化太阳能电池的特点

染料敏化太阳能电池有如下的特点：①使用氧化物、染料等，原材料丰富、价格便宜；②不使用高真空、昂贵制造装置，因此制造成本低；③可使用印刷方式制造，制备工艺简单，可制造大面积太阳能电池；④与硅太阳能电池相比，成本可降低 1/2～1/3 左右；⑤太阳能电池组件的转换效率约为 12%；⑥弱光下转换效率较高，输出电压几乎不变，可很方便地与蓄电池组合使用；⑦具有透光好、色彩多、重量轻、柔性好等优点，用途非常广泛；⑧原材料和生产工艺无毒、无污染，部分材料可以得到充分回收，对环境友好；(9) 转换效率低、耐久性较差，还需进一步研发。

5.2.5　染料敏化太阳能电池的应用

染料敏化太阳能电池可使用塑料或金属薄板等衬底，可利用印刷技术制造，可使用各种色彩的染料，还可根据需要进行设计，因此染料敏化太阳能电池具有重量轻、柔性好、成本低、薄膜、色彩多样、形状各异、在室内等弱光场合可高效发电等特点，因此该太阳能电池是具有广泛应用前景的新型太阳能电池，它正在走进我们的日常生活。

染料敏化太阳能电池的用途比硅太阳能电池更为广泛。在不远的将来，它将会在手机、便携式数字播放机、笔记本电脑等的美观设计、色彩协调和电源中得到广泛应用；在雨伞、书包、室内商品、室内装饰、室内窗户、窗玻璃等处会大量使用；在房顶、住宅的外装材料、车棚、农业大棚等方面将得到应用，起发电和装饰材料的双重功能；随着物联网（IoT）社会的到来，大量的传感器将会被使用，使用该太阳能电池的电源将发挥重要作用。由于染料敏化太阳能电池还存在转换效率低、耐久性差等问题，目前该太阳能电池主要在室内使用。图 5.5 所示为使用染料敏化太阳能电池的灯具。

为了推广和普及染料敏化太阳能电池，必须进行太阳能电池芯片的大型化和集成化技术的研发，如研发新材料、新工艺等。另外，为了进一步降低成本，需要大力提高转换效率，如研发由吸收波长不同的染料敏化太阳能电池芯片叠加的多结型太阳能电池，使转换效率达15%以上。除此之外，还需要增强耐久性，以满足室外 80° 以上的高温、紫外线照

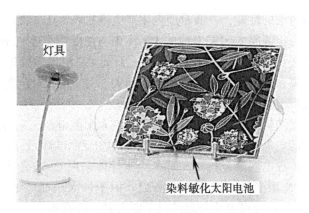

图 5.5 使用染料敏化太阳能电池的灯具

射的要求，提高太阳能电池的可靠性和使用寿命。

5.3 有机薄膜太阳能电池

通常把除了氧化物等一部分化合物之外的含碳元素的化合物叫做有机化合物。有机化合物一般为不导电的绝缘体，但近来发现有些也具有导电性。因此将这种具有导电性、半导体性质的物质称为有机半导体。

有机薄膜太阳能电池是一种不使用硅等无机物，而是使用导电性高分子材料或富勒烯（fullerene）球壳状碳分子材料等有机化合物半导体材料制成的太阳能电池。该太阳能电池可使用印刷机进行大量制造，可使用透明薄层塑料等柔性材料，不受资源的限制，对环境无影响，使用后容易处理。由于该太阳能电池成本低、柔性好、色彩和形状多样、用途广泛，因此可作为手机等便携装置的电源，也可用于幕墙、窗户等处。

5.3.1 有机薄膜太阳能电池的构成

有机薄膜太阳能电池是一种利用有机化合物（如碳、氢、氮、氧、硫磺、磷等构成的化合物）半导体材料制成的薄膜太阳能电池，可分为双层异质结型太阳能电池和本体异质结型（bulk heterojunction）（又称混合异质结或块状异质结）太阳能电池。发电机原理与晶硅、化合物太阳能电池基本相同。

图 5.6 所示为双层异质结型有机薄膜太阳能电池，它是一种 PN 界面为平面结构的异质结太阳能电池，主要由透明电极（如氧化铟锡 ITO 等）、P 型半导体（电子供体）、N 型半导体（电子受体）以及金属电极等构成。一般来说大多数有机化合物为绝缘体，但一部分有机化合物具有较弱的结合力，即电子较容易被激发。半导体导电性由电子或空穴的迁移所决定，可分为易放出电子的供体型（donor）半导体和易接受电子的受体型（accepter）半导体，前者为 P 型半导体，后者为 N 型半导体。这里，电子供体指在电子传递中供给电子的物质和被氧化的物质，电子受体指在电子传递中接受电子的物质和被还

原的物质。

为了提高太阳能电池的性能，一般希望太阳能电池吸收太阳光能产生更多的电子空穴对。在双层异质结型有机薄膜太阳能电池的 PN 结中，由于电子空穴对的扩散距离较短，在 PN 层界面附近的电子空穴对可进行电荷分离，而离 PN 层界面稍远的大部分电子空穴对则难以进行电荷分离，从而使光电流产生部分损失。为了解决此问题。可将供体型半导体和受体型半导体进行混合、结合制成本体异质结。

图 5.7 所示为三维结构的本体异质结型有机薄膜太阳能电池，它可克服 PN 界面为平面结构的异质结太阳能电池的缺陷。该太阳能电池的 P 型半导体采用高分子材料或低分子材料，如有机半导体导电性聚合物等，而 N 型半导体采用 C_{60} 球壳状碳分子等材料，并将 P 型有机半导体与 N 型半导体进行混合而成。由于该太阳能电池的混合层接触面积（即界面）增大，可大幅增加可电荷分离的电子空穴对，提高电荷分离的效率，使光电流增加，因而使太阳能电池的性能得到显著提高。这种太阳能电池可使用印刷技术进行制造，大大降低制造成本。

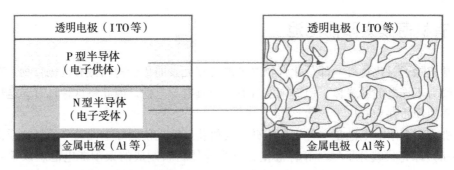

图 5.6 双层异质结型太阳能电池　　　图 5.7 本体异质结型太阳能电池

图 5.8 所示为本体异质结型有机薄膜太阳能电池的内部结构。该太阳能电池中的 P 型半导体、N 型半导体相互形成网络状结构，在两者的界面形成 PN 结。由于聚合物半导体的电子空穴的扩散长度较短，只在两种半导体的界面将光能转换成电能，因此，在薄膜内将光能转换成电流的转换效率较低，因此有机薄膜太阳能电池存在转换效率低、耐久性差等问题。

有机薄膜太阳能电池也可像硅半导体一样，利用制备异质结的方法将供体型半导体和受体型半导体做成两层薄膜结构，但由于在其界面生成的光电转换层较薄，大部分光会穿透该层，因此光吸收率较低。为了解决此问题，可采用将供体型半导体和受体型半导体进行相互嵌入制成单层薄膜的方法，制成 PIN 混合型有机薄膜太阳能电池。图 5.9 所示为混合型有机薄膜太阳能电池的结构，其中 I 型半导体层夹在 P 型半导体和 N 型半导体之间，利用印刷工艺制成。利用 I 型半导体层可使 P 层和 N 层分离，提高转换效率。

图 5.10 所示为有机薄膜太阳能电池组件。该太阳能电池是一种与传统太阳能电池的应用领域完全不同的新一代太阳能电池。由于这种太阳能电池具有柔性好、美观、色彩多样等许多优点，因此应用设计比较自由、用途非常广泛，可作为便携装置的电源，也可在

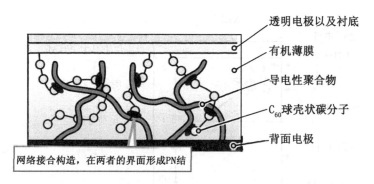

图 5.8　本体异质结型有机薄膜太阳能电池的内部结构

幕墙、窗户等处广泛使用。

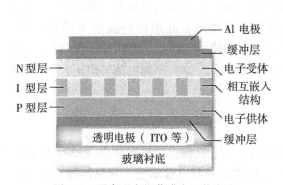

图 5.9　混合型有机薄膜太阳能电池

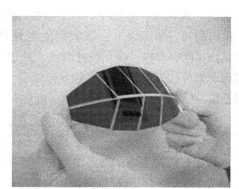

图 5.10　有机薄膜太阳能电池组件

5.3.2　有机薄膜太阳能电池的发电原理

图 5.11 所示为有机薄膜太阳能电池的发电原理，该太阳能电池主要利用导电聚合物或小分子有机材料实现光的吸收和电荷转移。首先，从透明电极入射的太阳光被 P 型半导体吸收、激发，产生不稳定的电子空穴对，然后它们向 PN 层界面扩散，随后电子与空穴分离（电荷分离），电子向 N 型半导体中移动（电荷扩散），注入金属电极（电荷注入），而空穴向 P 型半导体中移动，注入透明电极，当外部电路接有负载时，便有电流流过。图中，P 型半导体为铜（Cu）染料等共轭分子或共轭高分子系的电子供体，N 型半导体为便于电子移动的苝（perylene）衍生物（PTCBI）或富勒烯衍生物（PCBM）等电子受体。该太阳能电池耐久性较差、转换效率较低，其组件转换效率为 10% 左右，到 2025 年可望达 15% 左右。

5.3.3　有机薄膜太阳能电池的特点

有机薄膜太阳能电池具有诸多特点：①资源不受限制、对环境友好；②可使用印刷技

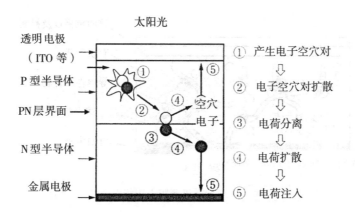

图 5.11　有机薄膜太阳能电池的发电原理

术制造，成本低、重量轻、柔性、大面积化制造容易；③光吸收系数大，膜较薄；④能量回收时间短、半年以下，该太阳能电池使用后容易处理；⑤组件转换效率较低，约为10%；⑥色彩多样、应用设计自由，用途广泛；⑦不使用电解液，柔性好、寿命长；⑧在高温、紫外线、氧气以及水分等环境下，其耐久性较弱；⑨太阳能电池的面积大，可在幕墙、窗户等处使用。

5.3.4　有机薄膜太阳能电池的应用

由于有机薄膜太阳能电池可利用印刷机制造，制造设备费用只有非晶硅太阳能电池的1/20 左右，因此可大幅度降低制造成本。该太阳能电池制造成本低、薄膜轻便、可弯曲、不易碎裂、五颜六色、形状多样、应用设计自由，具有广泛的用途。该太阳能电池可低价进入市场，广泛用于多种新的应用领域，如可作为便携装置的电源，也可用于幕墙、窗户等处。

5.4　钙钛矿太阳能电池

钙钛矿太阳能电池属于第三代太阳能电池，可分为卤化铅（lead halogen）钙钛矿太阳能电池和卤化物（halide）钙钛矿太阳能电池。后者是利用全固态钙钛矿型的有机金属卤化物半导体作为吸光材料的太阳能电池，是一种制作工艺简单、成本低廉、以钙钛矿结构作为吸光材料的太阳能电池。钙钛矿太阳能电池既不含钙，也不含钛，更不是一种矿石，该太阳能电池使用钙钛矿型材料，这类材料结构类似于钙钛矿，结构比较稳定，有利于缺陷的扩散迁移，这种材料制备工艺简单，制备温度大约为100℃，远低于晶硅太阳能电池（约1000℃），因而成本较低。

5.4.1　钙钛矿太阳能电池的构成

钙钛矿太阳能电池（PSC）是一种卤化物有机-无机（halide organic-inorganic）混合

型太阳能电池。它的结构与染料敏化太阳能电池基本相同，不同之处在于染料敏化太阳能电池使用的是染料，发电时单一分子、单一分子层起作用，而钙钛矿太阳能电池使用的是类似三碘合铅酸甲铵 $CH_3NH_3PbI_3$ 的有机金属卤化物钙钛矿结晶层，发电时结晶层起作用。

图 5.12 所示为钙钛矿太阳能电池的构成。主要由金属电极（负极）、空穴传输层、钙钛矿层、介孔质层（mesoporous）、电子传输层、透明电极（正极）以及玻璃衬底等组成。在透明导电性衬底（FTO/玻璃等）上配有电子传输层，其厚度约为 50nm 的 TiO_2 层，以提高太阳能电池的性能。TiO_2 层具有防止透明导电性衬底的电子返回到钙钛矿层的所谓逆电子移动的功能，一般称该 TiO_2 层为电子传输层。在电子传输层上有厚度约为 300nm 的介孔质层 TiO_2，在该层的细孔内充填有吸光层 $CH_3NH_3PbI_3$，并在该层之上配有厚度约为 200nm 的 $CH_3NH_3PbI_3$ 钙钛矿层。在钙钛矿层上有 100~200nm 的空穴传输层，空穴传输剂 spiro-OMeTAD（为有机 P 型半导体）为固态。最后在空穴传输层上是正极。

钙钛矿太阳能电池的膜厚约为 200~300nm，它是一种薄膜太阳能电池。即将含有 PbI 和 CH_3NH_3I 的溶液在常温下混合，并在介孔质层 TiO_2 进行涂刷得到均匀的结晶薄膜层，当然也可采用分阶段涂刷 PbI_2 溶液和 CH_3NH_3I 溶液的方法。图 5.13 所示为钙钛矿太阳能电池组件。

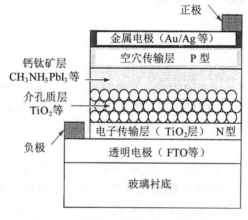

图 5.12 钙钛矿太阳能电池的构成

图 5.13 钙钛矿太阳能电池组件

5.4.2 钙钛矿太阳能电池的发电原理

如图 5.12 所示，太阳光从钙钛矿太阳能电池的玻璃衬底进入，吸光层的 $CH_3NH_3PbI_3$ 结晶层吸收光，电子从价带跃迁到导带，然后向介孔质层 TiO_2 的导带、N 型半导体电子传输层 TiO_2 层移动；另一方面，在 $CH_3NH_3PbI_3$ 结晶层的价带的空穴向 P 型半导体空穴传输剂 spiro-OMeTAD 移动，并实现电荷分离，由此产生电压和电流。由于 $CH_3NH_3PbI_3$ 结晶层的光吸收端为 800nm，可吸收全部可见光，因此理论开路电压可达 1.22V，其值高于硅太阳能电池、CIGS 太阳能电池以及染料敏化太阳能电池（0.9V）。另外，$CH_3NH_3PbI_3$ 结晶层与 N719（在染料敏化太阳能电池中，N719 色素是常用色素之一）等分子染料相比，光吸收系数要高一个量级，因此钙钛矿太阳能电池的转换效率较高，太阳能电池芯片的转换效率已达 25.5% 以上，组件转换效率已达 16% 以上。

5.4.3　钙钛矿太阳能电池的特点

钙钛矿太阳能电池的主要特点有：①原料丰富、成本低廉、性质优越、制备温度低（大约为 100℃）；②可利用印刷技术高速制造，制造成本较低；③光吸收系数较大，膜厚约为 200nm；④开路电压为 1.22V，高于硅太阳能电池和 CIGS 太阳能电池；⑤转换效率较高，将来可望用于发电；⑥该太阳能电池为固态型结构，使用维护方便；⑦由于有迟滞现象，存在电压电流响应慢的问题；⑧$CH_3NH_3PbI_3$结晶层易受水分、氧气和热等的影响，存在稳定性、耐久性等问题。

5.4.4　钙钛矿太阳能电池的应用

如前所述，目前研发的钙钛矿太阳能电池存在迟滞现象、电压电流响应慢、稳定性、耐久性等问题，且易受水分、氧气和热等的影响，因此该太阳能电池还处在进一步的研发阶段，未进入实用阶段。由于钙钛矿太阳能电池具有原料丰富、制造容易、成本低廉、性能优越、使用维护方便等特点，将来有望与其他太阳能电池展开竞争，在住宅屋顶发电、工商企业屋顶发电以及大型光伏发电站等领域得到广泛应用。

5.5　量子点太阳能电池

太阳能电池用半导体材料的带隙与其转换效率密切相关，单结型太阳能电池的带隙为 1.4eV 左右时，其理论最大转换效率约为 30%，要使单结型太阳能电池的转换效率达 40% 以上并非易事，其主要原因是因为太阳能电池存在太阳光入射能量穿透损失和量子损失，二者的损失约占入射太阳光能的 60%。

当低于带隙的太阳光穿透太阳能电池时，由于太阳能电池并不吸收这部分光能，因此产生穿透损失（即低能光子能量损失）；而当太阳的入射光能量超过半导体材料的带隙时，价带的电子被激发并跃迁至导带，部分电子在导带的下端落下，导致其剩余的能量以热的形式散发产生能量损失（即高能光子能量损失）。为了减少太阳能电池的穿透损失，可利用不同带隙的半导体材料制作多结型太阳能电池，但这种太阳能电池不仅制作复杂，而且成本较高。

针对太阳能电池存在的转换效率低、制造复杂以及成本高等问题，人们提出了量子点太阳能电池这种新概念太阳能电池。该太阳能电池在半导体材料中嵌入几纳米到几十纳米尺寸的半导体粒子（即量子点），利用粒子或粒子层的量子尺寸效应、隧道效应以及电子的量子力学波动性质，形成新的光吸收带，将宽波长范围的光能转换成电能。

量子点太阳能电池可分为叠层型、中间带型、多重激子产生型（或称 MEG 型）以及热载流子型等种类，目前叠层型、MEG 型以及热载流子型量子点太阳能电池还处在探索阶段，尚未完成制作，人们期待这些太阳能电池能尽快得到实际应用。

5.5.1 量子点太阳能电池的能级

量子点是由数个或数十个半导体原子构成的纳米尺寸的微小结晶，它类似于装有数个电子或空穴的小箱。对于较大的半导体结晶（块状尺寸）来说，如前所述，可在价带和导带之间形成带隙；而对量子点来说，由于量子点中的原子数较少，在载流子的轨道间只能产生较小的分离，因此所产生的带隙为离散的带隙。利用这一特点，可通过改变量子点的尺寸，自由地改变吸收光波长，从而增加可吸收光的波长范围，提高太阳能电池的性能。图 5.14 所示为量子点太阳能电池的能级。

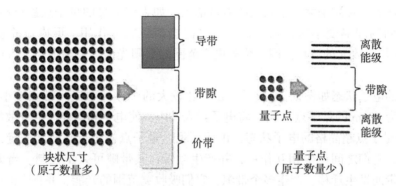

图 5.14　量子点太阳能电池的能级

图 5.15 所示为量子点太阳能电池的微带图。由于使用量子点时会在价带和导带之间产生量子势阱，将量子点密集排列成晶格结构时，在量子点之间产生结合，故各能级的相互干涉作用下，产生宽度较窄的能带，该能带称为微带（又称子带）。当形成微带时，在价带和导带中出现像悬挂的梯子一样的状态，形成新的光吸收带，电子从量子势阱跑出来并进行高效移动。另外，由于量子点所吸收的一个光子可产生多个电子空穴对，因此量子点可有效吸收光能，提高产生自由电子的效率。所以调整量子点的大小可形成微带，使之覆盖整个太阳光谱，可制成高转换效率的太阳能电池。

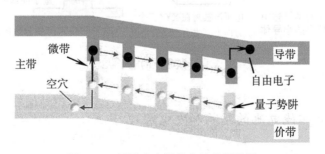

图 5.15　量子点太阳能电池的微带图

5.5.2 量子点和量子点超晶格的电子状态

随着科学技术的发展,人们发现太阳能电池可以用"人工原子"制成,也就是用量子点超晶格制成。所谓量子点超晶格是指用多种元素经过融合后的物质制成的极小粒子,直径大约为 10nm 以下,是适用于量子力学大小的粒子。在原子或分子等微观世界中,物体的运动与我们生活的世界有着显著的不同,我们所生活的世界遵循牛顿力学规律,而原子或分子等微观世界则遵循量子力学法则,因此,量子点超晶格遵循量子力学法则。

量子点(或称量子箱)是指将电子封在三维的微小的箱中的意思。箱的边长约为 10nm,并呈规则排列。改变其尺寸可改变吸收光的波长,即小箱可吸收短波长的光,大箱可吸收长波长的光。量子点像固体中的原子一样运动时,在箱中产生分散能级,使电子的运动能量增大,带隙增大,吸收光的能量增大。如果将大量的量子点进行高密度配置,并使它们之间的间隔变小时,则在量子点之间会产生相互作用,形成新的吸收带(微带),从而扩展吸收光的波长范围,覆盖更广范围的太阳光谱,大幅提高了太阳能电池的转换效率。

量子点的电子状态如图 5.16 所示。在带隙较大的半导体中嵌入带隙较小的半导体,利用边长约为 10nm 的量子点(箱)将电子封入其中,使电子和空穴产生分散的能级。图 5.17 所示为量子点超晶格的电子状态,由此可见,量子点被进行高密度配置,并形成量子点超晶格,它们之间产生相互作用,并产生微带,其带隙可人工控制。当太阳光照射时,多个微带间发生迁移,产生多个带隙,它们吸收宽范围的光能,并将光能高效转换成电能。目前中间带型量子点太阳能电池的理论最大转换效率达 60%,以上。由于在技术上对纳米粒子进行三维构建、规则排列、简单制作还比较困难,所以量子点太阳能电池的实际应用还需一定的时间。

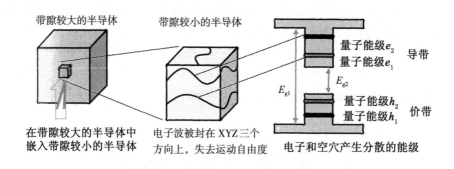

图 5.16 量子点的电子状态

5.5.3 量子点太阳能电池的结构和发电原理

1. 量子点太阳能电池的种类

对于量子点太阳能电池来说,可通过以下四种方式大幅提升其转换效率和性能:①将

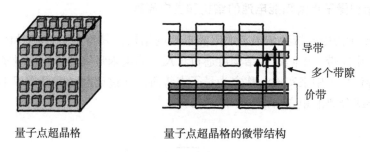

量子点超晶格　　　　　量子点超晶格的微带结构

图 5.17　量子点超晶格的电子状态

控制带隙的量子层从太阳光的入射侧开始依次按带隙大小顺序排列,增加带隙数量;②在半导体材料的带隙中形成中间带,在多个带隙的作用下产生激子(指由于吸收光子在固体中产生的可移动的束缚的电子-空子对);③利用具有充足能量的单光子激发产生多重激子,即一个高能光子产生多个激子;④在热载流子冷却前对其进行俘获。这四种方式构成的量子点太阳能电池分别称为叠层型量子点太阳能电池、中间带型量子点太阳能电池、多重激子产生型(或称 MEG 型)量子点太阳能电池以及热载流子型量子点太阳能电池。

2. 叠层型量子点太阳能电池的结构和发电原理

图 5.18 所示为叠层型量子点太阳能电池的结构,它是一种将控制带隙的量子层从太阳光的入射侧开始依次按带隙大小顺序排列的方式。利用量子点的尺寸越小带隙越大的量子尺寸效应(该效应是指当粒子尺寸下降到某一数值时,费米能级附近的电子能级由准连续变为离散能级或者带隙变宽的现象),从太阳能电池的上部半导体材料开始,依次吸收太阳光的紫外光、可见光以及红外光。实际制作的叠层型量子点太阳能电池已经问世,如在 SiO_2 中埋入硅量子,并将量子的尺寸控制在 2~5nm 的范围,带隙达 1.3~1.64eV,三结型量子点太阳能电池的转换效率为 51% 左右。

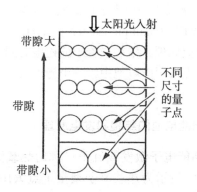

图 5.18　叠层型量子点太阳能电池

3. 中间带型量子点太阳能电池的结构和发电原理

图 5.19 所示为中间带型量子点太阳能电池的结构，其特点是在半导体材料的价带和导带之间形成中间带，中间带的结构可通过将尺寸为纳米量级的半导体量子点镶嵌在三维的宽带隙半导体材料中来实现，称之为量子点势阱。通过调制阱宽可实现不同的量子限制效应，改变能级分离的距离，形成不同的带隙。

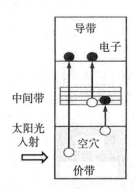

图 5.19 中间带型量子点太阳能电池

由于中间带的作用，电子从价带跃迁到中间带，然后从中间带再跃迁到导带。太阳能电池可捕获和吸收低于带隙能量的光子，使低于带隙能量的光子也能产生电流。即利用该中间带引起多光子激发或多级激发，使光损失减少，从而提高太阳能电池的性能。例如可在 GaAs 半导体材料中，由夹有 InAs 量子的 GaNAs 中间层构成的中间带型量子点太阳能电池。该太阳能电池的理论最大转换效率可达 57%，与目前的硅太阳能电池等相比，量子点太阳能电池具有明显的优势和发展潜力。

4. 多重激子产生型量子点太阳能电池的结构和发电原理

多重激子产生（MEG）是指吸收一个光子可激发产生多个电子空穴对或激子的现象。图 5.20 所示为多重激子产生 MEG（multiple exciton generation）型量子点太阳能电池的结构，该太阳能电池利用量子效应原理，增加载流子的松弛时间，可防止所吸收的光能产生损失。在多重激子产生型量子点太阳能电池中，一个光子可产生多个激子，一个光子激发可产生 3 倍的光电流。

5. 热载流子型量子点太阳能电池的结构和发电原理

一般将直接俘获吸收的高能电子激发载流子（称为热载流子），并产生高电压的方式称为热载流子方式。图 5.21 所示为热载流子型量子点太阳能电池的结构，该太阳能电池同样利用量子效应原理，降低吸收光能损失，其输出电压为 3V，即电压提高了 3 倍。

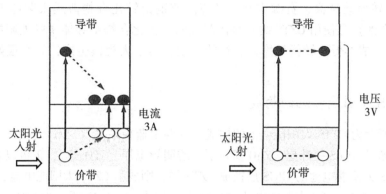

图 5.20　MEG 型量子点太阳能电池　　图 5.21　热载流子型量子点太阳能电池

5.5.4　量子点太阳能电池的特点

量子点太阳能电池主要有以下特点：①量子点太阳能电池的光吸收系数较大，由于带隙随粒径变小而增大，量子点结构材料可吸收宽光谱的太阳光，因此改变其直径的大小，可使量子点太阳能电池选择太阳光中最强光的波长，使其输出功率最大；②带间跃迁形成微带，带间跃迁可以使入射光子能量较小的光子转化为载流子的动能，可以有多个带隙共同作用，产生电子空穴对；③量子隧道效应与载流子的输运有关，光伏现象的实质是材料内的光电转换特性，与电子的输运特性有密切关系；④由于量子点超晶格是"人造原子"，与将天然元素进行组合而制成的晶硅等太阳能电池不同，人们可以方便、灵活、自由自在地设计或改变其性能，可提高太阳能电池的转换效率等性能。

5.5.5　量子点太阳能电池的应用

量子点太阳能电池是第三代太阳能电池，也是目前最新、最尖端的太阳能电池之一。采用新型结构的量子点太阳能电池可吸收所有波长的太阳光，其理论转换效率可超过75%，远超晶硅太阳能电池 30% 的理论转换效率。虽然目前量子点太阳能电池还处在基础研发阶段，在选材、量子点的晶格结构制造技术等方面还存在较多的难题，但随着技术的进步，量子点太阳能电池的转换效率等性能的不断提升，该太阳能电池将来有望成为一种主流太阳能电池，在未来的太阳能光伏发电中显示出巨大的发展前景。

5.6　CZTS 太阳能电池

太阳能电池需要满足成本低、转换效率高、制造工艺简单以及适合大规模生产等要求。CdTe、CIGS 等化合物薄膜太阳能电池虽然光吸收系数大、转换效率较高、材料使用量少、节约成本，但 Cd、Se 的毒性、稀有金属 In 和 Ga 的使用，限制了这些太阳能电池的大规模商业化生产和应用，而硫铜锡锌化合物薄膜太阳能电池越来越受到人们的关注。

硫铜锡锌矿 CZTS（Cu_2ZnSnS_4，）是一种四元化合物半导体，该化合物半导体由铜

（Cu）、锌（Zn）、锡（Sn）和硫（S）四种元素构成，具有带隙值高、光吸收系数大、无毒、成本低、转换效率高、资源丰富等特点。硫铜锡锌化合物薄膜太阳能电池（又称 CZTS 太阳能电池）是使用 CZTS 纳米晶体制成的一种化合物半导体薄膜太阳能电池，矿源丰富、无毒、成本低、转换效率高、性能稳定、易于大规模生产，具有很好的应用前景。

5.6.1　CZTS 太阳能电池的构成

图 5.22 所示为 CZTS 太阳能电池的构成。主要由蓝板玻璃（SLG）衬底、Mo 背面电极、CZTS 吸光层、CdS 缓冲层、ZnO 窗口层、透明导电层（ITO 等）、正极以及负极等组成。若将 CIGS 太阳能电池的 CIGS 层换成 CZTS 层，则成为 CZTS 太阳能电池，因此 CZTS 太阳能电池的结构与 CIGS 太阳能电池的结构基本相同。图 5.23 所示为 CZTS 太阳能电池芯片结晶体和结构，其中左图为 CZTS 纳米结晶体，右图为 CZTS 太阳能电池芯片的结构。

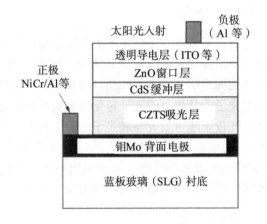

图 5.22　CZTS 太阳能电池的构成

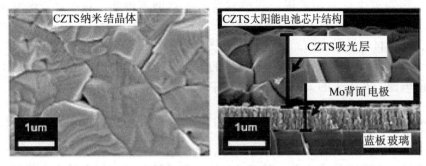

图 5.23　CZTS 太阳能电池芯片结晶体和芯片结构

CZTS 太阳能电池的制备方法和 CIGS 太阳能电池几乎一样。首先在蓝板玻璃上蒸着 Mo 下方的电极，在该电极上利用溅射法同时对 Cu、ZnS 以及 SnS 进行溅射，制成 CZTS

吸光层，并对其利用氮气（N_2）稀释的 H_2S 气体在约 580℃ 的温度下进行约 3 小时的硫化处理。然后堆积 CdS 缓冲层、利用溅射法制成 ZnO 窗口层等，最后装好电极，则完成太阳能电池的制造。

5.6.2　CZTS 太阳能电池的发电原理

CZTS 太阳能电池的发电原理可参考图 5.22。太阳光经 CZTS 太阳能电池上部的 ITO 透明导电膜（负电极）进入太阳能电池，然后穿透 ZnO 窗口层，经 CdS 缓冲层进入 CZTS 吸光层产生电子空穴对，经电荷分离后空穴流向正极、电子流向负电极，当外部电路接有负载时便有电流流过。

CZTS 太阳能电池是由低成本、资源丰富的 CZTS 纳米晶体材料制成的太阳能电池，这种电池易于大规模生产，性能非常稳定，太阳能电池芯片的转换效率已达 12.6% 以上，但还远低于 33% 的理论转换效率，因此，CZTS 太阳能电池的转换效率还有较大的提升空间。

5.6.3　CZTS 太阳能电池的特点

CZTS 太阳能电池的主要特点有：①不使用 In、Ga 等贵金属，而使用 Zn、Sn、S 等材料，资源丰富；②不含有毒元素 Cd、Se 等，符合环保的要求；③CZTS 的光吸收系数大，可做成薄膜太阳能电池，成本低廉；④带隙为 1.4~1.5eV，是一种接近最优带隙的太阳能电池材料；⑤转换效率较高，理论转换效率可达 33%；⑥CZTS 可成为替代 CIGS 吸光层的最佳材料。

5.6.4　CZTS 太阳能电池的应用

目前，CZTS 太阳能电池还处在研发阶段，尚未达到实用阶段，还需要进一步提高转换效率和耐久性等。尽管目前市场上还没有出现 CZTS 太阳能电池，但由于 CZTS 太阳能电池与 CIGS 太阳能电池为同族太阳能电池，与其他太阳能电池相比极富竞争优势，因此通过提高其性能，CZTS 太阳能电池将成为低成本、高性能、对环境友好的新型太阳能电池。

5.7　氧化物太阳能电池

如果使用氧化铁（$\alpha\text{-}Fe_2O_3$）或 TiO_2 等氧化物半导体制作价格比较低廉的太阳能电池，有可能会使太阳能光伏发电得到更广泛的应用和普及。在前面介绍的染料敏化太阳能电池中，N 型半导体中使用了 TiO_2，由于 TiO_2 可吸收紫外光，如果将其与使用碘氧化还原电对（I_3^-/I^-）的 P 型半导体进行组合，则可制作可吸收紫外光的太阳能电池。

氧化亚铜（Cu_2O）是一种可吸收可见光的氧化物，它可吸收波长 590nm 以内的太阳光。Cu_2O 所使用的原材料铜比较丰富、便宜、无毒，是一种对环境友好的材料。利用氧化亚铜可制成太阳能电池，目前正在研发之中。该太阳能电池可在加温到 1000℃ 的铜板上形成 P 型半导体的 Cu_2O 薄膜，然后在其表面叠加 30~50nm 的 N 型半导体 ZnO 层，制成 PN 结太阳能电池。目前其芯片的转换效率已达 8.1% 左右。

5.8　硫化物太阳能电池

前面介绍的 CIGS 太阳能电池和 CZTS 太阳能电池都是含有硫化物的太阳能电池，其中 CZTS 太阳能电池芯片的转换效率已达 12.6% 以上。除此之外，使用单纯的硫化物也可制作太阳能电池，图 5.24 所示为使用锡（Sn）和硫（S）的硫化物（SnS）制作太阳能电池的结构。该太阳能电池的 SnS 吸光层为 P 型半导体，其带隙为 1.1eV，已接近晶硅太阳能电池的带隙，其理论转换效率为 32% 左右。目前，该太阳能电池的最高转换效率已超过 4.4%，与理论转换效率相比还有很大的提升空间。由于锡和硫的价格比较便宜且无害，在有水和氧的环境中 SnS 的性能也比较稳定，如果将来其转换效率达 10% 以上，则可用于太阳能光伏发电。

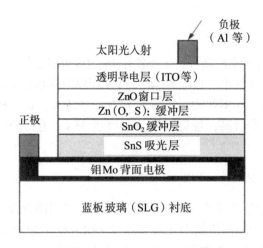

图 5.24　硫化物（SnS）太阳能电池的结构

5.9　碳太阳能电池

石墨等碳材料通常用作电极材料，是一种价格低廉的导电性材料，但它不是半导体。近年来，与石墨结构类似的碳纳米管（CNT）、球壳状碳分子（C_{60}）等新碳素材料陆续被发现，其中球壳状碳分子（C_{60}）作为 N 型半导体材料已在有机薄膜太阳能电池中使用。在太阳能电池的吸光层和 P 型半导体使用含有高分子半导体 P3DDT［Poly（3-dodecylthiophene-2，5-diyl）］的单层碳纳米管（SW-CNT），而在 N 型半导体使用 C_{60} 球壳状碳分子，可制成碳太阳能电池，其转换效率为 3% 左右，如何提高该太阳能电池的转换效率和性能将是未来研发的主要课题。

第6章 太阳能电池的特性

太阳能电池在实际应用中，其设置场合、转换效率、输出功率、使用寿命等都与太阳能电池的特性有关，太阳能电池安装地的太阳辐射强度、环境温度等因素对太阳能电池转换效率、输出功率、使用寿命等都会产生较大影响，因此了解太阳能电池的特性非常重要。

太阳能电池的特性与太阳光谱、辐射强度、环境温度等密切相关。太阳能电池的特性包括光谱响应特性、伏安特性、辐射强度特性以及温度特性等。光谱响应特性表示太阳能电池将不同波长的入射光能转换成电能的能力；伏安特性表示太阳能电池的输出电流与输出电压的关系；辐射强度特性表示太阳能电池的电压、电流以及输出功率随辐射强度变化的关系；温度特性表示太阳能电池的电流、电压与温度的关系。

本章主要介绍太阳能电池的光谱响应特性、伏安特性、辐射强度特性、温度特性以及太阳能电池的发电量等，此外也适当介绍一些其他种类的太阳能电池的特性。

6.1 太阳能电池的光谱响应特性

太阳能电池的光谱响应特性表示太阳能电池将不同波长的入射光能转换成电能的能力，即表示单位入射太阳光能（W）的输出电流（A）。这里主要介绍太阳光波长与辐射强度的关系、太阳能电池的光谱响应特性等内容。

6.1.1 太阳光波长与辐射强度

图 6.1 所示为太阳光波长 λ 与太阳光辐射强度的关系。图中横坐标为波长 λ（μm），纵坐标为单位波长（μm）太阳光能量密度（或称辐射强度），单位为 $W/cm^2\mu m$。由图可知，太阳光是由各种不同波长的光构成的，辐射强度随波长的变化而变化。在 0.15～4.00μm 的波长范围内聚集了约99%的太阳光能量，其中波长 0.4μm 以下的紫外光的能量约为总能量的8%，可见光的波长范围为 0.4～0.75μm，约占总能量的44%，波长 0.75μm 以上的红外光所占比例较高，约占总能量的48%。因此可使用不同种类的太阳能电池，充分利用紫外光、可见光以及红外光的能量发电。

6.1.2 太阳能电池的光谱响应特性

光谱响应（spectral sensitivity）表示不同波长的光子产生电子空穴对的能力。太阳能电池的光谱响应特性是指太阳能电池对不同波长入射光能转换成电能的能力。它可用绝对光谱响应或相对光谱响应来表示。太阳能电池的光谱响应特性一般以光谱响应最大值为基

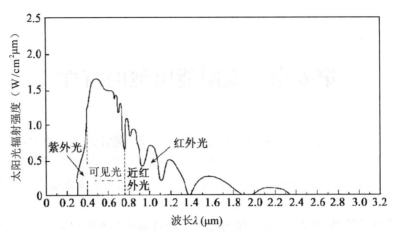

图 6.1 太阳光波长与辐射强度

准值的相对光谱响应来表示。该曲线的峰值越高、且越平坦，短路电流密度越大，则转换效率也就越高。

1. 带隙与光吸收系数的关系

光吸收系数用来表示某波长的太阳光照射时，太阳能电池可吸收太阳光能的多少，是太阳能电池对某波长的光的吸收能力的量度。太阳能电池的材料不同，其光吸收系数也不同。光吸收系数是各种半导体材料的重要参数，光吸收系数越大，太阳能电池的光吸收层厚度就可做得越薄。

图 6.2 所示为带隙与光吸收系数的关系。由图可见，由于晶硅材料是间接迁移性吸收太阳光能，可见光的波长范围的光吸收系数较小，所以太阳能电池的光吸收层做得较厚，一般为 $200\sim400\mu m$。而 CdTe、CIS/CIGS 以及非晶硅材料的光吸收系数较大，太阳能电池膜厚只需约 $1\mu m$。因此在使用大面积太阳能电池时，如果采用较薄的薄膜太阳能电池则可以大幅节约材料、降低成本。

2. 太阳能电池的光谱响应特性

图 6.3 所示为太阳能电池的光谱响应特性，左纵坐标为基准太阳光谱辐射强度，右纵坐标为太阳能电池的相对光谱响应。太阳能电池由各种不同材料制成，由于各种材料的带隙不同，它们对太阳光波长的响应也不同，因此太阳能电池的输出功率与太阳光波长密切相关。晶硅太阳能电池发电所对应的波长为 $400\sim1200nm$，非晶硅太阳能电池为 $400\sim700nm$，CIS/CIGS 太阳能电池为 $400\sim1400nm$。由于单结型太阳能电池的转换效率和输出功率较低，如果将晶硅和非晶硅太阳能电池进行组合构成叠层型太阳能电池，则可大幅提高太阳能电池转换效率和输出功率。

由于不同材料的太阳能电池的光谱响应不同，因此应根据所利用太阳光的波长等选择合适的太阳能电池。图 6.4 所示为荧光灯光谱和 AM1.5 的太阳光谱的辐射强度与太阳能

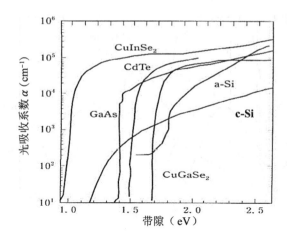

图 6.2　带隙与光吸收系数的关系

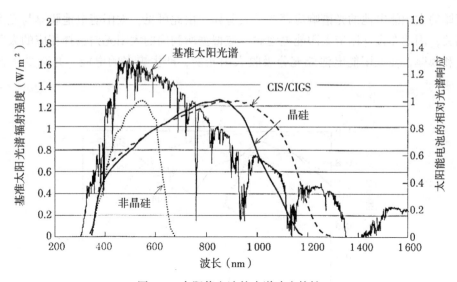

图 6.3　太阳能电池的光谱响应特性

电池光谱响应的关系。由图可知荧光灯的光谱与非晶硅太阳能电池 a-Si 的光谱响应特性几乎一致。由于非晶硅太阳能电池在荧光灯下具有良好的光谱响应特性,在室内荧光灯下使用非晶硅太阳能电池较合适,因此太阳能计算器中通常使用非晶硅太阳能电池作为电源。

3. 不同膜厚太阳能电池的光谱响应

图 6.5 所示为不同膜厚太阳能电池的光谱响应。由图可知,太阳光波长为 600nm 时,膜厚为 0.5μm 的非晶硅太阳能电池、膜厚为 3.6μm 的微晶硅太阳能电池以及膜厚为 400μm 的多晶硅太阳能电池的光谱响应几乎相同,而在其他太阳光波长,如 700nm 时,

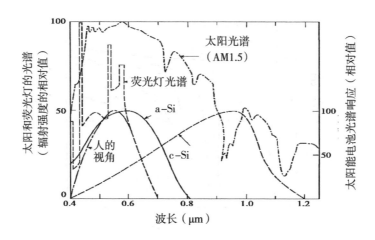

图 6.4　各种光谱与太阳能电池的光谱响应特性

不同膜厚的太阳能电池的光谱响应存在较大差异。由此可见，太阳能电池膜厚与光谱响应密切相关，因此在设计制造太阳能电池时，应根据所利用的太阳光谱选择相应的太阳能电池种类和膜厚，使太阳能电池能充分吸收太阳光能，产生更多的电能，并减少用料和成本。

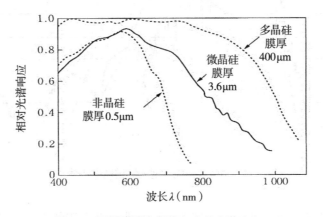

图 6.5　不同膜厚太阳能电池的光谱响应

6.2　太阳能电池伏安特性

太阳能电池伏安特性表示太阳能电池的输出电流与输出电压之间的关系，又称太阳能电池的输入输出特性（即 I-V 特性）。它表示太阳能电池将太阳的光能转换成电能的能力。太阳能电池伏安特性可分为理想的伏安特性、实际的伏安特性，而后者又可分为不接负载电阻的伏安特性和接负载电阻的伏安特性两种。

6.2.1 太阳能电池伏安特性

1. 太阳能电池的等价电路

太阳能电池的 PN 结可模拟为由恒流源、二极管、串联电阻以及并联电阻组成的等价电路，如图 6.6 所示。其中，I_{ph} 为光电流，I_d 为二极管电流，I_{sh} 为漏电流，R_s 为串联电阻，R_{sh} 为并联电阻，R 为负载电阻，I 为输出电流。通常实际的太阳能电池的串联电阻较小，而并联电阻较大。

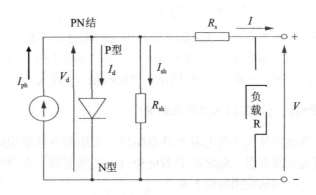

图 6.6　太阳能电池的等价电路

2. 理想的太阳能电池（假定负载电阻 R 为 0 时，即短路状态）

为了便于理解，这里假定太阳能电池为理想的太阳能电池，所谓理想的太阳能电池是指将太阳能电池视为恒流源 I_{ph}（在恒定光照下，其光电流不随工作状态而变化，在等价电路中可视为恒流源），并将二极管并列接入电路。即不考虑串联电阻 R_s 和并联电阻 R_{sh} 的影响。

这里假定负载电阻 R 为 0，即太阳能电池外部电路为短路状态。由等价电路可知，太阳能电池输出电流 I 可用下式表示。

$$I = I_{ph} - I_d \tag{6.1}$$

式中，I_{ph} 为光电流，I_d 为二极管电流。光电流 I_{ph} 是硅半导体 PN 结在光照下，由于光电效应的作用，由 N 型半导体流向 P 型半导体的电流（电子由 P 型半导体流向 N 型半导体）。

根据二极管伏安特性，在 P 型电极（二极管的正极）加正向电压 V（顺向电压）时，二极管电流 I_d 从 P 型半导体流向 N 型半导体（二极管的负极），可见，光电流 I_{ph} 与二极管电流 I_d 的流向相反。

二极管电流为

$$I_d = I_o \left[\exp\left(\frac{eV}{nkT} \right) - 1 \right] \tag{6.2}$$

式中，I_o 为饱和电流；n 为二极管常数；k 为波耳兹曼常数；T 为太阳能电池的温度；e 为电子的电荷量。

3. 实际的太阳能电池（假定负载电阻 R 为 0）

由于太阳能电池存在电极损失、漏电等，实际的太阳能电池需要考虑串联电阻 R_s、并联电阻 R_{sh} 的影响。这里假定太阳能电池外部电路不接负载电阻。串联电阻是由于表面和背面电极接触、材料本身的电阻率、基区和顶层等因素而引入的附加电阻。考虑电池边沿的漏电，电池的微裂纹、划痕等形成的金属桥漏电等因素，可用一个并联电阻来等效。引入串联电阻和并联电阻时，由太阳能电池等价电路，太阳能电池的输出电流为

$$I = I_{ph} - I_o\left[\exp\frac{e(V + IR_s)}{nkT} - 1\right] - \frac{V + IR_s}{R_{sh}} \tag{6.3}$$

上式为假定负载电阻 R 为 0 时，实际的太阳能电池的端电压与电流之间的关系。太阳的辐射强度大、电流大时，串联电阻 R_s 的影响也大。反之并联电阻 R_{sh} 的影响较大。由于实际的太阳能电池性能较好，串联电阻 R_s 较小，并联电阻 R_{sh} 较大，一般可忽略二者。

4. 实际的太阳能电池（假定接入负载电阻 R）

当太阳能电池外部电路接入负载电阻 R 并忽略串联电阻和并联电阻时，PN 结在光照作用下产生的电流流过负载电阻，此时在 P 型电极（二极管正极）施加电压 $V = RI$，由等价电路可知，太阳能电池的输出电流 I 为

$$I = I_{ph} - I_o\left[\exp\left(\frac{eV}{nkT}\right) - 1\right] \tag{6.4}$$

由上式可得到如图 6.7 所示的实际的太阳能电池伏安特性。另外，如果用 P 表示太阳能电池的输出功率，则可用 V-P 曲线来表示太阳能电池的输出功率特性。图中 V_{oc} 为开路电压，I_{sc} 为短路电流，V_{op} 为最佳工作电压，I_{op} 为最佳工作电流。P_{max} 为最大输出功率。

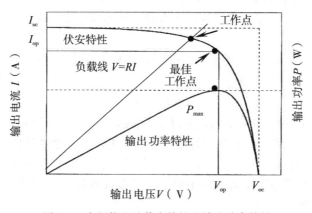

图 6.7　太阳能电池伏安特性和输出功率特性

如果用 I 表示电流，用 V 表示电压，太阳能电池伏安特性也可称为 I-V 特性或电流-

电压特性。由于太阳能电池的工作电压和工作电流随负载电阻的变化而变化，因此将不同电阻对应的工作电压和电流值制成曲线，则可得到太阳能电池的伏安特性。

图中横坐标上所示的开路电压 V_{oc} 为太阳能电池正极（+）和负极（−）之间未被导线连接的状态，即开路时的电压。单位用 V（伏特）表示。太阳能电池芯片的开路电压一般为 0.5~0.8V，若将太阳能电池芯片进行串联则可获得较高的电压。

太阳能电池的正极（+）、负极（−）之间用导线连接，正负极之间短路状态时的电流称为短路电流，用 I_{sc} 表示，单位为 A（安培）。短路电流随辐射强度变化而变化。另外，太阳能电池单位面积的电流称为短路电流密度，其单位是 A/m^2 或者 mA/cm^2。而输出功率为电压与电流的乘积，用 P 表示，单位为 W（瓦特）。

太阳能电池的电压一般可用下式表示。

$$V = \frac{nkT}{e}\ln\left(1 + \frac{I_{ph} - I}{I_o}\right) \tag{6.5}$$

当电压 $V = 0$ 时，由（6.4）式，短路电流 I_{sc} 为

$$I_{sc} = I_{ph} \tag{6.6}$$

当 $I = 0$ 时，开路电压 V_{oc} 为

$$V_{oc} = \frac{nkT}{e}\ln\left(1 + \frac{I_{sc}}{I_o}\right) \tag{6.7}$$

太阳能电池的输出功率 P_{out} 为

$$P_{out} = IV = I\frac{nkT}{e}\ln\left(1 + \frac{I_{ph} - I}{I_o}\right) \tag{6.8}$$

或用以下表达式：

$$P_{out} = VI = V\left\{I_{ph} - I_o\left[\exp\left(\frac{eV}{nkT}\right) - 1\right]\right\} \tag{6.9}$$

在伏安特性中，负载线为 $V = RI$，该直线与伏安特性的交点称为工作点。太阳能电池最大输出功率时的工作点称为最佳工作点，此点所对应的电压、电流分别称为最佳工作电压 V_{op}、最佳工作电流 I_{op}，因此最大输出功率 P_{max} 可用下式表示。

$$P_{max} = V_{op}I_{op} \tag{6.10}$$

实际上，太阳能电池的工作点受负载条件、辐射条件以及气象条件（温度等）的影响，工作点会偏离最佳工作点。由伏安特性可知，最佳工作点的移动会导致输出功率大幅减少，如工作点向最佳工作电压增加的方向移动时则电流急剧减少，输出功率也随之急剧下降，反之则输出功率与电压成比例关系减少，这是太阳能电池所具有的独有特征。由于太阳能电池的输出功率随工作点移动而变动，因此有必要利用逆变器进行最大功率点跟踪控制，使太阳能电池的输出功率始终保持最大。

由于最佳工作点处的输出功率为最大值，因此，太阳能电池的最佳工作电压 V_{op}（maximum power voltage）和最佳工作电流 I_{op}（maximum power current）可由下式求得。

$$\left(\frac{\mathrm{d}P_{out}}{\mathrm{d}V}\right)_{V = V_{op}} = 0 \tag{6.11}$$

最佳工作电压 V_{op} 为

$$\exp\left[\frac{e\,V_{op}}{nkT}\right]\left[1+\frac{e\,V_{op}}{nkT}\right]=\frac{I_{ph}}{I_o}+1 \tag{6.12}$$

最佳工作电流 I_{op} 为

$$I_{op}=\frac{(I_{ph}+I_o)\,e\,V_{op}/(nkT)}{1+e\,V_{op}/(nkT)} \tag{6.13}$$

6.2.2 填充因子

填充因子 FF (fill factor) 被定义为最大输出功率与开路电压和短路电流乘积之比。这里，最大输出功率为 $P_{max}=V_{op}I_{op}$，开路电压和短路电流乘积为 $V_{oc}I_{sc}$，因此填充因子可用下式表示。

$$FF=\frac{V_{op}\,I_{op}}{V_{oc}\,I_{sc}}=\frac{P_{max}}{V_{oc}\,I_{sc}} \tag{6.14}$$

填充因子是衡量太阳能电池性能的一个重要指标。填充因子为 1 时被视为理想的太阳能电池特性，由于实际的太阳能电池由半导体材料、电极、接线材料等构成，所使用的材料和构成的电路等存在各种电阻，会产生能耗，如存在串联电阻、漏电流等，因此与无能耗的理想太阳能电池相比，填充因子小于 1，一般在 0.5~0.8 之间。

由前述的等价电路可得到如下的电流方程。

$$I=I_{ph}-I_d-I_{sh}=I_{ph}-I_d-\frac{V_d}{R_{sh}} \tag{6.15}$$

由电流方程可知，如果 I_d 和 I_{sh} 小则 I 大，要使 I_{sh} 小只需加大 R_{sh} 即可；如果 I_d 和 I_{sh} 为 0，则 $I=I_{ph}$ 成立。

由等价电路可得到如下电压方程。

$$V=V_d-IR_s \tag{6.16}$$

由电压方程可知，如果 R_s 小则 V 大，无负载时（开路状态）$V=V_{co}$，因此要使填充因子 FF 提高，只需尽量减小 R_s，增加 R_{sh} 即可。

导致 R_s 大的原因主要有半导体本身存在的电阻、半导体与电极之间的接触电阻以及电极电阻等；而 R_{sh} 小的原因主要有太阳能电池发电层的漏电流增加，即 PN 结的绝缘性能降低、正负极之间的绝缘性能降低等。

6.3 太阳能电池转换效率

太阳能电池转换效率用来表示太阳能电池将太阳光能转换成电能的大小，可分为理论最大转换效率和实测转换效率，理论最大转换效率一般指根据理论计算得到的转换效率；实测转换效率包括在实验室等研究阶段实测的太阳能电池芯片的转换效率、出厂时实测的太阳能电池组件的转换效率。理论最大转换效率最高，太阳能电池芯片的转换效率次之，组件的转换效率较前二者要低，在太阳能光伏发电中人们更关注太阳能电池组件的转换效率。由于太阳能电池组件是由若干枚芯片串并联而成的，芯片之间通过焊接的金属互联条连接，焊点、互联条产生的电阻会导致电能损失，因此组件的转换效率一般会低于芯片的转换效率。

6.3.1 太阳能电池转换效率

太阳能电池接收太阳光时，其中一部分光会被太阳能电池反射，另一部分光会透过太阳能电池，此外太阳能电池可利用的太阳光的波长范围与其所使用的半导体材料有关，它无法利用所有波长的光能，因此太阳能电池不可能将所接收的光能全部转换成电能。

太阳能电池的性能可用转换效率来表示。太阳能电池转换效率（conversion efficiency）用来表示将照射在太阳能电池上的光能转换成电能的大小。太阳能电池转换效率 η 一般用太阳能电池的最大输出功率 P_{out} 与太阳能电池的输入能量（太阳光入射功率）P_{in} 之比的百分数表示。

$$\eta = \frac{P_{out}}{P_{in}} \times 100\% \tag{6.17}$$

式中，输出功率 P_{out} 为太阳能电池输出的最大电能，即最大输出功率，kW；输入能量 P_{in} 为辐射强度（kW/m²）与受光面积（m²）的乘积。例如，太阳能电池的受光面积为 $1m^2$，太阳光的辐射强度为 $1kW/m^2$，如果太阳能电池的最大输出功率为 0.20kW，则太阳能电池转换效率为

$$\eta = \frac{0.20kw}{1kw/m^2 \times 1 m^2} \times 100\% = 20\%$$

这意味着照射在太阳能电池上的光能的约 1/5 被转换成电能。

太阳能电池转换效率是衡量太阳能电池性能的重要指标，但是，对于同一枚太阳能电池来说，其输出功率取决于太阳的辐射强度、太阳光谱的分布、太阳能电池的温度等因素。由于场所、气候等测定条件的影响会导致实测太阳能电池转换效率发生变化，为了统一太阳能电池测试标准，一般采用国际标准 IEC TC—82 作为标准，即对地面上使用的太阳能电池来说，在太阳能电池芯片的环境温度为 25℃，大气质量为 AM1.5、辐射强度为 $1kW/m^2$ 的标准条件下（STC）进行测试。制造厂家产品说明书中的太阳能电池转换效率就是在上述测试条件下得出的。在标准测试条件下，太阳能电池输出的最大功率一般称为峰值功率（Wp），单位为瓦。在很多情况下，太阳能电池的光照、温度等条件都是不断变化的，所以组件的峰值功率通常用模拟仪测定并和认证机构的标准化太阳能电池进行比较来确定。

目前单晶硅太阳能电池组件转换效率约为 22%，而多晶硅太阳能电池组件转换效率约为 20%，化合物太阳能电池 CIGS 组件的转换效率约为 18%。为了提高太阳能电池转换效率，可将不同波长材料的发电层进行叠加，制成多结型太阳能电池，或利用两种或以上带隙 E_g 不同的半导体材料形成的异质结构成异质结太阳能电池。

6.3.2 太阳能电池的理论最大转换效率

太阳能电池转换效率 η 也可以用开路电压 V_{oc}、短路电流 I_{sc} 以及填充因子 FF 来表示，而开路电压和短路电流与太阳能电池所使用的半导体材料的带隙密切相关，半导

体材料的带隙 E_g 越大则开路电压越大，短路电流越小，而填充因子与太阳能电池材料的电阻等有关。

　　图 6.8 所示为根据理论计算得到的各种太阳能电池的理论最大转换效率与太阳能电池材料之间的关系。图中的点记号表示各种太阳能电池的实测最大转换效率。由图可见，太阳能电池的理论最大转换效率并非出现在较大或较小的带隙附近，而是出现在中等程度的带隙附近。

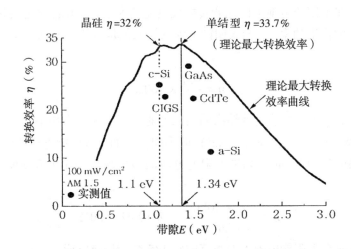

图 6.8　各种太阳能电池的理论最大转换效率与带隙 E_g 的关系

　　在 AM1.5、辐射强度为 $100mW/cm^2$ 的光照下，单结型太阳能电池在带隙为 1.34eV 时理论最大转换效率为 33.7%，这是由于太阳能电池不能吸收全部太阳光的原因。为了解决单结型太阳能电池的局限性，如果将太阳光吸收范围不同的太阳能电池材料进行组合制成叠层型太阳能电池，则可大幅度提高理论最大转换效率。如 E_g 分别为 1.78eV/1.18eV/0.94eV 的三结型化合物太阳能电池的理论最大转换效率可达 47% 左右。硅量子点三结型太阳能电池芯片的为 47% 左右，晶硅太阳能电池的为 30% 左右。虽然实际的太阳能电池转换效率正在不断逼近理论最大转换效率，但还有进一步提高的空间。

6.3.3　提高太阳能电池转换效率的因素

　　为了提高太阳能电池性能，使实际的转换效率逼近理论最大转换效率，需要改善影响其性能的诸多因素。图 6.9 所示为单晶硅太阳能电池的入射光能量的损失过程。

　　现以单晶硅太阳能电池为例说明诸能量的损失。

　　1）难以避免的穿透损失

　　单晶硅太阳能电池的 E_g 为 1.12eV，用波长表示为 1100nm，它吸收约 76% 的太阳光能量，透过的能量约为 24%，称为穿透损失，这是难以避免的损失。

　　2）难以避免的量子损失

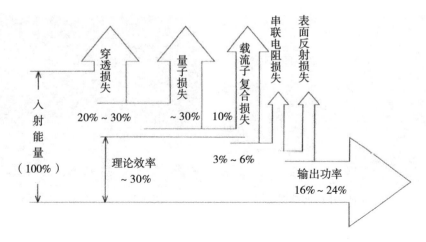

图 6.9 单晶硅太阳能电池的入射能量的损失过程

太阳能电池的入射能量中有约 30% 的量子损失。入射太阳光中，只有相当于 E_g 的能量被利用，而高于 E_g 的能量则以热的形式排出，称为量子损失，这也是无法避免的损失。

3）难以避免的载流子复合损失

载流子复合损失约为 10%，它包含由电荷分离出的电子与空穴复合引起的损失和电压因子损失。太阳能电池中损失较大的是半导体材料中的电子与空穴载流子复合损失，该复合损失有半导体表面的复合损失和半导体内部的复合损失。可通过改善半导体的缺陷和半导体结合界面等方法防止载流子复合。电压因子损失是指无法利用的电压部分，用 V_{oc} 和 E_g 的差表示。

4）表面反射损失

在太阳能电池表面由于太阳光反射所损失的能量为 3%～6%。其中约 2% 可通过在太阳能电池表面设置的减反射膜（AR 膜）进行回收。此外可将太阳能电池表面做成随机的微小凸凹纹理结构、倒三角形的纹理结构等，以抑制太阳能电池内的入射太阳光泄漏。图 6.10 所示为随机的微小凸凹纹理结构，图 6.11 所示为倒三角形的纹理结构。为了增加太阳能电池表面的入射光，提高太阳能电池的性能，可将太阳能电池表面的主线电极和栅线电极移至背面，并和正、负极一起构成背接触 BC（back contact）太阳能电池结构。

5）串联电阻损失

串联电阻损失指电流在太阳能电池内部流动时，由于电极、半导体以及它们的结合部电阻所产生的损失。可通过优化电极材料和电极构造降低该损失。

从太阳能电池吸收的入射能量中去掉这些无法避免的损失，并通过降低太阳能电池的膜厚，可使单晶硅太阳能电池的理论最大转换效达 30% 左右。近年来通过减少表面反射损失、降低串联电阻损失、防止太阳能电池中的载流子复合损失等方法，已使单晶硅太阳能电池组件的转换效率达 22% 以上。

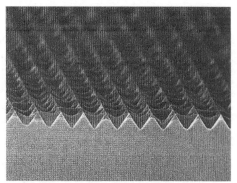

图 6.10　随机的微小凸凹纹理结构　　　图 6.11　倒三角形的纹理结构

6.4　辐射强度特性

　　太阳能电池的输出电压、输出电流以及输出功率随太阳的辐射强度的变化而变化，辐射强度与输出电压、输出电流以及输出功率之间的曲线称为太阳能电池辐射强度特性。图 6.12 所示为晶硅太阳能电池的辐射强度特性，该特性描述了辐射强度与输出电压和输出电流之间的关系。由图可见，随着辐射强度的增加，太阳能电池的电压、电流会增加，但电流的增加幅度较大。一般来说，短路电流 I_{sc} 与辐射强度成正比，开路电压 V_{oc} 随辐射强度的增加而缓慢地增加，最大功率 P_{max} 几乎与辐射强度成比例增加，填充因子 FF 几乎不受辐射强度的影响。因此为了增加太阳能电池的输出功率，应尽可能将太阳能电池安装在辐射强度较强的地方。

6.5　温度特性

　　随着太阳能电池温度的升高，其开路电压会减小，光电流略有上升，转换效率会下降。在温度为 20~100℃ 的范围时，大约温度每升高 1℃，太阳能电池的开路电压会减小 2mV，而光电流略有上升，输出功率会相应减少 0.35%。太阳能电池随温度上升时，输出电压、输出电流以及输出功率特性可用温度系数来描述，如 −0.35%/℃。不同种类的太阳能电池，其温度系数也不一样，温度系数是太阳能电池性能的评判标准之一。

6.5.1　晶硅太阳能电池的温度特性

　　太阳能电池的输出功率随表面温度变化而变化。图 6.13 所示为晶硅太阳能电池的温度特性。太阳能电池表面温度上升时，输出电流略有增加，但输出电压会显著降低，由于电压下降的变化率大于电流上升的变化率，所以温度上升会导致太阳能电池转换效率降低和输出功率下降。为了解决此问题，一般采用自然通风、水冷等方法来降低太阳能电池的温度。如在湖泊等水面安装的太阳能光伏发电系统可利用太阳能电池下面的水温调节太阳

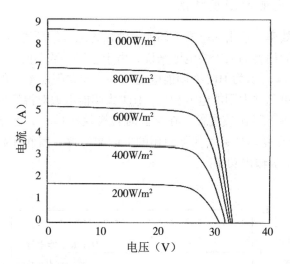

图 6.12 晶硅太阳能电池辐射强度特性

能电池背面的温度，提高转换效率和发电量。

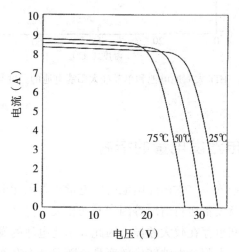

图 6.13 晶硅太阳能电池温度特性

如前所述，太阳能电池的输出功率与太阳能电池的温度之间的关系一般用温度系数来表示，如单晶硅太阳能电池的温度系数为-0.48%/℃，即温度每上升一度，则太阳能电池的输出功率下降 0.48%。温度系数一般用负数表示，其绝对值越小则表示太阳能电池发电输出功率受温度影响越小，因此在温度较高的地方一般使用温度系数绝对值较小的太阳能电池，如 CIGS 太阳能电池，HIT 太阳能电池等，以增加发电输出功率。

6.5.2　HIT 太阳能电池的温度特性

太阳能电池转换效率、输出功率与太阳能电池设置地区的环境温度有关，它们随温度上升而下降。对于不同种类的太阳能电池来说，由于温度系数不同，会导致转换效率和输出功率也不同。图 6.14 所示为 HIT 太阳能电池和单晶硅太阳能电池的温度与转换效率的关系。由图可知，与单晶硅太阳能电池相比，HIT 太阳能电池对温度的依赖程度得到了很大的改善，其转换效率下降比较缓慢，在高温时转换效率具有显著差别，发电量可提高 9% 以上，是一种适合在夏季高温条件下使用的太阳能电池。因此在高温场合应尽量使用 HIT 太阳能电池，以增加输出功率。

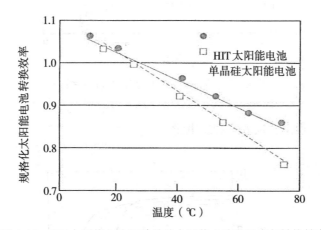

图 6.14　HIT 太阳能电池和单晶硅太阳能电池的温度与转换效率

6.6　提高太阳能电池发电量的措施

在太阳能光伏发电系统中，太阳能电池的发电量与太阳能电池种类、安装所在地的气候、环境、安装条件以及设备运行情况等因素密切相关。另外，由于地球的自转，纬度不同，不同地点的光照时间也存在较大差异，因此太阳能电池的发电量也存在很大差异。

在温度较高的地区，太阳能电池转换效率具有随温度上升而降低的特性，由于太阳能电池的种类不同，其温度特性存在差异，因此在安装太阳能光伏发电系统时应充分考虑安装所在地的温度等自然条件，在高温地区应选择温度系数的绝对值较小的 CIGS 太阳能电池或 HIT 太阳能电池等。

在我国多雪的北方地区，太阳能电池表面积雪过多，无法接收足够的阳光时，发电量会急剧降低，安装前需要进行充分考虑。一般来说，可对太阳能电池的倾角进行调整使之具有防积雪的功能，也可根据条件使用可调倾角台架，充分利用积雪的反射光能以增加发电量。

尘土等颗粒物会对太阳能电池的发电量产生较大影响，一般来说太阳能电池的倾角大于 15°时，对太阳能电池额定输出功率的影响在 5% 以内，太阳能电池表面经雨水冲洗后可恢复输出功率。但在水平安装、小倾角安装的情况下，需要考虑周围的尘土状况，尽量减少其对太阳能电池发电量的影响。

第7章 太阳能电池的制造方法

太阳能电池的种类很多，主要有晶硅太阳能电池、化合物太阳能电池以及有机太阳能电池等。根据太阳能电池种类的不同其制造方法也不同。如单晶硅制造一般采用 FZ 法、CZ 法；多晶硅制造一般采用铸模法、带状法；薄膜太阳能电池的制造一般采用真空沉积法、离子镀法、溅射法、化学气相沉积法、电着法、印刷法等；有机太阳能电池制造一般采用涂层法、喷雾法、印刷法等。与晶硅太阳能电池的制造相比，薄膜太阳能电池的制造设备投资少、制造容易、成本较低。随着薄膜太阳能电池的应用和普及，太阳能电池的制造成本会不断下降，有利于太阳能发电的普及。

本章主要介绍单晶硅、多晶硅、非晶硅、化合物等半导体太阳能电池以及有机薄膜太阳能电池的制造方法。

7.1 单晶硅太阳能电池的制造方法

7.1.1 FZ 法和 CZ 法

单晶硅太阳能电池的制造方法有浮融法，或称 FZ 法（float-zone technique）和直拉单晶制造法（即坩埚直拉法），或称 CZ 法（czochralski）两种，FZ 法不使用坩埚，结晶的纯度较高，但制造成本较高；而 CZ 法利用坩埚，因此结晶的纯度要低，制造成本也低。单晶硅太阳能电池一般采用 CZ 法制造。

1. FZ 法

FZ 法的特点是不使用坩埚，使用 FZ 法制造太阳能电池硅锭时，利用加热器或高频线圈（RF 线圈）对棒状原料硅（多结晶体）的下端进行加热、溶解，并使之与在其下配置的硅籽晶（又称晶种）接触，然后将原料硅锭和硅籽晶以一定的速度同时向下移动，使硅籽晶成长。FZ 法不使用坩埚，没有杂质混入，可制作高纯度单晶硅，但制造成本高。另外，通过改变 RF 线圈的形状，可制作四角形的硅锭。

2. CZ 法

图 7.1 所示为 CZ 法，该方法主要用于制造单晶硅太阳能电池。CZ 法使用坩埚，先将纯度约为 98% 的硅原料加工碾碎并放入石英坩埚中，利用加热器（如电炉）将高纯度的硅加热至 1500℃ 左右使其熔化成硅液，此时将棒状籽晶浸入硅液中，使其边旋转边向上拉升，形成棒状的硅单晶铸锭，生成的硅单晶原子按一定规则整齐排列，即单晶硅。通常

在此流程中加入硼元素制成 P 型的单晶硅半导体。

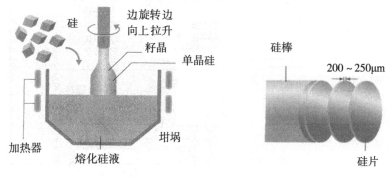

图 7.1　CZ 法

7.1.2　单晶硅片的制作流程

太阳能电池所用的单晶硅材料一般使用 CZ 法制成的单晶硅棒，将单晶硅棒切成片，片厚为 0.2~0.3mm。硅片经过抛磨、清洗等流程，制成待加工的原料硅片。制造单晶硅太阳能电池需要使用高纯度（99.99999%）、膜厚为 100~300μm 单晶硅片（wafer），图 7.2 所示为单晶硅片的制作流程。

（1）将焦炭与高纯度的二氧化硅（硅石、SiO_2）混合，利用加热器进行还原，制成纯度为 97%~98% 的粗金属硅，其中的 2%~3% 为铁（Fe）、铝（Al）、钙（Ca）、碳（C）等杂质；

（2）使粗金属硅与盐酸（HCl）在 300~400℃的温度下进行反应，使之转换成三氯硅烷（$SiHCl_3$），然后利用氢（H_2）进行还原，得到高纯度的多晶硅粒子或硅棒；

（3）将高纯度多晶硅放入熔化炉中熔化，采用 CZ 法制成高纯度单晶硅；

（4）采用 CZ 法时，利用 1420℃的温度将硅熔化，使小单晶硅籽晶与其上部接触，边慢慢旋转边向上拉升使结晶成长，制成棒状的单晶硅铸锭，若在 Si 溶液中加入少量的硼（B）元素，则可制成 P 型单晶硅；

（5）利用线锯（wire saw）将单晶硅铸锭切成薄片，即可制成膜厚为 100~300μm 的单晶硅片；

（6）最后利用氢氟酸（HF）和硝酸（HNO_3）对单晶硅片表面进行刻蚀、清洗处理，则完成太阳能电池用单晶硅片的制作。

7.1.3　单晶硅太阳能电池的制作流程

图 7.3 所示为单晶硅太阳能电池的制作流程。制作时先将事先利用 CZ 法制作的 P 型单晶硅片进行热处理，然后涂上含有掺杂元素磷（P）的溶液并进行加热处理，在表面形成 N 型半导体层。由于溶液中含有同时形成减反射膜的成分，因此在 N 型半导体层表面便形成减反射膜。最后在 N 型、P 型半导体层的表、里形成电极并进行烧成，到此单晶硅

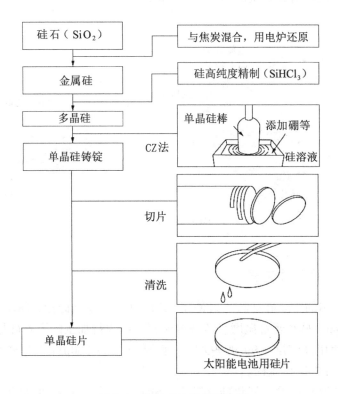

图 7.2　单晶硅片的制作流程

太阳能电池芯片制作完成。

　　为了提高太阳能电池的转换效率，可将电池做成规则的凹凸结构，达到封光的目的，还可以加上防止光线反射的减反射膜，以及在背面加上抑制电子复合的特殊层等。这种制造方法的工艺比较复杂，由于制造温度较高，会消耗大量的能源，因此制造成本较高。

　　太阳能电池芯片经过抽检，然后用串联、并联的方法将芯片连接起来，最后用框架和材料进行封装，按规格组装成太阳能电池组件。使用时根据系统设计，可将太阳能电池组件组成各种大小不同的太阳能电池方阵。

7.1.4　PERL 太阳能电池芯片的制造

　　前面介绍了利用 CZ 法制作单晶硅太阳能电池芯片的流程，这里介绍利用 FZ 法制造的 PERL 太阳能电池芯片。图 7.4 所示为利用 FZ 法制造的单晶硅钝化发射极背部局域扩散太阳能电池 PERL（passivated emitter and rear locally-diffused）芯片的结构。PERL 电池是钝化（即选择性扩散）发射极、背面定域扩散太阳能电池的简称。在 PERL 芯片中，单晶硅的表、里有氧化膜，以抑制载流子复合、减少载流子复合损失。在 P 型、N 型半导体的端部有高浓度的掺杂 P^+ 层、N^+ 层，由此产生内部电位。在内部电位的作用下，使半导体产生的电子向 N^+ 层方向移动，空穴向 P^+ 层方向移动，这样可提高电荷载流子的收集效率。

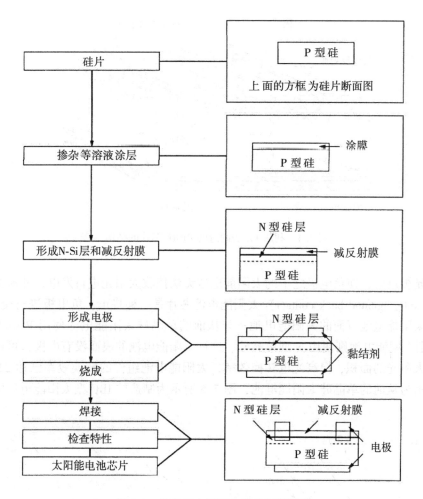

图 7.3 单晶硅太阳能电池的制作流程

PERL 芯片为使用 FZ 法制作的高质量 P 型单晶硅, 采用保光效果较好的倒三角形表面结构, 减反射膜采用双层结构, 单晶硅表、里装有 SiO_2 氧化膜, 以抑制电荷复合, 在背面 SiO_2 氧化膜表面开有小孔, 形成点接触背面电极, 以减少电极部分的金属与硅的接触面。在点接触背面电极附近形成 P^+ 层, 以降低电阻、减少复合损失。PERL 芯片可降低能量损失, 提高光电转换效率, 研究阶段的光电转换效率已达 24.7% 以上。

虽然单晶硅太阳能电池的理论最大转换效率可达 30%, 但实际的单晶硅太阳能电池存在较多的能量损失, 如光学穿透损失、量子损失、载流子复合损失、串联电阻损失以及表面反射损失等, 因此如何降低这些损失, 对于制作太阳能电池来说是一个非常重要的课题。利用 FZ 法制作 PREL 型单晶硅太阳能电池芯片可以很好地解决上述问题。

7.1.5 IBC 型太阳能电池芯片的制造

在晶硅等太阳能电池芯片中, 负电极 (N 极) 一般安装在太阳能电池芯片的表面,

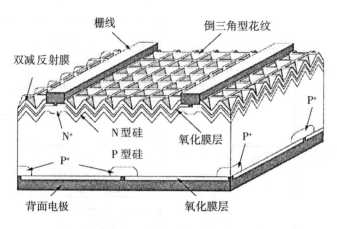

图 7.4　利用 FZ 法制造的 PERL 芯片的结构

它使太阳光被反射，使负电极之下的太阳能电池无法接收太阳光进行发电，使转换效率下降。IBC（interdigitated back contact）太阳能电池芯片是一种将正、负电极进行交替组合，并配置在太阳能电池背面的太阳能电池。与从前的单晶硅太阳能电池使用 P 型单晶硅不同，IBC 型太阳能电池则使用 N 型单晶硅。这种太阳能电池的表面没有电极，可增加晶硅表面接收太阳光的面积，提高光电转换效率，太阳能电池组件的转换效率已达 22%以上。图 7.5 所示为从前的单晶硅太阳能电池，图 7.6 所示为制造的 IBC 型太阳能电池的结构。

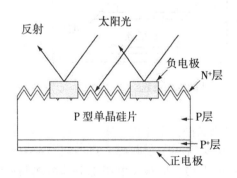

图 7.5　从前的单晶硅太阳能电池

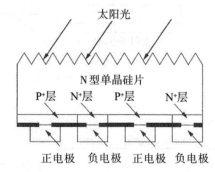

图 7.6　IBC 型太阳能电池的结构

7.2　多晶硅太阳能电池的制造方法

7.2.1　铸模法和带状法

多晶硅的制造方法有多种，常见的有铸模法、带状法。太阳能电池用多晶硅使用铸模法制作的硅铸锭。该方法是将被熔化的硅放入铸模（如坩埚）中慢慢冷却固化，形成四角块状的铸锭。当熔化的硅放入铸模中时，铸模上部高温而下部低温，会形成温度梯度，从铸模底面开始产生籽晶，经过不断的成长和融合形成晶粒，在晶粒与晶粒的接触面会形成晶界，继续成长则形成多晶硅块。由于在晶界处容易集结自由电子和空穴并会引起复合，导致转换效率低于单晶硅的转换效率，如果将氢原子放入硅内，可解决这一问题。这种制造方法可制造大型硅片、成本较低，但纯度低于单晶硅。

带状法是从硅溶液直接制成带状多晶硅的方法，这种制造方法可以直接做成多晶硅片，可降低加工费、有效利用硅原料、制造比较简单。多晶硅太阳能电池的转换效率虽然略低于单晶硅太阳能电池，但多晶硅太阳能电池的制造工艺比较简单、制造能耗较低、可降低制造成本。

7.2.2 多晶硅太阳能电池的制作方法

图 7.7 所示为多晶硅太阳能电池的制造方法。多晶硅块（四角块状）多采用铸造的方法制成，先在石英坩埚的内侧涂上含有氮化硅（SiN）的脱模剂，然后将多晶硅粒原料倒入石英坩埚进行熔化，利用炉温在石英坩埚底部使晶体成长，制成多晶硅块。与单晶硅棒制作相比，多晶硅块制作的熔化温度较低，约为 1000℃，可在短时间内完成制作。另外，多晶硅块的尺寸较大，可达 20cm×20cm。最后利用钢丝将硅块制造成厚度约为 200μm 的硅片，进行掺杂、扩散并形成 PN 结、电极以及减反射膜，至此多晶硅太阳能电池制作完成。

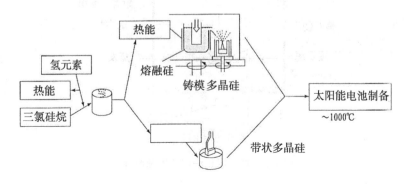

图 7.7 多晶硅太阳能电池的制造方法

7.3 硅薄膜太阳能电池的制造方法

薄膜太阳能电池有硅薄膜太阳能电池、化合物薄膜太阳能电池以及有机半导体太阳能电池等。其中硅薄膜太阳能电池有多晶硅薄膜太阳能电池、微晶硅薄膜太阳能电池、非晶硅薄膜太阳能电池等；化合物薄膜太阳能电池主要有 Ⅱ-Ⅴ 族的 GaAs、InP 等、Ⅲ-Ⅵ 族的 CdTe、CdS 等以及 Ⅰ-Ⅲ-Ⅵ2 族的 CIGS 等种类；有机太阳能电池有染料敏化和有机薄膜两种。

根据太阳能电池种类的不同其制造方法也不同，这里主要介绍硅薄膜太阳能电池（多晶硅薄膜太阳能电池、微晶硅薄膜太阳能电池、非晶硅薄膜太阳能电池）、化合物薄膜太阳能电池（GaAs 太阳能电池、CdTe 太阳能电池、CIGS 太阳能电池）以及异质结太阳能电池的制造方法。

7.3.1　薄膜制作方法

根据太阳能电池种类的不同，太阳能电池的薄膜制作方法较多，这里主要介绍真空沉积法、离子镀法、溅射法、化学气相沉积法、电着法、印刷法、涂层热分解方法等几种常用的太阳能电池用薄膜制作方法。

1. 真空沉积法

真空气相沉积法 VDM（vacuum deposition method）是利用热蒸发或辉光放电、弧光放电等方法，在基材表面沉积材料的技术。图 7.8 所示为真空沉积法用装置和原理。在高真空成膜室内装有蒸发源（即加热部）和衬底等。蒸发源有电阻加热蒸发源、高频加热蒸发源以及电子束加热蒸发源等。

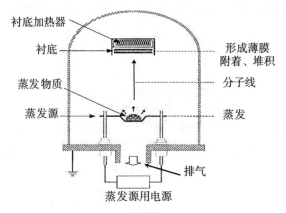

图 7.8　真空沉积法用装置和原理

真空气相沉积法的原理是将沉积材料加热到融点以上的温度，使之黏附（或吸附）在衬底上形成薄膜。其形成过程依次为加热材料、蒸发材料、分子或原子从蒸发源飞向衬底、黏附在衬底上形成薄膜。

2. 离子镀法

离子镀法（ion plating method），又称离子电镀法，是一种在真空蒸发装置内通入低压气体，对蒸发源蒸发的粒子进行离子化，利用等离子制作薄膜的方法。其中产生等离子的方法有两种，一种是直流激励法，另一种是高频激励法。

图 7.9 所示为高频激励离子镀法用装置和原理。图中蒸发源与衬底之间装有高频线圈。利用高频激励法，可在 10^{-4}Torr 的气压下得到稳定的等离子，因此可在气压更低的状

态下实现离子电镀，并可制作针孔较少的薄膜；由于可在成膜室内放入反应性气体，因此可在衬底上制备氧化物、氮化物、碳化物等化合物薄膜，也可作为等离子 CVD 使用。

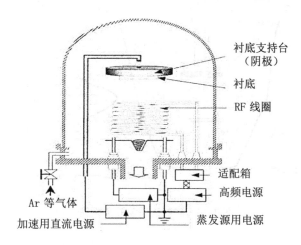

图 7.9　高频激励离子镀法用装置和原理

3. 溅射法

溅射法是一种利用溅射原理及技术处理加工材料表面的现代方法。其基本原理是：在直流或射频高压电场的作用下利用形成的离子流（几十电子伏特的动能）轰击阴极靶材（固体试料）表面，使离子的动能和动量转移给固体试料表面的原子，导致其化学键断裂而飞溅，有点类似小球撞击在沙粒上，沙粒飞溅的情景，因而该法称为溅射。

图 7.10 所示为溅射法用装置和原理。溅射法一般采用直流二极溅射法，在成膜室内设有平行电极板，分别与靶材和衬底连接，在两极间通几百伏的直流电压产生辉光放电。通常采用的轰击离子是惰性气体氩（Ar），它受高压电场的作用而电离，并形成具有一定功能的离子流。当该离子流与靶材发生冲击时便产生溅射现象，此时从靶材表面飞溅出的分子、原子黏附在衬底上形成薄膜。阴极靶材可以是金属、合金或非金属，视需要而定。该方法的缺点是薄膜成长速度较慢。

4. 化学气相沉积法

化学气相沉积法 CVD（chemical vapor deposition method）是利用气态或蒸汽态的物质在气相或气固界面上发生反应生成固态沉积物的过程。一般分为三个阶段：①反应气体向衬底表面扩散；②反应气体吸附于衬底表面；③在衬底表面上发生化学反应形成固态沉积物及产生的气相副产物脱离衬底表面。化学气相沉积法主要有催化化学气相沉积法、有机金属化学气相沉积法以及等离子化学气相沉积法等。

1）催化化学气相沉积法

图 7.11 所示为催化化学气相沉积法（Cat-CVD）用装置和原理。该装置由钨丝线等加热催化体、衬底以及排气真空泵等构成。其原理是将原料气体与加热的钨丝线催化体接

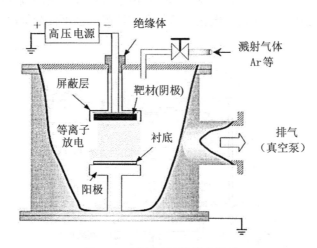

图 7.10　溅射法用装置和原理

触，利用其表面的催化分解反应使气体分解，并将其送至有低温保持的分解物质的衬底上并形成薄膜。该方法不使用等离子，而是使用低温制备，此外原料气体的使用率非常高，可达 80% 左右，可制造大面积的薄膜半导体。

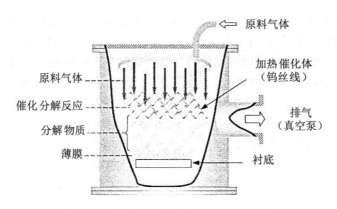

图 7.11　催化化学气相沉积法用装置和原理

2）有机金属化学气相沉积法

图 7.12 所示为有机金属化学气相沉积法（MOCVD）用装置和原理。这里以制作 GaAs 太阳能电池为例说明其原理。Ga、In 以及 P 型掺杂物 Zn 分别作为三甲基镓［$(CH_3)_3Ga$：TMGa］、三乙基铟［$(C_2H_5)_3In$：TEIn］、二甲基锌［$(CH_3)_3Zn$］等液体有机金属化合物原料，而 As、P 以及 P 型掺杂物 Si 分别作为 AsH_3、PH_3、SiH_4 等气体氧化物原料，这些原料利用氢（H_2）作为载体被搬送到加热约 700℃ 的 GaAs、Ge 衬底上进行分解并形成 GaAs 膜、InP 膜。PN 结可构成同质结、异质结以及双异质结太阳能电池等，而分解气体可使用涡轮分子泵、旋转泵排除。

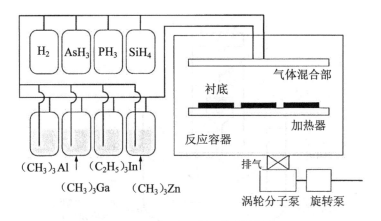

图 7.12 有机金属化学气相沉积法用装置和原理

3）等离子化学气相沉积法

等离子化学气相沉积法（PECVD）是使含硅的硅烷（SiH_4）气体进入反应器内，利用等离子放电分离出硅分子，并堆积在衬底上。同时根据要制成的半导体层，将磷化氢（PH_3）或乙硼烷（B_2H_6）等气体进行混合，掺杂磷或硼等。另外，为了防止共价键结合（共有结合）的缺陷，可加入氢并进行钝化处理。

利用 CVD 法形成硅膜时，可调整衬底的温度制成非晶硅层或微晶硅层。微晶硅是由极小结晶制成的硅，结晶大则近似多晶硅，结晶小则近似非晶硅的性质，无论是微晶硅还是非晶硅，它们的共价键结合的缺陷都大于多晶硅，因此进行钝化处理非常重要。

5. 电着法

电着法（electroplating）与真空沉积法、溅射法等使用高真空制造薄膜的方法相比，在制造成本、安全性等方面具有许多优点。该方法使用了一些成熟的电镀技术，装置比较简单、可制作大面积薄膜，是一种比较实用的技术。

图 7.13 所示为电着法用装置和原理。在电解液中装有阳极（白金板）和阴极（衬底），在电极间加有直流、脉冲电场，电解液经过电解，金属离子黏附在衬底电极上，堆积成薄膜。在电着法中由于使用了水溶液，可能会混入一些杂质，但可通过对水和药品进行高纯度处理来解决。电着法对电流密度、电极电位、电解液的温度、浓度、pH 值等电着条件要求较敏感，要找到最优条件需费一番工夫。

6. 喷雾法

喷雾法（spray）是一种将用于制造薄膜材料的溶液喷雾在事先加热的衬底上，然后利用热分解制作薄膜的方法。

7. 印刷法

印刷法（screen printing）是将化合物材料粉末与乙醇等混合成糊状原料，然后利用

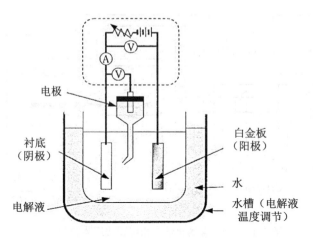

图 7.13 电着法用装置和原理

该原料在衬底上进行丝网印刷，最后进行干燥、热处理、烧结制成薄膜的方法。CdS/CdTe 太阳能电池可利用印刷法制作而成。

8. 涂层热分解方法

涂层热分解方法 MOD（metal-organic decomposition）是指对稀释的有机金属盐［如萘（naphthalene）、酸金属盐、握克丁（Octin）酸金属盐］涂层溶液进行调整，然后利用该溶液在衬底上进行反复旋转涂层和热分解制作薄膜的方法。这种方法所使用的装置非常简单，可制作大面积薄膜。

7.3.2 多晶硅薄膜太阳能电池的制造方法

硅薄膜太阳能电池有多晶硅薄膜太阳能电池、微晶硅薄膜太阳能电池、非晶硅薄膜太阳能电池、以及由这些太阳能电池构成的叠层型太阳能电池（如 HIT 太阳能电池等）。多晶硅薄膜太阳能电池的制造方法有 CVD 法、液相成长法以及固层结晶法等。如采用 CVD 法，在 SiO_2 衬底上利用 1000℃的温度将二氯硅烷（SiH_2Cl_2）分解成 H_2 或 N_2 载气（carrier gas），得到粒子直径为 $5 \sim 10\mu m$ 的硅薄膜，然后利用该薄膜制成多晶硅薄膜太阳能电池。由于制造电极和 PN 结时受到一些条件的限制，因此该太阳能电池的转换效率较低，为 10%左右。

7.3.3 微晶硅薄膜太阳能电池的制造方法

微晶硅与非晶硅比，具有更好的有序性结构，用微晶硅薄膜制备的太阳能电池几乎没有衰退效应。微晶硅同时具备晶体硅的稳定性、高效性和非晶硅的低温制备特性等低成本优点。但其缺点是光吸收系数比较低，需要比较厚的吸收层，微晶硅的沉积速率较慢，带隙较窄，转换效率不太高。

微晶硅薄膜太阳能电池的硅薄膜是在玻璃衬底上利用如图 7.14 所示的等离子 CVD 装置制造而成的。制造微晶硅薄膜时，首先将硅烷（SiH_4）气体和氢（H_2）进行混合，使氢的稀释比达 10~30 或以上，然后使混合气体通过等离子 CVD 装置，在 200℃ 的低温下制成含有粒子直径为 10~100nm 的微晶硅的薄膜，膜厚为数微米。制成的微晶硅薄膜的光吸收端与多晶硅相同，带隙为 1.1eV，可吸收 1100nm 以内的波长的太阳光。

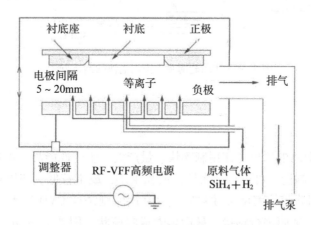

图 7.14　等离子 CVD 法用装置和原理

由于利用等离子 CVD 装置制成的微晶硅层为 I 型本征半导体，因此需要在硅烷（SiH_4）和氢（H_2）的混合气体中混入二硼烷气体（B_2H_6）或石蜡（PH_3），制成 P 型、N 型微晶硅膜，因此所制成的太阳能电池为 PIN 结或 NIP 结太阳能电池。

7.3.4　非晶硅薄膜太阳能电池的制造方法

非晶硅薄膜太阳能电池的制造方法有多种，如使用等离子 CVD 装置、双卷法（roll to roll method），即将薄膜衬底从原筒状的卷料卷出，在薄膜衬底表面进行加工等，然后再卷成圆筒状。

1.　等离子 CVD 装置制造方法

非晶硅薄膜太阳能电池制造所使用的等离子 CVD 装置与微晶硅薄膜太阳能电池相同。图 7.15 所示为非晶硅薄膜太阳能电池的制造方法，首先使含有硅原料的气体（如硅烷 SiH_4）和氢气（H_2）进入真空反应室中，利用等离子放电使原料气体分解而得到硅，然后将硅堆积在已加温至 200~300℃ 的玻璃、塑料或不锈钢衬底上形成薄膜。如果原料气体中混入 B_2H_6 则得到 P 型非晶硅，原料气体中混入 PH_3 则得到 N 型非晶硅，然后形成 PN 结，制成非晶硅薄膜太阳能电池。

非晶硅薄膜原子排列不整齐，而且存在许多硅的悬空键（dangling bond），因此缺陷态非常多，使得载流子迁移率较低，制成的太阳能电池转换效率也较低。所以，非晶硅薄膜太阳能电池一般制成 PIN 结构，I 层是吸光层，起吸收光子产生的电子空穴对的作用，

P、N 层形成内建电场，把生成的电子空穴对分离出来输送到电极。

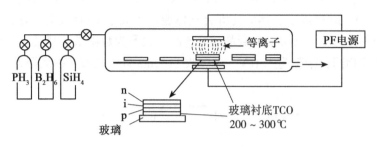

图 7.15　非晶硅薄膜太阳能电池的制造方法

2. 双卷法

非晶硅薄膜太阳能电池也可使用制膜快、量产大、生产性能高、可连续生产的双卷法（即卷对卷法）进行制造，可进行一次性大面积生产，成本较低。使用双卷法时，在长数百米、宽约 1m 的圆筒状的大型柔性衬底上，利用印刷法或 CVD 法等制作薄膜层和电极等，然后与圆筒状封装膜进行粘接，最后再卷成圆筒状。图 7.16 所示为非晶硅薄膜太阳能电池的双卷法制造流程。由于圆形状衬底在装置之间不停向右移动，装置之间进行流水作业，因此可大幅降低搬运作业，提高生产效率。

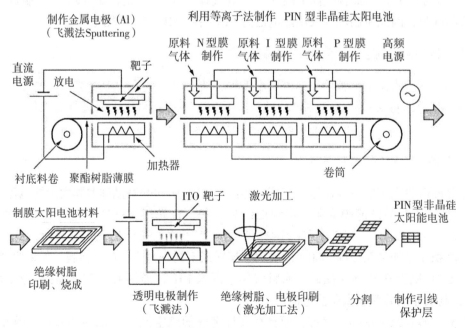

图 7.16　非晶硅薄膜太阳能电池的双卷法制造流程

7.4 化合物半导体太阳能电池的制造方法

7.4.1 GaAs 太阳能电池的制造方法

化合物半导体是由两种以上元素的化合物构成的半导体。如 GaAs、InP 太阳能电池就是一种化合物半导体太阳能电池。GaAs、InP 太阳能电池可采用有机金属化学气相沉积法（MOCVD）等方法制造。即利用氢（H_2）作为载体，将液体有机金属化合物原料和气体氧化物原料搬送到已加热约 700℃ 的 GaAs、Ge 衬底上，进行分解并形成 GaAs 膜、InP 膜。图 7.17 所示为 GaAs 太阳能电池的制造流程。在太阳能电池的光入射面装有 AlGaAs 层以便形成表面电场，以防止光产生的载流子发生复合现象，增加太阳能电池的输出电流。

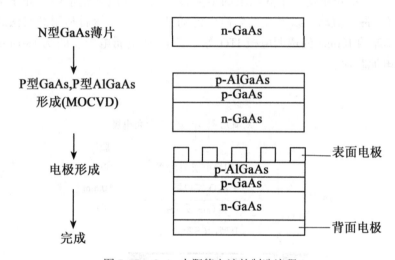

图 7.17 GaAs 太阳能电池的制造流程

7.4.2 CdTe 太阳能电池的制造方法

CdS/CdTe 太阳能电池制造可使用印刷法、CVD 法或溅射法。制造 CdTe 太阳能电池时，首先利用 CVD 法或溅射法在玻璃衬底上形成透明导电膜 FTO 膜（氟掺杂氧化锡膜）或 ITO 膜（氧化铟锡膜）；然后利用化学浴沉积法 CBD（chemical bath deposition）在玻璃衬底上制成 100nm 的 CdS 层，利用近空间升华法 CSS（close-spaced sublimation）或气相传输沉积法 CVD（vapor transport deposition）制备 CdTe 层，其膜厚为 3~10nm；然后涂上掺杂铜的碳电极并加热到 350℃，使铜扩散到 CdTe 层，以提高太阳能电池的性能；最后在 CdS 层装上负电极，在碳电极装上正电极。这里，化学浴沉积是利用一种合适的还原剂使镀液中的金属离子还原并沉积在衬底表面上的化学还原过程。

7.4.3 CIGS 太阳能电池的制造方法

CIGS 太阳能电池的制造使用溅射法等。首先，利用溅射法在含钠 Na 的蓝板玻璃（膜厚约 2mm）上堆积膜厚约为 1μm 的背面电极 Mo，在 Mo 层上堆积膜厚约 1μm 的吸光层，即 P 型 CIGS 层。这里使 Na 从蓝板玻璃经 Mo 扩散到 CIGS 层，提高 CIGS 太阳能电池的性能。CIGS 层制备可利用对 Cu-In-Ga 溅射后进行硒化处理的方法，或使用沉积法来完成。

然后，利用化学浴沉积法沉积约 50nm 的 CdS 缓冲层，缓冲层有两个重要作用，一个作用是在 CIGS 的 Cu 的空穴缺陷部分进行 Cd 或 Zn 置换，在 CIGS 表面形成 N 型；另一个作用是对晶格常数（晶胞的边长）较大的不同层进行连续积层时，为了缓冲不同层之间存在的晶格常数差，在两层之间插入较薄的缓冲层。为了形成稳定的化合物半导体，应使组成元素的晶格常数的值比较接近，这一点非常重要。

最后，在 N 型 CdS 缓冲层上利用溅射法或有机金属 CVD 法积成膜厚约 100nm 的 ZnO 高阻缓冲层。该层的作用是防止低电阻的半金属（物理性质和化学性质介于金属和非金属之间的金属）漏电流动，以提高太阳能电池的开路电压。然后利用溅射法或有机金属 CVD 法积成膜厚约 100nm 的透明电极 ITO 等，装上 Al 金属电极。图 7.18 所示为制作的 CIGS 太阳能电池芯片。

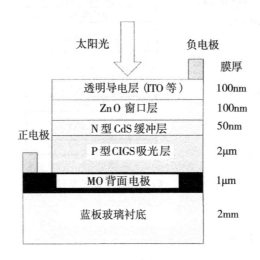

图 7.18 CIGS 太阳能电池芯片

7.5 有机太阳能电池的制造方法

7.5.1 有机薄膜太阳能电池的制造方法

有机薄膜太阳能电池的制造方法有涂层法、喷雾法和印刷法等。制造有机薄膜太阳能电池时，一般先在金属电极（如 Al 电极）上蒸镀 N 型有机半导体，然后在此之上蒸镀 P

型有机半导体，并加装透明电极，则有机薄膜太阳能电池的制造完成。

本体异质结（bulk heterojunction）是指 N 型半导体和 P 型半导体在整个区域范围内充分混合且界面分布于整个区域范围的 PN 结，利用本体异质结可制成有机薄膜太阳能电池。本体异质结的成膜方法有喷雾法和印刷法。喷雾法是一种在真空中将有机化合物溶液进行喷雾制膜的方法，一般在使用低分子有机化合物时使用；而印刷法是一种将两种化合物的混合溶液涂在衬底上的方法，主要在使用高分子有机化合物时使用，这种方法具有制造简单、成本较低的特点。本体异质结型有机薄膜太阳能电池一般采用印刷法进行制造，先将两种材料混合并进行熔化，然后将其印刷在装有电极的衬底上，干燥后形成薄膜，最后将金属电极（如铝背面电极）与薄膜接合而成。

有机薄膜太阳能电池是一种在光吸收层使用有机化合物的太阳能电池，同样由 P 型和 N 型半导体构成。图 7.19 所示为使用涂层法的有机薄膜太阳能电池的制造方法。在有机薄膜太阳能电池中，P 型半导体使用具有导电功能的有机导电性（高分子）聚合物材料，N 型半导体使用碳同位素 C_{60} 等材料，制备时将有机半导体聚合物与碳同位素 C_{60} 进行混合熔化，然后将混合物涂在衬底上并使其干燥，最后在铝电极上形成薄膜，便完成有机薄膜太阳能电池的制造。由于有机薄膜太阳能电池的制造方法比较简单，制造成本较低，材料费也较低，所以该太阳能电池的应用前景非常看好。

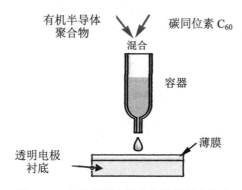

图 7.19 有机薄膜太阳能电池的制造方法

碳同位素 C_{60} 是一种非金属单质，是由 60 个碳原子构成的分子，形似足球，又名足球烯。C_{60} 在室温下为紫红色固态分子晶体，直径约为 7.1 埃（1 埃 = 10^{-10} 米），密度为 $1.68g/cm^3$。C_{60} 具有金属光泽，有许多优异性能，如超导、强磁性、耐高压、抗化学腐蚀等，常用于光、电、磁等领域。

7.5.2 染料敏化太阳能电池的制造方法

染料敏化太阳能电池的制造一般采用涂层法，工艺技术比较简单，制造比较节能，可高速制造大面积的太阳能电池，容易实现规模化生产，设备投资较少，制造成本较低，发电成本约为晶硅太阳能电池的一半，甚至更低。另外制造时排除的二氧化碳较低。

由于染料敏化太阳能电池中有电解液，一般称为湿式太阳能电池，为了克服湿式太阳能电池转换效率低、安全性低（如电解液泄漏）和耐气候性差等弱点，最近已研制成功固态有机半导体电解质染料敏化太阳能电池，其研究阶段的转换效率已达 15% 左右。此外使用从植物中抽出的有机染料制成的太阳能电池也已问世，与湿式太阳能电池相比，有较高的安全性和耐气候性，将来有望代替湿式太阳能电池。

第8章 太阳能电池组件

太阳能电池芯片的输出电压、输出电流较低，在实际应用中无法满足要求，将多枚太阳能电池芯片经串联、并联构成的组件可增加输出电压、输出电流。太阳能电池组件由太阳能电池芯片、密封树脂、钢化玻璃等构成箱体、模块化结构。将多个太阳能电池组件进行串联可构成组串，将多个组串进行并联可构成太阳能电池方阵，以满足不同负载对电压、电流的需要。

为了满足太阳能光伏发电的各种不同的需要，因而有各种各样的组件。本章介绍太阳能电池芯片和组件、常用型太阳能电池组件、新型太阳能电池组件、光伏建筑一体化组件以及组件与建筑的一体化构成，最后介绍光伏建筑一体化组件在太阳能光伏发电系统中的应用。

8.1 太阳能电池芯片和组件

8.1.1 太阳能电池芯片

太阳能电池是一种将光能直接转换成电能的半导体器件。太阳能电池的最小单元称为太阳能电池芯片或太阳能电池单体（solar cell），其大小为边长 $10\sim15cm$，如 $15\times15cm$ 的太阳能电池芯片，一般使用单晶硅、多晶硅、化合物半导体等材料制成。如果一枚单晶硅太阳能电池芯片的输出电流约为 $42mA/cm^2$，输出电压约为 0.7V，假定受光面积为 $144cm^2$，则输出功率约为 3.7W，显然其输出功率不能满足家电等负载使用电压 220V 和功率的需要。因此在实际应用中，需要将太阳能电池芯片进行串、并联构成太阳能电池组件，根据需要将太阳能电池组件进行串、并联构成太阳能电池方阵，以提高输出电压和输出电流，满足不同负载的需要等。

8.1.2 太阳能电池组件

太阳能电池在实际应用过程中，电压需满足少则十几伏多则几百伏的需要，如果在施工安装现场将大量的太阳能电池芯片连接起来，这样极为不便。另外，由于太阳能电池在户外使用，长期处在直射阳光、严酷的环境之中，容易受温度、湿度、盐分、强风以及冰雹等因素的影响，因此必须用箱体等结构保护太阳能电池芯片免受损伤，使其长期安全稳定发电。

为了解决太阳能电池芯片在实际应用中的问题，一般将几十枚以上的太阳能电池芯片进行串联（如晶硅太阳能电池）、并联（如化合物太阳能电池），然后封装在耐气候的箱体中，称之为太阳能电池组件（solar module）。太阳能电池组件由太阳电池芯片、钢化玻璃、封装材料、功能背板，互联条，汇流条，接线盒以及铝合金边框等组成。太阳能电池组件也叫太阳能电池板或光伏组件，它是太阳能光伏发电系统中的核心器件，其作用是将太阳能直接转化为电能。

太阳能电池组件所使用的太阳能电池芯片种类不同，结构多种多样，一般要满足以下要求。①为了防止太阳能电池的通电部分被腐蚀，保证其稳定性和可靠性，必须使太阳能电池具有较好的耐气候特性；②为了防止漏电引起事故，必须消除其对外围设备和人体的不良影响；③防止强风、冰雹等气象因素对组件造成损伤；④除了应避免太阳能电池在搬运、施工安装过程中造成损伤之外，还必须使电气配线比较容易；⑤增加保护功能，以防止由于组件的损伤、破损等引起电气故障等。对于光伏建筑一体化组件来说，还需要满足耐久性、防水性、耐火性以及外观性的要求；⑥使太阳能电池的外形协调、美观。

8.1.3　太阳能电池组件的基本构成

常用型太阳能电池组件的结构如图 8.1 所示，它由太阳能电池芯片、封装材料、钢化玻璃、功能背板以及边框等组成。制造太阳能电池组件时，数十枚太阳能电池芯片通过互联条相连而成，将已配线的太阳能电池芯片放在强化玻璃上，并将受光面朝下，然后在太阳能电池芯片上放上树脂、耐候性保护膜进行封装，最后装好框架和电极，则太阳能电池组件完成制造。

为了提高太阳能电池芯片周围的密封性能，与边框相连的部分一般使用硅等密封性能较好的材料进行密封；钢化玻璃必须具有一定的强度，使太阳能电池组件不受树枝、小石块等的损伤；透明树脂用来填埋间隙；边框使用耐腐蚀的铝合金材料，以保证太阳能电池的使用寿命达 20~30 年；接线盒安装在太阳能电池组件背面的中央部位，将太阳能电池产生的电力与外部线路连接。

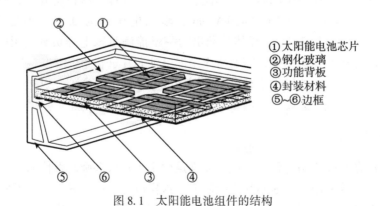

①太阳能电池芯片
②钢化玻璃
③功能背板
④封装材料
⑤~⑥边框

图 8.1　太阳能电池组件的结构

8.2　常用型太阳能电池组件

根据太阳能电池的种类、用途等不同，太阳能电池组件的结构有多种多样，可分为常用型太阳能电池组件、新型太阳能电池组件、光伏建筑一体化太阳能电池组件等。其中常用型太阳能电池组件主要有晶硅太阳能电池组件、硅薄膜太阳能电池组件以及 CIS/CIGS 太阳能电池组件等。

8.2.1 晶硅太阳能电池组件

图 8.2 所示为晶硅太阳能电池组件的结构。各太阳能电池芯片由互联条进行连接，利用性能良好的封装材料进行封装，太阳能电池芯片被夹在钢化玻璃和耐候性膜之间，太阳能电池芯片发出的电能经接线盒、输出引线输出。在输出引线端部有接线件，用来与其他太阳能电池组件进行连接，构成组串或太阳能电池方阵。

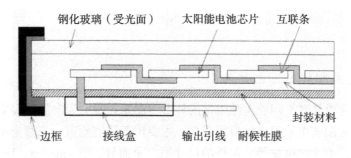

图 8.2 晶硅太阳能电池组件的结构

8.2.2 硅薄膜太阳能电池组件

图 8.3 所示为硅薄膜太阳能电池组件的结构，在钢化玻璃的下部依次积层透明电极、太阳能电池芯片、背面电极，然后利用封装材料进行填充，并使用耐候性膜进行封装。

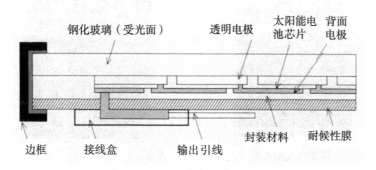

图 8.3 硅薄膜太阳能电池组件的结构

8.2.3 CIS/CIGS 太阳能电池组件

图 8.4 所示为铜铟镓硒 CIS/CIGS 太阳能电池组件的结构。在玻璃衬底上制作透明电

极和太阳能电池芯片，利用封装材料进行封装，并将其夹在受光面的钢化玻璃与背面的耐候性膜之间。

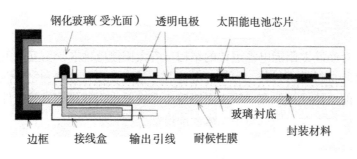

图 8.4 CIS/CIGS 太阳能电池组件的结构

8.2.4 常用型太阳能电池组件外形

图 8.5 所示为单晶硅太阳能电池组件的外形，图 8.6 所示为多晶硅太阳能电池组件的外形。目前晶硅太阳能电池组件的应用较广，主要用于住宅屋顶、工商企业屋顶等处的分布式发电系统、大型光伏电站等。组件的尺寸因厂家而异，有 1m×1m、1m×0.5m 等许多种类。一枚太阳能电池组件的输出功率一般为 50~300W，最近我国制造的开路电压超过 41.7V、短路电流超过 19.71A、最大出力超过 642W 的太阳能电池组件已问世。

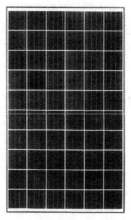

图 8.5 单晶硅太阳能电池组件　　图 8.6 多晶硅太阳能电池组件

8.3 新型太阳能电池组件

随着太阳能光伏发电技术的进步、大力应用和普及，出现了许多新型太阳能电池组件。这里主要介绍交流型太阳能电池组件、蓄电功能内藏型太阳能电池组件、融雪型太阳能电池组件以及双面双玻型 HIT 太阳能电池组件等。

8.3.1 交流型太阳能电池组件

在太阳能光伏发电系统中，由于太阳能电池的输出为直流电，因此太阳能电池方阵的直流输出需要与逆变器相连，并通过逆变器将直流变成交流。为了使用方便，提高转换效率，可在太阳能电池组件的背后设置交流输出太阳能电池组件 MIC（module integrated converter）。MIC 太阳能电池组件如图 8.7 所示，在每个组件的背面装有一个小型逆变器。图 8.8 所示为 MIC 太阳能电池组件用小型逆变器。由于 MIC 太阳能电池组件的输出为交流电，因此，将太阳能电池组件进行串、并联可方便地得到所需的交流输出电压和电流，可比较容易地构成太阳能光伏发电系统。

图 8.7 MIC 太阳能电池组件

图 8.8 MIC 组件用小型逆变器

MIC 太阳能电池组件主要特点有：①可以组件为单位增设容量，容易扩大系统的规模；②可以组件为单位进行最大功率点追踪控制（MPPT），可提高组件的出力，减少组件因部分阴影、多方位设置而出现的电能损失；③由于省去了直流配线，可减少因电气腐蚀出现的故障；④由于可以将组件的输出引线断开，可提高安装、检修时的安全性；⑤可增加系统设计的灵活性，方便地构成各种太阳能光伏发电系统。

该小型逆变器的出力一般为几十瓦到几百瓦，与通常的逆变器相比，转换效率略低，但大量使用时可降低成本。另外，许多逆变器相连时会出现相互干扰等问题。MIC 太阳能电池组件在欧洲使用较多。

8.3.2 蓄电功能内藏型太阳能电池组件

在蓄电功能内藏型太阳能电池组件中，太阳能电池所产生的电能可直接向该组件内藏的蓄电池充电，将太阳能电池在发电高峰所产生的多余电能储存起来以便在需要的时候为负载供电，减少多余电能对电网的影响。这种组件可以在电力系统调峰、备用电源以及灾害时的救急电源等方面得到应用。目前也有在蓄电功能内藏型太阳能电池组件下面安装 LED 灯，在停车场、充电桩等处照明。

8.3.3 融雪型太阳能电池组件

在冬季的北方等地区，太阳能电池表面的积雪、霜冻往往会影响其发电出力。太阳能电池组件积雪时，可利用电力系统的夜间电能反向流入逆变器，使太阳能电池组件通电，利用其所产生的热量使太阳能电池表面的积雪融化，使太阳能电池恢复正常发电。这种电池组件主要用在积雪较多的地方。

8.3.4　双面双玻型 HIT 太阳能电池组件

本征薄膜异质结 HIT（Heterojunction with Intrinsic Thinlayer）太阳能电池是一种利用晶硅半导体和非晶硅半导体制成的混合型太阳能电池。图 8.9 所示为双面双玻型 HIT 太阳能电池组件的结构。该组件的表面为受光面，采用钢化玻璃。背面的衬底也采用钢化玻璃，起支承太阳能电池的作用。由于该组件采用双面双玻的结构，因此太阳光可从太阳能电池表面、反射光可从太阳能电池背面入射，同时利用直射和反射光进行双面发电。当然背面的衬底也可不使用钢化玻璃，而采用透光保护材料。图 8.10 所示为双面双玻型 HIT 太阳能电池芯片的表面和背面外观。

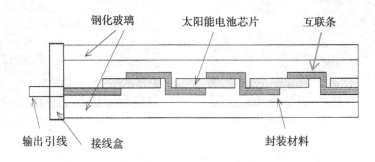

图 8.9　双面双玻型 HIT 太阳能电池组件的结构

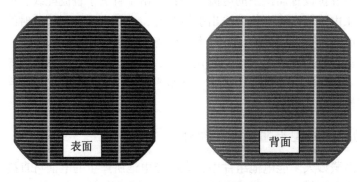

图 8.10　双面双玻型 HIT 太阳能电池芯片

典型的 HIT 太阳能电池组件一般为钢化玻璃夹层结构。太阳能电池表面采用钢化玻璃，而背面采用透明树脂等透光保护材料，这样可降低太阳能电池的重量，施工安装比较容易。图 8.11 所示为双面双玻型 HIT 太阳能电池组件的结构，它由钢化玻璃、HIT 太阳能电池芯片、封装材料以及透光保护材料等构成。图 8.12 所示为双面双玻型 HIT 太阳能电池方阵。

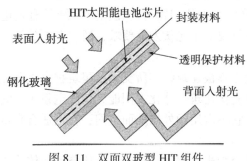

图 8.11　双面双玻型 HIT 组件

图 8.12　双面双玻型 HIT 电池方阵

双面双玻型 HIT 太阳能电池的特点有：①与单面太阳能电池相比，双面双玻型 HIT 太阳能电池可同时利用其表面和背面的光发电，发电效率较高，年发电量提高 20%左右；②太阳能电池组件可垂直安装，节省安装空间；③不论何种安装方位，年发电量基本相同，因此太阳能电池的安装方位更广，应用比较方便灵活；④可与屋顶、天窗、门窗、幕墙等组成一体，构成各种形式的光伏建筑一体化太阳能光伏发电系统；⑤与传统的施工安装方式相比，太阳能电池可垂直安装，易于除去太阳能电池表面的积雪、尘土等，从而提高太阳能电池的发电出力；⑥采用双重玻璃，具有可靠性高、耐久性好、寿命长的特点。

8.4　光伏建筑一体化组件

太阳能光伏发电系统大量应用中，需要解决两方面的问题：一是使太阳能电池的结构更加合理；二是降低太阳能电池组件的成本。解决这些问题的方法之一是使用具有太阳能电池与建材双重功能的光伏建筑一体化组件，并使用该组件与建筑进行集成、结合构成太阳能光伏发电系统。另外，光伏建筑一体化组件可以作为建筑施工的一部分，可以在新建的建筑物或改装建筑物的过程中一次施工安装完成，即同时完成建筑和太阳能电池的施工安装，因此可大幅降低施工安装费用，降低系统的成本。

8.4.1　光伏建筑一体化

光伏建筑一体化 BIPV（Building Integrated Photovoltaics）是一种光伏发电模块与建筑的集成、结合的技术，光伏发电模块是指太阳能电池组件或由太阳能电池组件经串、并联构成的太阳方阵，而建筑则包括屋顶、幕墙等。光伏发电模块与建筑的集成可构成光伏建筑一体化组件，光伏发电模块与建筑的结合可构成各种光伏建筑一体化太阳能光伏发电系统。因此光伏建筑一体化是光伏方阵和建筑材料的结合体，可构成与建筑物形成完美结合的太阳能光伏发电系统。将太阳能光伏发电系统与建筑材料相结合，可节约大量建筑材料、降低施工安装成本，实现大型建筑电力自发自用，是未来一大发展方向。

1. 光伏建筑一体化的种类

按照光伏建筑一体化的构成可分为两大类。一类是光伏方阵与建筑物的集成，该集成可构成光伏建筑一体化组件，可作为光电瓦屋顶、光电幕墙和光电采光顶等使用。光伏方阵可起建筑材料的作用，如光伏屋顶、光伏幕墙、光伏门窗等。光伏方阵既具有发电功能，又具有建筑构件和建筑材料的功能，它不仅要满足光伏发电要求，还要兼顾建筑的基本功能，并与建筑物形成完美的统一体。

另一类是光伏方阵与建筑物的结合，光伏方阵被建筑物作所支承，建筑物是太阳能电池的载体。光伏方阵与建筑的结合可构成各种光伏建筑一体化太阳能光伏发电系统，它是一种常用的形式，特别是与建筑屋面的结合，它不占用额外的地面空间，特别适合在城镇推广。

按照光伏建筑一体化的应用领域分类，可分为光伏屋顶一体化、光伏幕墙一体化以及柔性光伏建筑一体化等。这三种光伏建筑一体化中包含有光伏方阵与建筑物的集成、结合等内容，因此这里将主要介绍这三种光伏建筑一体化。

2. 光伏建筑一体化的应用领域

光伏建筑一体化的应用领域非常广泛，可用于光伏屋顶、光伏幕墙、光伏门窗、建筑物幕墙、建筑物遮阳等方面，可实现建筑物采光、建筑美学、降低成本、节能以及发电。因此大力发展低碳、零碳建筑，对于节能减排、保护环境、降低成本、实现 2030 年碳达峰、2060 年碳中和的目标都具有重要意义。随着光伏建筑一体化技术、大面积化技术以及施工安装技术的进步，光伏建筑一体化将会在太阳能光伏发电方面得到越来越广泛的应用。

8.4.2　光伏建筑一体化组件

1. 光伏建筑一体化组件的功能

在建筑物上安装太阳能电池时，需先在屋建筑物上设置专用支架，然后在其上安装太阳能电池，这样会使建筑物的外观受到影响。另外，专用支架在太阳能光伏发电系统成本中所占比例较大，一般约占 9% 左右，对降低整个太阳能光伏发电系统的成本具有一定的影响，而且施工安装费用也较高。如果使用光伏建筑一体化组件则可使外观美丽、大幅降低成本，并可缩短施工安装工期，充分发挥自产自销的作用，为建筑物内的负载供电。

2. 光伏建筑一体化组件的种类

光伏建筑一体化组件的种类繁多，主要有背面钢板型组件、电瓦一体化组件、光伏玻璃幕墙一体化组件、柔性光伏建筑一体化组件、采光型一体化组件等。使用的太阳能电池种类主要有晶硅太阳能电池、非晶硅（a-Si）太阳能电池、双面双玻型 HIT 太阳能电池以及 CIS 化合物太阳能电池等。光伏建筑一体化组件主要用于住宅，楼宇、天窗、门窗、曲面建筑物等领域。

3. 光伏建筑一体化组件的性能

在实际应用中，光伏建筑一体化组件除了要满足电气性能之外，还必须满足建材所要求的各种性能：①强度、耐久性：太阳能电池组件必须满足台风、地震时的机械强度的要求；②密封、防水性：如漏雨、漏水等；③防火、耐火性：特别是电瓦一体化组件必须满足防火、耐火的要求；④美观、外观性：屋顶会影响街道、地区的美观性，因此，对光伏建筑一体化组件的色彩、形状以及尺寸等有一定的要求。

8.4.3 光伏建筑一体化组件的基本构成

图 8.13 所示为一种光伏建筑一体化组件 BIPV 的基本构成。该组件背面为屋顶用钢板，组件表面为氟树脂薄膜，利用封装材料（如透明树脂等）将太阳能电池芯片、衬底、绝缘材料等封装而成。这种组件与玻璃型组件相比具有不易破损、用途广、适用性强等优点，适用于拱形建筑物等场合使用。光伏建筑一体化组件除了与屋顶用钢板构成的组件以外，还可与屋瓦、玻璃等集成构成组件，如电瓦一体化组件、光伏玻璃幕墙一体化组件等。电瓦一体化组件可在住宅屋顶上使用，光伏玻璃幕墙一体化组件可用于玻璃幕墙采光、玻璃屋顶采光等方面。

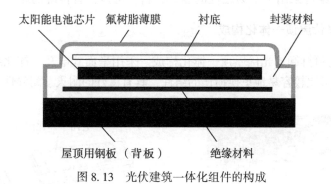

图 8.13　光伏建筑一体化组件的构成

8.4.4 光伏屋顶一体化组件及一体化构成

光伏屋顶一体化组件由太阳能电池和建筑材料集成，主要有电瓦一体化组件等。光伏屋顶一体化构成是指在屋顶等处将太阳能电池组件、屋顶的基础部分以及屋顶材料等组合成一体所构成的屋顶层。按照太阳能电池在建筑物上的安装方式，可分成可拆卸式光伏屋顶一体化构成、平面式光伏屋顶一体化构成、隔热式光伏屋顶一体化构成以及使用 HIT 太阳能电池组件的光伏建筑一体化构成等。

1. 电瓦一体化组件

在住宅、学校、工厂等屋顶可使用电瓦一体化组件（又称太阳能电池瓦）发电。如图 8.14 所示为曲面式电瓦一体化组件的外观，它由曲面形状玻璃瓦与非晶硅太阳能电池构成，出力约为 3W。由于非晶硅太阳能电池的厚度非常薄，因此电瓦一体化组件的重量与传统的屋瓦基本相同，但电瓦一体化组件的强度却要高约 3 倍。由于非晶硅太阳能电池可制成曲面形状，因此电瓦一体化组件可制作成曲面的形状。图 8.15 所示为平面式电瓦一体化组件，该组件也可使用晶硅太阳能电池等制成。

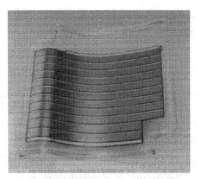

图 8.14　曲面式电瓦一体化组件　　图 8.15　平面式电瓦一体化组件

图 8.16 所示为利用平面式电瓦一体化组件构成的太阳能电池方阵，其特点是可采用无边框设置施工，组件采用了不易燃烧的建筑材料，可以代替传统的屋瓦使用。

2. 可拆卸式光伏屋顶一体化构成

图 8.17 所示为可拆卸式光伏屋顶一体化构成。采用平面式电瓦一体化组件，其背面使用金属结构支架，可比较容易地更换损伤的组件，具有良好的耐火、耐候性和散热等特性。

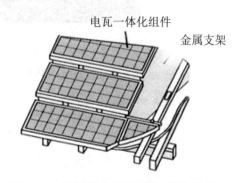

图 8.16　平面式电瓦一体化方阵　　图 8.17　可拆卸式光伏屋顶一体化构成

3. 平面式光伏屋顶一体化构成

图 8.18 所示为平面式光伏屋顶一体化构成。电瓦一体化组件与屋顶木制支架组合，在工厂组装成板式构件。这种组件安装简便、重量轻、成本低、维护管理比较方便。

4. 隔热式光伏屋顶一体化构成

图 8.19 所示为隔热式光伏屋顶一体化构成。它由大型非晶硅（a-Si）太阳能电池组件、屋顶材料、隔热材料等组成。它在高温条件下发电出力较大，施工安装比较方便。电瓦一体化组件与屋顶材料在工厂进行组装，现场施工安装简便，维护管理方便。

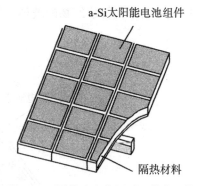

图 8.18　平面式光伏屋顶一体化　　　图 8.19　隔热式光伏屋顶一体化组件

5. 使用 HIT 组件的光伏建筑一体化构成

图 8.20 所示为 HIT 太阳能电池组件的外形。使用 HIT 太阳能电池组件可构成光伏屋顶一体化，也可构成光伏幕墙一体化。构成光伏屋顶一体化时，可用于天窗等场合；在门窗、幕墙等处构成光伏幕墙一体化时，设置太阳能电池组件的部分可以省去门窗、幕墙等建筑材料，减轻重量。另外可节省施工安装时间，与传统的施工安装方法相比，可节约50%的工时，因此该组件不仅节约成本，而且外观美观。另外，由于 HIT 太阳能电池组件的转换效率较高，同样的设置面积可以获得较多的发电量，具有较好的温度特性，可以抑制夏季高温时导致的太阳能电池出力下降，使发电量增加。

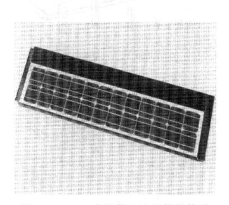

图 8.20　HIT 太阳能电池组件的外形

8.4.5　光伏幕墙一体化组件及一体化构成

1. 光伏玻璃幕墙一体化组件

光伏幕墙一体化组件适用于楼宇外墙等建筑物，可作为建筑物的壁材、窗材等使用。

图 8.21 所示为光伏玻璃幕墙一体化组件。该组件由表面普通玻璃、太阳能电池芯片以及背面材料等构成，用来代替建筑物的玻璃，形成各种色彩壁面，透光幕墙等，以满足不同用户的需要。

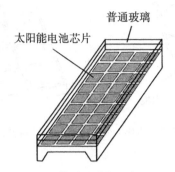

图 8.21　光伏玻璃幕墙一体化组件

2. 光伏金属幕墙一体化构成

图 8.22 所示为光伏金属幕墙一体化构成，它将太阳能电池组件安装在铝制支架上，太阳能电池组件背面的铝制散热片用来散热，以提高太阳能电池在高温状态下工作时的转换效率。另外可方便地调整太阳能电池组件的倾角和各组件间的间隙，以增加发电量。

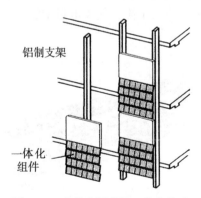

图 8.22　光伏金属幕墙一体化构成

8.4.6　柔性光伏建筑一体化组件

图 8.23 所示为柔性光伏建筑一体化组件，该组件具有柔软性、重量轻、厚度薄等特性，可与停车棚、曲面建筑等结合构成太阳能光伏发电系统，其用途非常广泛。太阳能电池芯片可使用非晶硅薄膜太阳能电池等，可方便地制成多种尺寸规格的组件，施工时可以根据车棚、曲面建筑的形状选择不同尺寸的组件。

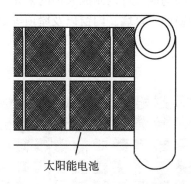

太阳能电池

图 8.23　柔性光伏建筑一体化组件

8.4.7　采光型一体化组件

采光型一体化组件通常是为了适应政府机关、企业、公共设施、楼宇等大楼的窗玻璃的采光、美观需要而设计的。因此，采光型一体化组件可以用于政府机关办公楼、企业、公共设施等的大楼，除了发电供大楼使用以外，还可与环境协调，达到美化环境的效果。

图 8.24 所示为透光保护膜型太阳能电池组件的结构。该太阳能电池的受光侧采用透光保护膜，该保护膜具有较高的光透过率，起封装材料和保护太阳能电池芯片的作用，太阳能电池芯片由背面的衬底支承。

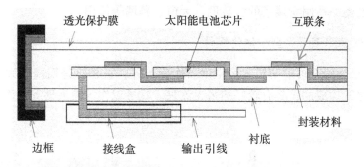

透光保护膜　　太阳能电池芯片　　互联条

封装材料

边框　　接线盒　　输出引线　　衬底

图 8.24　透光保护膜型太阳能电池组件的结构

采光型一体化组件按所使用的太阳能电池种类不同有许多种类，如结晶系、薄膜系太阳能电池组件。这些组件一般安装在组合玻璃或复合玻璃中。这里主要介绍 4 种采光型一体化组件，即组合玻璃结晶系、复合玻璃结晶系、组合玻璃薄膜系以及复合玻璃薄膜系。与结晶系太阳能电池相比，薄膜系太阳能电池的厚度较薄，采光效果会更好。

1. 组合玻璃结晶系采光型一体化组件

图 8.25 所示为组合玻璃结晶系采光型一体化组件。这种组件是将可透光的结晶系太

阳能电池芯片夹在组合玻璃之间构成。可以制成大型的采光型一体化组件，系统设计时有较大的灵活性。可用于楼宇的壁面、幕墙、门窗以及屋顶等处，使楼宇等建筑物的外观更加美观。

图 8.25　组合玻璃结晶系采光型组件

2. 复合玻璃结晶系采光型一体化组件

图 8.26 所示为复合玻璃结晶系采光型一体化组件。该组件除了具有组合玻璃采光型一体化组件的特长外，由于组件是与带有网丝的玻璃复合构成的，因此它还具有较好的防火性能和隔热性能，适用于楼宇的窗玻璃、天窗、幕墙等使用。

3. 组合玻璃薄膜系采光型一体化组件

图 8.27 所示为组合玻璃薄膜系采光型一体化组件，它是将透明薄膜太阳能电池夹在两块组合玻璃之间构成的，具有较好的采光效果。它可以作为窗玻璃等使用，使房间适度采光，光线柔和，节省电能。

图 8.26　复合玻璃结晶系采光型组件

图 8.27　组合玻璃薄膜系采光型组件

4. 复合玻璃薄膜系采光型一体化组件

复合玻璃薄膜系采光型一体化组件如图 8.28 所示。由于该组件是与带有网丝的玻璃复合构成的，因此它除了具有组合玻璃薄膜系采光型一体化组件的特长之外，还是一种防火性能、采光效果较好的薄膜采光型一体化组件。可作为楼宇的窗玻璃、天窗、幕墙等使用。

图 8.28　复合玻璃薄膜系采光型组件

8.5 光伏建筑一体化组件的应用

我国对碳中和、绿色生态体系的建设非常重视，提出了"2030 年碳达峰"和"2060 年碳中和"的目标。建筑行业是我国碳排放的"大户"，其碳排放量约占总排放量的1/3。由于光伏建筑一体化可以有效利用太阳能代替其他高碳排放能源，因此光伏建筑一体化是解决碳排放量的重要手段之一，未来必将得到广泛重视和大力发展。

光伏建筑一体化组件主要用于住宅、工商企业、公共设施等领域。这里主要介绍光伏建筑一体化组件在住宅、公共设施领域的应用。

8.5.1 光伏屋顶一体化组件在住宅方面的应用

1. 采用直接安装法的光伏系统

直接安装法将光伏屋顶一体化组件与屋顶材料直接安装在屋顶，构成光伏屋顶一体化太阳能光伏发电系统。其中太阳能电池采用多晶硅太阳能电池。图 8.29 所示为采用直接安装法的光伏系统，由于太阳能电池组件与屋顶材料直接安装，可以对符合屋顶形状的组件进行自由布置。此外可使住宅的外观协调、美观。

图 8.29　采用直接安装法的光伏系统

2. 使用无边框太阳能电池的光伏系统

图 8.30 所示为使用无边框太阳能电池的光伏屋顶一体化太阳能光伏发电系统，该系统采用光伏屋顶一体化组件，其特点是：①由于省去了太阳能电池的铝合金边框，可降低成本；②不需要屋顶固定金属件；③住宅的外观协调、美观。

图 8.30　无边框太阳能电池光伏系统

3. 使用 HIT 组件的光伏建筑一体化光伏系统

图 8.31 所示为使用 HIT 组件的光伏建筑一体化太阳能光伏发电系统，该太阳能电池组件设置在门窗上。由于使用了 HIT 太阳能电池组件，与其他太阳能电池相比，可在高温环境下发电，其转换效率较高，另外，双面发电可增加发电量。

图 8.31　HIT 组件一体化光伏系统

8.5.2　光伏屋顶一体化组件在公共设施方面的应用

1. 平顶型太阳能光伏发电系统

平顶型太阳能光伏发电系统如图 8.32 所示，该系统采用光伏屋顶一体化组件。该系统的特点有：①与传统的太阳能电池相比，成本较低；②由于利用了等压原理，可使风压载荷降低 1/2~1/3；③与倾斜设置相比，平顶型设置可节省大约 30% 的面积；④光伏屋顶一体化组件可直接遮挡屋顶的阳光，降低室内的空调负荷；⑤由于组装简便、部件可集成等，可缩短施工安装工期。

图 8.32　平顶型光伏发电系统

2. 采光型太阳能光伏发电系统

采光型太阳能光伏发电系统如图 8.33 所示，该系统利用采光型一体化组件。其特点是：①太阳能电池组件无边框、轻便、透明；②可对太阳能电池进行串、并联组合，以满足不同需要；③可将太阳能电池芯片放在玻璃之间构成组件，实现采光的功能。

图 8.33　采光型光伏发电系统

3. 幕墙型太阳能光伏发电系统

图 8.34 所示为幕墙型太阳能光伏发电系统。其特点是：①采用无边框光伏幕墙一体化组件，外形美观；②光伏幕墙一体化组件为模块化部件，规划设计比较容易；③可缩短施工工期，降低施工成本；④由于组件为模块化部件，更换、维修比较容易。

图 8.34　幕墙型光伏发电系统

第9章　太阳能光伏发电系统基本构成及原理

太阳能光伏发电系统是指通过太阳能电池将太阳光能直接转换成电能，并对电能进行控制、转换、分配、送入电网或负载的系统。该系统主要可分为离网型系统和并网型系统。太阳能光伏发电系统主要由太阳能电池方阵、逆变器、智能电表等构成，主要用于户用（屋顶住宅）发电、工商业屋顶发电以及公共设施发电等领域，目前户用并网型太阳能光伏发电系统正在得到广泛应用和大力普及。

本章主要介绍太阳能光伏发电系统的种类、系统基本构成、发电原理、特点，太阳能电池方阵、并网逆变器、支架、接线盒、汇流箱等设备的构成、原理以及功能等，另外还介绍聚光型太阳能光伏发电系统、太阳能光伏发电系统的设置方式等内容。

9.1　太阳能光伏发电系统的种类

太阳能光伏发电系统主要可分为离网型系统和并网型系统两大类。如果从使用的角度分类则种类繁多，如防灾型太阳能光伏发电系统、混合型太阳能光伏发电系统、地域并网型太阳能光伏发电系统等。这里主要介绍离网型和并网型太阳能光伏发电系统。

9.1.1　离网型太阳能光伏发电系统

离网系统是指太阳能光伏发电系统不接入电网的系统。该系统主要由太阳能电池方阵（由组件和支架构成）、逆变器（含充放电控制器）、蓄电池（也可不设置）以及负载等构成，主要用于无电区、海岛、通信基站、偏僻山区以及路灯等场所。由于太阳能光伏发电系统的输出为直流电，对于交流负载来说，则需要使用逆变器将直流电转换成交流电。如果负载为直流负载，则负载可直接利用直流电。离网型系统一般附带蓄电池等储能设备，以便在太阳能光伏发电系统不发电或发电不足时为负载提供电能，但也可不带蓄电池，太阳能光伏发电系统的电能直接供负载使用。

9.1.2　并网型太阳能光伏发电系统

并网系统是指太阳能光伏发电系统接入电网的系统。该系统主要由太阳能电池方阵、汇流箱、并网逆变器以及电表等构成，一般不带蓄电池，也可附带蓄电池作为应急电源等使用。该系统主要用于户用光伏发电、工商业用光伏发电以及大型光伏发电等。

并网系统可分为无反送电型并网系统和反送电型并网系统。无反送电型并网系统是指太阳能光伏发电系统的多余电能不送入电网的系统。该系统为负载供电，有多余电能时不能送入电网，电能不足时则由电网供电；而反送电型并网系统是指太阳能光伏发电系统产生的多余电能可以送入电网，电能不足时则由电网供电的系统。并网系统多为反送电型。

9.2　太阳能光伏发电系统的基本构成

9.2.1　户用并网型太阳能光伏发电系统的构成

图 9.1 所示为户用并网型太阳能光伏发电系统，该系统由太阳能电池方阵、并网逆变器、汇流箱、配电盘、卖电、买电用电度表等构成。太阳能电池方阵所发直流电先在汇流箱中进行汇集，然后送入并网逆变器转换成交流电，最后经室内配电盘送到各房间供电器使用。在配电盘中，太阳能电池侧装有断路器，太阳能光伏发电系统在配电盘中接入电力系统实现并网。

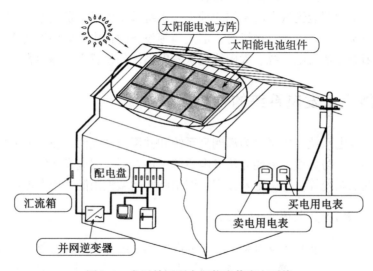

图 9.1　户用并网型太阳能光伏发电系统

太阳能电池方阵用来将接收的太阳光能直接转换成直流电。由于一枚太阳能电池组件的开路电压、短路电流较低，为了满足不同负载对电压、电流的需要，一般将多个太阳能电池组件进行串、并联构成太阳能电池方阵。

由于太阳能电池的输出为直流电，通常需要将直流电转换成交流电供交流负载使用或送入电力系统，此外需要将太阳能光伏发电系统接入电网，对系统进行监控、保护等，因此需要使用并网逆变器。并网逆变器由逆变器、并网装置、系统检测保护装置以及控制装置等构成，具有将直流电转换成交流电、实现监控、保护以及并网等功能。

汇流箱用来将多个组串（string）（组串由多个太阳能电池组件与阻塞二极管串联构成）、方阵的输出电路汇集成一路，然后接入并网逆变器；室内配电盘由漏电断路器和分支断路器等构成，当室内出现漏电时，漏电断路器动作断开全部电路，而当其他电路出现过电流时，分支断路器动作切断电路以保护电器；电表有卖电表和买电表两种，卖电表用来记录用户销售给电力公司或供给其他负载的电能；买电表用来记录用户从电力公司或其他用户购买的电能。电表也可使用双向电表或智能电表。

太阳能光伏发电系统的出力受季节、气候等影响较大，与晴天相比阴天的发电出力会大幅降低。另一方面，晴天时出力较大，除了负载使用部分电能之外可能有多余电能，因此太阳能光伏发电系统有必要附带蓄电池，将多余电能储存起来，在阴雨天或夜间供负载使用。但蓄电池存在充放电损失、成本高、寿命短等问题，实际应用和普及还有一些亟待解决的课题。近年来出现了在户用并网型太阳能光伏发电系统中安装蓄电池的趋势，将储存的多余电能用于卖电，或作为应急电源使用等。

9.2.2 工商业用并网型太阳能光伏发电系统的构成

太阳能光伏发电系统除了广泛用于住宅等方面之外，在工商企业屋顶也正在得到大力推广。图9.2所示为工商业用并网型太阳能光伏发电系统。该系统与户用并网型太阳能光伏发电系统的构成基本类似，但存在一些差异，从系统容量来说，住宅用并网型太阳能光伏发电系统的容量一般为3~5kW，而工商业用并网型太阳能光伏发电系统的容量普遍较大，一般为数十千瓦甚至数百兆瓦；从并网点来说，住宅用并网型太阳能光伏发电系统一般为单相电源，需使用单相并网逆变器，通常在室内配电盘中接入低压配电线；而工商业用并网型太阳能光伏发电系统一般为三相电源，需使用三相并网逆变器，一般接入电网的高压配电线。

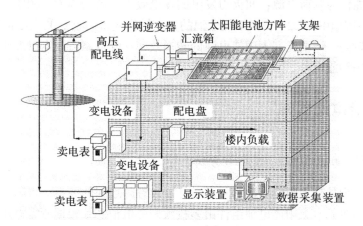

图9.2 工商业用并网型太阳能光伏发电系统

9.2.3 太阳能光伏发电的特点

太阳能光伏发电所使用的能源是太阳能，而由半导体器件构成的太阳能电池是太阳能光伏发电系统中重要的能量转换装置。太阳能光伏发电利用太阳光能和太阳能电池等将太阳能直接转换成电能。该发电具有许多特点：①太阳的能量极其巨大，是一种取之不尽、用之不竭、可在地球上的任何地方使用的清洁能源；②发电不需要化石燃料、核燃料等，而是使用丰富的太阳能，且不需要运送燃料，因此可节约发电燃料成本；③太阳能电池发

电时无有害气体和 CO_2 排放，清洁无污染，有助于解决环境污染、地球暖化等问题；④与火力发电、风力发电时产生的机械转动噪声相比，太阳能电池发电无可动部分，没有驱动发电装置的噪声等；⑤由于太阳能电池发电时不使用机械动力装置，结构简单，与其他发电装置相比，无机械磨损、运行维护管理等比较简单、容易，可实现自动化、无人化，并且太阳能电池的使用寿命较长，可达 30 年以上；⑥火力发电、核能发电的发电效率因容量而变，但太阳能电池的光电转换效率与其容量大小无关，对于一枚太阳能电池、太阳能电池组件以及太阳能电池方阵来说，发电效率变化不大；⑦太阳能电池在弱光下也可发电，无论是夏季晴天正中午，冬季阴天的傍晚还是雨天，太阳能光伏发电系统可根据日照强度发出相应的电能；⑧太阳能光伏发电系统可作为离网系统，为偏僻山村、孤岛、海洋设备等提供电能，也可作为应急电源用于救灾、应急等场合；⑨太阳能电池以组件模块为单位，可根据用户的需要方便增减组件，非常方便地增减所需容量，满足负载的要求；⑩可作为分布式发电系统，设置在负荷近旁，不需输电设备，没有输电损失，可降低成本，节省能源；⑪太阳能发电出力峰值一般与昼间电力需求峰值重合，利用太阳能发电可削减峰荷；⑫作为分布式电源使用时，可与具有独立运行功能的并网逆变器、蓄电池等设备并用，提高电力系统的电能质量和系统稳定性；⑬可使电源多样化，改善配电系统的运转特性，如实现高速控制、无功功率控制等，提高电力系统的可靠性；⑭能量密度低、大容量发电站需要占用较大的设置面积；⑮太阳能电池的输出功率随季节、天气、时刻的变化而变动，是一种间歇式电源；⑯输出为直流电、无蓄电功能；⑰太阳能光伏发电系统在夜间不能发电，不能作为基荷电源；⑱火力发电的发电效率一般为 30%~60%，而地面太阳能电池的发电效率为 10%~22%，太阳能电池的光电转换效率较低；⑲太阳能电池的发电成本和制造成本较高，需要提高太阳能电池的转换效率、降低制造成本以及研发性能高、价格低的蓄电池等储能设备。

9.3 太阳能电池方阵

9.3.1 太阳能电池芯片、组件与方阵

图 9.3 所示为晶硅太阳能电池芯片、组件以及方阵之间的关系。太阳能电池芯片是太阳能电池的最小单元。太阳能电池组件由多枚太阳能电池芯片根据所需电压、功率进行串联组合而成。太阳能电池方阵由多枚太阳能电池组件经串、并联而成的组件群和支撑这些组件群的支架构成。

1. 太阳能电池芯片

太阳能电池由将太阳的光能转换成电能的最小单元，即太阳能电池芯片构成。太阳能电池芯片是一种由 PN 结构成的半导体器件，其尺寸一般为边长 10~21cm，（如 21cm×21cm）开路电压为 0.5~0.7V。由于太阳能电池芯片的输出电压和输出功率太小，一般不单独使用，而是将其进行串联（非晶硅、化合物等太阳能电池芯片的输出电压较高，可进行并联）封装构成太阳能电池组件，或由组件构成太阳能电池方阵使用。

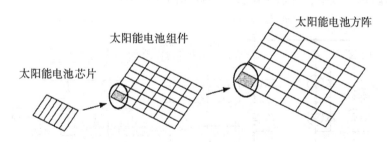

图 9.3　太阳能电池芯片、组件与方阵的关系

2. 太阳能电池组件

太阳能电池组件（solar module）由数十枚太阳能电池芯片，根据所需的电压、功率等进行串、并联组合而成，输出功率一般为 100~300W，我国研制的太阳能电池组件的输出功率已超过 600W。太阳能电池组件的转换效率根据太阳能电池的类型而有所不同，单晶硅太阳能电池组件约为 22%，多晶硅太阳能电池约为 20%，非晶硅太阳能电池约为 10%、CdTe 化合物半导体太阳能电池约为 15%，GaAS 化合物半导体太阳能电池约为 25%，铜铟镓硒 CIS 太阳能电池为 18% 左右。太阳能电池组件需要满足所规定的电气性能、在露天高温等残酷环境下的耐气候性的要求以及废弃时环保和再利用的要求。

3. 太阳能电池方阵

太阳能电池方阵（solar array）由多枚太阳能电池组件根据所需的直流电压以及输出功率经串、并联而成的组件群以及支撑这些组件群的支架构成。太阳能电池方阵需要满足并网逆变器的输入电压、转换功率以及负载的电压、功率的需要。假如太阳能电池组件的输出功率为 237W，一般家庭设置 3~4kW 的太阳能光伏发电系统，则需要使用 13~17 枚组件构成太阳能电池方阵。当然，如果一枚组件的输出功率较大，则该系统所使用的组件会相应减少。太阳能电池方阵的设置面积与太阳能光伏发电系统的容量有关，设置 3kW 的太阳能光伏发电系统一般需要 $25 \sim 30\text{m}^2$ 的屋顶面积。当然，使用功率较大的太阳能电池组件时，所需太阳能电池方阵的面积会减少。太阳能电池组件的固定方式有多种，在户用型太阳能光伏发电系统中，一般用金属构件将太阳能电池组件固定在屋顶。

太阳能光伏发电系统的容量用标准条件下的太阳能电池方阵的出力来表示。由于太阳能光伏发电系统的出力受日照强度、环境温度等的影响，为了统一标准，一般用日照强度为 $1\text{kW}/\text{m}^2$，AM1.5，温度为 25℃ 的所谓标准条件时的最大出力作为标准太阳能电池方阵的输出功率。

9.3.2　太阳能电池方阵电路

常用的太阳能电池方阵电路如图 9.4 所示，该电路由太阳能电池组件、旁路二极管 D_b 以及阻塞二极管 D_s 等构成。组串是根据所需输出电压将太阳能电池组件串联而成的电路，在组串中接有阻塞二极管，并联组串数可根据输出功率决定。

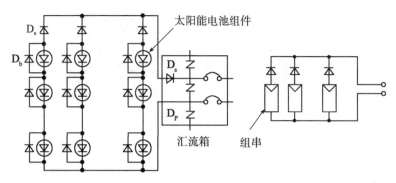

图 9.4　太阳能电池方阵电路

当某组串的太阳能电池组件被鸟粪、树叶或阴影覆盖时，该太阳能电池组件几乎不发电，此时，该组串与其他组串之间的电压会出现不相等的情况，使各组串之间的电压失去平衡，导致各组串之间和方阵间产生环流，可能导致逆变器等设备的电流流向方阵的情况，为了防止逆流现象的发生，需在各组串分别串联阻塞二极管，阻塞二极管一般装在汇流箱内。

选用阻塞二极管时要考虑阻塞二极管能通过所在回路的最大电流，并能承受该回路的最大反向电压。由于半导体器件的电气特性随工作温度变化而变化，因此，应合理估计工作温度并选择合适的阻塞二极管。

另外，各太阳能电池组件都接有旁路二极管。其作用是当太阳能电池组件的一部分被阴影遮挡或组件某部分出现故障时，使电流流经旁路二极管。如果不接旁路二极管的话，组串的输出电压的合成电压将对未发电的组件形成反向电压，使该组件出现局部发热点（hot spot），一般称这种现象为热斑效应，它会使全方阵的输出下降，严重情况下可能损坏太阳能电池，导致故障的发生。

旁路二极管一般装在每枚太阳能电池背面的接线盒的正、负极之间。选择旁路二极管时应使其能通过组串的短路电流，反向耐压为组串的最大输出电压的 1.5 倍以上。由于工作温度的影响，应选择额定电流稍大的旁路二极管。目前市场上销售的太阳能电池组件一般已装有旁路二极管，设计时则不必考虑。

图 9.5 所示为太阳能电池方阵电路的构成，该图左边部分所示为组串，右边部分根据所需容量将多个组串并联而成，然后与并网用逆变器相连。

9.3.3　太阳能电池方阵的倾角和方位角

倾角是太阳能电池方阵平面与水平面之间的夹角，此夹角是方阵一年中发电量为最大时的最佳倾角。太阳能电池方阵水平安装时为 0°，垂直安装时为 90°。太阳能电池方阵的倾角一般与安装所在地的纬度保持基本一致，以使太阳能电池方阵有较大的发电输出功率和发电量。

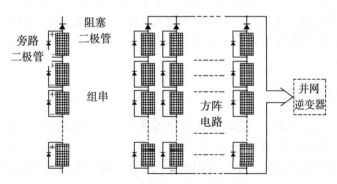

图 9.5 太阳能电池方阵电路的构成

太阳能电池方阵的方位角是方阵的垂直面与东西南北方向的夹角。夹角有正负之分，在北半球向东偏设定为负角度，向西偏设定为正角度。太阳能电池方阵垂直面与正南的夹角为 0°，正西为 +90°，正东为 -90°。夹角为 0° 时，太阳能电池发电量最大，但在晴朗的夏天的中午稍后太阳辐射能量最大，因此方阵的方位稍微向西偏一些可获得最大输出功率。一般来说，方位角在偏离正南 ±30 度时，方阵的发电量将减少 10%～15%，在偏离正南 ±60° 时，方阵的发电量将减少 20%～30%。为了使太阳能电池尽量接受较强的太阳辐射能以增加输出功率，在北半球设置的太阳能电池方阵应面朝南向，反之则面朝北向。

9.4 并网逆变器

9.4.1 并网逆变器的种类和功能

并网逆变器是太阳能光伏发电系统中最重要的装置之一，在该发电系统中发挥着重要作用。它主要由逆变器、并网装置、系统检测保护装置以及控制装置等构成。承担功率转换、监控、保护、并网等功能。

1. 并网逆变器的分类

并网逆变器有单相并网逆变器和三相并网逆变器等种类，在住宅用并网型太阳能光伏发电系统中一般使用单相并网逆变器，通过低压配电线与电网并网；而系统容量较大的工商业用并网型太阳能光伏发电系统一般使用三相并网逆变器，通过高压配电线与电网并网。

根据逆变器的输出波形，可将其分为正弦波逆变器、模拟正弦波逆变器以及矩形波逆变器等种类。其中模拟正弦波逆变器又称阶梯波逆变器，矩形波逆变器又称方波逆变器，这两种逆变器一般用在小功率场合。正弦波逆变器与一般家庭所供给的商用电源电压波形相同、失真度低、干扰小、噪声低、整机性能好，但线路复杂、维修困难、价格较高；模拟正弦波逆变器转换效率高、体积小、轻便，但价格较高；矩形波逆变器电子线路较简单、价格便宜、维护方便，但调压范围窄、运转噪声较大。

并网逆变器有小型、中型和大型等种类，小型一般用于户用并网型太阳能光伏发电系统，中型、大型可用于工商业、学校以及大型光伏电站等。此外逆变器有户用逆变器、组串逆变器以及集中逆变器等种类，涵盖 3~6800kW 功率范围，可满足各种类型太阳能电池方阵和电网并网要求。

2. 并网逆变器的功能

并网逆变器的主要功能有：①将太阳能电池所产生的直流电转换成交流电，并使交流电的相位、电压、频率与电网的相位、电压、频率一致；②对最大功率点进行跟踪控制，使太阳能电池的输出功率最大；③使太阳能光伏发电系统与电力系统进行顺利并网；④实现自动启动、自动停止运转，完成系统监控、保护等功能；⑤抑制高次谐波电流流入电网，减少其对电网的影响；⑥当多余电能流向电网时，能对电压、频率进行自动调整，将负载端的电压、频率维持在规定范围之内。

9.4.2 并网逆变器的构成

并网逆变器 PCS（Power Conditioner System）在太阳能光伏发电系统中起非常重要的作用，具有功率转换、并网、控制、保护等方面的功能。根据并网逆变器与电网的绝缘方式的不同，可分为绝缘变压器方式（有工频和高频两种）和无绝缘变压器方式。前者使用绝缘变压器将太阳能光伏发电系统与电网隔离，而后者则使用电子方式使二者隔离。隔离的主要目的是防止太阳能光伏发电系统中的直流电流入电网。

1. 带绝缘变压器的并网逆变器的构成

带绝缘变压器的并网逆变器构成及外观如图 9.6 所示，它由逆变器、控制装置、保护系统、系统保护装置以及绝缘变压器等组成。逆变器的功率转换部分使用功率半导体器件将直流电转换成交流电，此外还有最大功率点跟踪控制 MPPT（Maximum Power Point Tracking）等功能，控制装置用来控制功率转换部分，保护装置用来对内部故障进行处理，系统保护装置用来对整个系统的故障进行处理，绝缘变压器使并网逆变器与电网隔离。

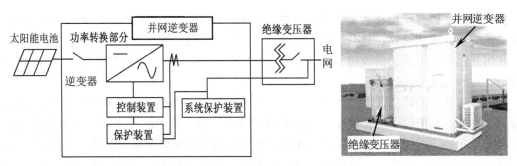

图 9.6 带绝缘变压器的并网逆变器的构成及外观

2. 无绝缘变压器的并网逆变器的构成

图 9.7 所示为无绝缘变压器的并网逆变器的构成，它主要由整流器、逆变器、电压电流控制、最大功率点跟踪控制、系统并网保护、孤岛运行检测等电路以及继电器等组成。该并网逆变器的最大特点是没有绝缘变压器，并网逆变器与电网的隔离主要靠控制电路来完成。因此整个并网逆变器重量较轻，可以挂在幕墙上，也可以安装在室外的太阳能电池组件的背后，节约安装空间。图 9.8（a）所示为壁挂式无绝缘变压器并网逆变器的外形，图 9.8（b）所示为户用型无绝缘变压器并网逆变器的外形。

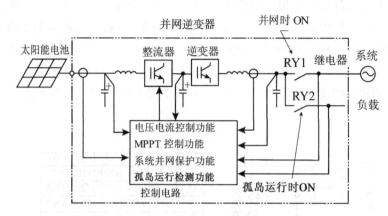

图 9.7 无绝缘变压器的并网逆变器的构成

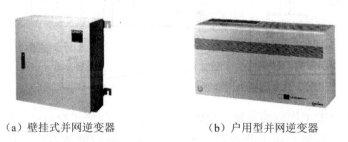

（a）壁挂式并网逆变器　　　　　　（b）户用型并网逆变器

图 9.8 无绝缘变压器并网逆变器的外形

9.4.3 逆变器构成及工作原理

在太阳能光伏发电系统中，逆变器（inverter）是一种功率转换装置，转换后的交流电的相位、电压、频率必须与电力系统侧的一致。尽管太阳能电池的输出电压、输出功率等受日照强度、温度等的影响，但逆变器可使太阳能电池的输出功率最大；可抑制高次谐波电流流入电力系统，减少其对电力系统的影响；当多余电能流向电力系统时，能对电压进行自动调整，维持负载端的电压在规定的范围之内。

逆变器常见的有正弦波形、模拟正弦波形、矩形波形、电压型、电流型等种类，其中，逆变器直流侧的电压保持一定的方式称为电压型，直流侧的电流保持一定的方式称为电流型，太阳能光伏发电系统一般使用电压型逆变器。逆变器交流输出有两种控制方法：即电流控制方法和电压控制方法。离网型太阳能光伏发电系统一般采用电压控制型逆变器，由于并网型太阳能光伏发电系统的输出电压与电网电压相同，因此一般采用电流控制电压型逆变器。

1. 逆变器工作原理

逆变器由多个 MOSFET 或 IGBT 等半导体开关元件组合而成的桥式电路构成，控制器的触发信号使开关元件以一定规律连续开（ON）、关（OFF），将直流输入转换成交流输出。常用的逆变器工作原理如图 9.9 所示，如表中区间①，控制器产生触发信号使半导体开关元件Q_1和Q_4导通，Q_2和Q_3截止，此时交流输出为正矩形波电压。在区间③，控制器产生触发信号使半导体开关元件Q_1和Q_4截止，Q_2和Q_3导通，此时交流输出为负矩形波电压。而在区间②和区间④，交流输出为 0V。不断重复上述过程，则得到正负交替的矩形波电压。

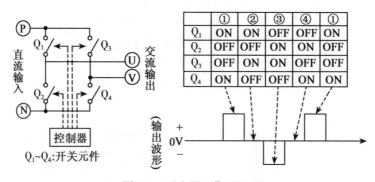

图 9.9 逆变器工作原理

由以上的逆变器工作原理可知，虽然它将直流电转换成了交流电，但出力仍为矩形波电压，因其中含有较多的高次谐波而无法使用，需要通过滤波器将其转换成正弦波交流电。逆变器一般使用脉冲宽度调制 PWM（Pulse Width Modulation）方式来实现将矩形波交流电转换成工频正弦波交流电的方法。即利用高频 PWM 技术，控制半导体开关元件在半周期内同向、多次 ON、OFF 动作，在交流波形两端附近的低电压部分使脉冲宽度变窄，交流波中间的高电压部分使脉冲宽度变宽，则得到图 9.10 所示的逆变器输出脉冲波（矩形波交流）。由于电网、负载等一般使用正弦波交流电，因此需将脉冲波经滤波器滤波，得到图中虚线所示的正弦波交流电。

图 9.11 所示为太阳能光伏发电用并网逆变器电路及各点的波形。该电路主要由高频逆变器、高频变压器、直流电抗器、工频逆变器以及交流滤波器等构成。其工作原理是：首先利用高频逆变器将太阳能电池的输出直流进行转换，经高频变压器升压得到与工频对应的调制脉冲波形①，然后经二极管全波整流电路整流得到整流波形②，再经直流电抗器

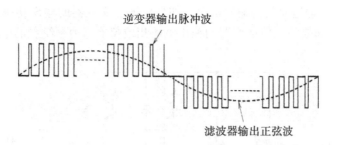

图 9.10　逆变器输出波形

得到工频半波正弦波电压③，最后经工频逆变器和交流滤波器得到与电力系统侧电压、相位和频率相同的工频全波正弦波交流电压④。

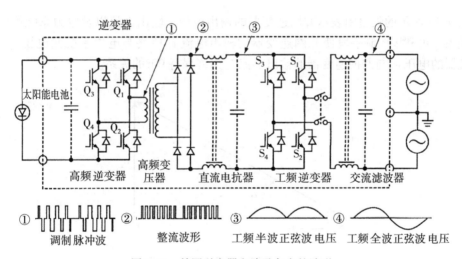

图 9.11　并网逆变器电路及各点的波形

2. 并网逆变器的输出功率调整

并网逆变器与电力系统并网之后，根据运行状况有时需要将太阳能光伏发电系统的电能送往电力系统，相反有时需要将电力系统的电能送往并网逆变器侧的负载使用。输出功率调整的基本原理是先将太阳能光伏发电系统与电力系统同期，然后调整逆变器输出电压（滤波器前）与电力系统侧电压之间的相位，从而调整功率或电流流向。当逆变器侧的电压相位超前电力系统侧电压相位时，则向电力系统侧反送电；相反若逆变器侧电压相位滞后电力系统侧电压相位，并且逆变器侧有负载的话，则电力系统向并网逆变器侧的负载供电。

图 9.12 所示为电流控制电压型并网逆变器电路。图中电抗器 L 称为并网电抗器。通

过该电路可对输出功率进行调整。这里，e_i 为逆变器的输出电压，e_L 为电抗器的电压，e_c 为电力系统侧电压，i_c 为逆变器的输出电流。如果要增加逆变器的输出功率，则可使控制半导体器件的触发时间提前，使逆变器的输出电压相位超前电力系统侧的电压相位即可。

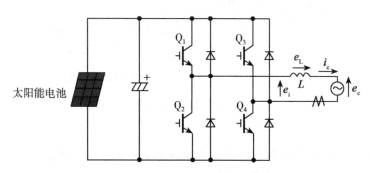

图 9.12　电流控制电压型并网逆变器电路

图 9.13 所示的矢量图表示并网逆变器的输出电压、输出电流以及电力系统侧电压之间的关系。可利用控制手段使并网逆变器的输出电流 i_c 始终与电力系统侧电压 e_c 同向，使电抗器的电压 e_i 与并网逆变器的输出电流 i_c 始终保持 90°的关系。

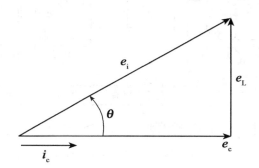

图 9.13　并网逆变器的输出矢量图

并网逆变器的输出功率为

$$P = e_c i_c \tag{9.1}$$

电抗器 L 的阻抗为 ωL，则

$$i_c = \frac{e_L}{\omega L} \tag{9.2}$$

由系统并网逆变器的输出矢量图可知：

$$e_L = e_i \sin\theta \tag{9.3}$$

将（9.2）式、（9.3）式代入（9.1）式，则可得出并网逆变器的输出功率。

$$P = \frac{e_c e_i \sin\theta}{\omega L} \tag{9.4}$$

由上式可知，控制电力系统侧电压 e_c 与并网逆变器的输出电压 e_i 的相位角 θ，则可控制并网逆变器的输出功率。如果使相位超前，则可增加相位角 θ，从而增加并网逆变器输出功率。后述的最大功率点跟踪控制与此原理基本一样，即利用自动控制技术，监视太阳能电池方阵的输出功率，调整相位角使太阳能电池方阵的输出功率最大。

9.4.4 逆变器的绝缘方式

为了防止太阳能电池的直流电流流向电力系统的配电线、逆变器故障或太阳能电池组件的绝缘不良等给电力系统造成不良影响，如前所述，在逆变器中一般有绝缘变压器，其功能是隔离太阳能电池与电力系统之间的直流，而让交流电通过绝缘变压器。目前一般采用在逆变器的功率转换部分设置绝缘变压器，或者采用无绝缘变压器的方式。绝缘方式包括：①低频变压器绝缘方式；②高频变压器绝缘方式；③无变压器绝缘方式等。与低频变压器绝缘方式相比，高频变压器绝缘方式的逆变器体积小、重量轻。但由于无变压器绝缘方式除了体积小、重量轻之外，还具有效率高、价格低的特点，所以现在无变压器绝缘方式应用越来越多。

1. 低频变压器绝缘方式（工频变压器绝缘方式）

低频变压器绝缘方式又称工频变压器绝缘方式，该电路的输入是太阳能电池的直流输出，经 PWM 正弦波逆变器转换成工频后通过工频绝缘变压器输出电压，如图 9.14 所示。由于该绝缘变压器的体积大、重量较重，在户用并网型太阳能光伏发电系统中已很少使用。

逆变器运行时，通过半导体开关元件将直流电转换成 50Hz 的工频交流电。由于波形中除了 50Hz 的成分之外，还含有 50Hz 的 5 倍（即 5 次谐波）、7 倍（7 次谐波）等高次谐波成分。为了滤掉高次谐波，通常使用由电感线圈和电容器构成的低通滤波器（filter）来实现，如图中的中间部分。

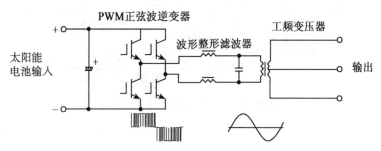

图 9.14 低频变压器绝缘方式电路图

2. 高频变压器绝缘方式

高频变压器绝缘方式电路如图 9.15 所示，该电路的输入为太阳能电池输出的直流电，经高频逆变器转换成高频交流电压，然后经高频变压器绝缘、电压变换后，经由高频二极管构成的整流电路转换成直流电。这里使用了高频耦合直流/直流转换器,直流输出通过PWM正弦波逆变器转换成工频交流输出。与低频变压器绝缘方式相比,电路构成和控制方式比较复杂,由于经过两次转换,系统效率偏低。由于采用高频耦合方式,装置小、重量轻,因此该绝缘方式应用较多。

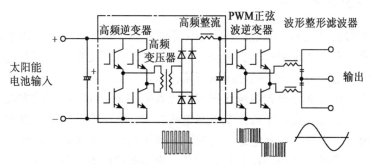

图9.15 高频变压器绝缘方式电路

3. 无变压器绝缘方式

图9.16所示为无变压器绝缘方式的电路。太阳能电池的直流输出经过升压斩波器升压,然后通过PWM正弦波逆变器将直流电转换成交流电,最后通过波形整形滤波器进行波形整形后输出。由于不使用绝缘变压器,该逆变器体积小、重量轻、电路简单、效率高、成本低,因此这种绝缘方式在并网逆变器中被广泛采用。

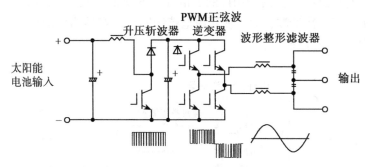

图9.16 无变压器绝缘方式电路

9.4.5 最大功率点跟踪控制

太阳能电池的输出功率与太阳能电池的温度、日照强度有关。图9.17所示为太阳能电池输出功率与温度的关系,图9.18所示为太阳能电池输出功率与日照强度的关系。由图可以看出,太阳能电池的温度越高,日照强度越弱,则输出功率越小。因此,当这些条件变化时,由于输出功率的最佳工作点发生变化,所以有必要随温度、日照强度变化而相

应地改变太阳能电池的工作点，即利用最大功率点跟踪控制使太阳能光伏发电系统在图中
所示的 A、B、C、D 点的最大功率点处运行。

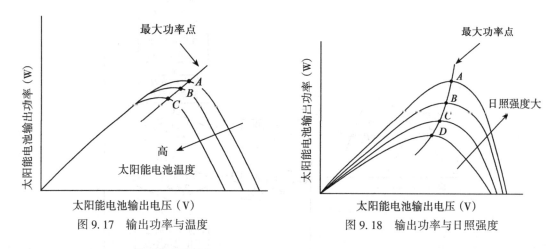

图 9.17　输出功率与温度　　　　　图 9.18　输出功率与日照强度

如前所述，太阳能电池的输出功率受日照强度、环境温度等因素的影响，如何实时地
调节输出功率，在任何外界变化的环境下实现最大功率点跟踪控制显得十分重要。最大功
率点跟踪控制的基本原理是并网逆变器自动对太阳能电池的输出电压进行增减扰动，同时
测出相应的输出功率，利用最大功率点跟踪控制跟踪最大功率点，使太阳能电池始终输出
最大功率。

图 9.19 所示为最大功率点跟踪控制原理。对于在最佳工作电压以上运行的 A 点和在
最佳工作电压以下运行的 B 点来说，无论哪种情况，最大功率点跟踪控制的结果都朝向
最佳工作电压所对应的最大功率点 O 点移动。但是当日照强度变化时，由于功率变化与
并网逆变器的电压操作无关，因此很难推算出最佳工作电压，此时可根据多次电压操作、
功率监视等进行判断。当判断为日照强度变化中时，则暂时停止最佳工作电压的推算。由
于太阳能电池的最大出力随温度、日照强度等变化而变化，因此工作点也随之变化，为了
使太阳能电池的出力最大，因此并网逆变器的运行条件也必须随之改变。

最大功率点跟踪控制有登山法、瞬时扫描法、dV/dI 法、二值比较法以及遗传式算法
等，这里主要介绍常用的登山法。登山法最大功率点跟踪控制原理如图 9.20 所示。其基
本原理是：以一定时间间隔使并网逆变器的直流工作电压微小变动，然后测出太阳能电池
输出功率，并与前次所测功率比较，不断改变并网逆变器的直流电压，使功率朝最大功率
方向变化，并输出最大功率。这里以登山法为例具体说明其工作原理。最初，并网逆变器
控制其输出电压与太阳能电池的输出电压 V_A（以下称目标输出电压）一致，当太阳能电池
的实际输出电压与 V_A 一致时，测出此时的太阳能电池的输出功率 W_A，然后将目标输出电
压移至 V_B 处，同样并网逆变器控制其输出使实际输出电压与 V_B 一致，测出此时的太阳能
电池的输出功率 W_B，如果输出功率增大，即 $W_B > W_A$ 则可以断定此时的功率并非最大功
率点，然后将目标输出电压变为 V_c，并重复以上的过程。

这样，同样地进行重复判断，最后到达最大功率点 D 点，再从 D 点往前，然后将目

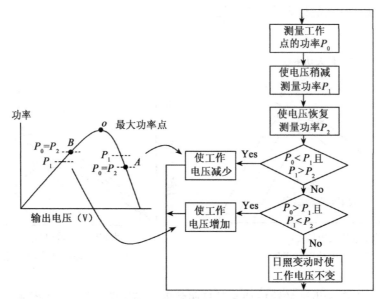

图 9.19　最大功率点跟踪控制原理

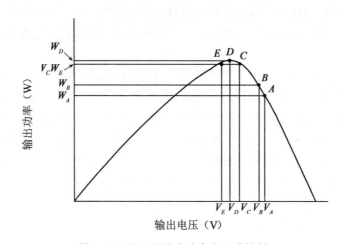

图 9.20　登山法最大功率点跟踪控制

标输出电压变为 V_E，此时输出功率 W_E 变小，因此可知超过了最大功率点（D 点）。此时，将目标输出电压返回到 V_D，测出此时的输出功率，如果 $W_D > W_E$，再将目标输出电压返回到 V_C，同样测出此时的输出功率，如果 $W_D > W_C$，可知又超过了最大功率点 D 点。这样不断地重复以上的过程使其在最大功率点 D 点附近运行，使太阳能电池的输出功率最大。

　　如前所述，太阳能电池因日射强度、温度以及负载的影响，其工作点会发生变化，需要利用控制技术使工作点处在最大输出功率状态，特别是当太阳能电池受到建筑物、树木等遮挡出现阴影等情况时，太阳能电池输出功率特性会随电压的变化而出现多个峰值的情况，此时传统的登山法等将无法从多个峰值中找到最大峰值点（即最大功率点），从而导致太阳能电池输出功率大幅降低。

由于登山法只适用于太阳能电池的输出功率特性（V-P 曲线）存在单个峰值的情况，因此对于 2 个以上峰值的情况通常采用瞬时扫描法，其原理是利用先进的电力电子装置和控制方法，对太阳能电池的输出功率特性中的多个峰值点进行高速扫描，从中捕捉到最大峰值点，使逆变器在最大功率点工作并输出最大功率。与传统的登山法等方法相比，瞬时扫描法可大幅提高太阳能电池的输出功率。

9.4.6 自动运行停止功能

当太阳从东方冉冉升起时，太阳辐射强度则不断增强，太阳能光伏发电系统的发电输出也随之增大，当达到逆变器工作所需的输出功率后，逆变器便自动启动开始运行。逆变器在工作的过程中不间断地检测太阳能光伏发电系统的输出功率，如果其输出功率大于逆变器工作所需的输出功率，则逆变器就持续运行，如果出现阴雨天的情况，太阳能光伏发电系统可照常运行。当其输出功率变小，逆变器的输出接近 0W 时则进入待机状态，日落时逆变器自动停止运行。

9.4.7 自动电压调整功能

家电等一般使用 220V 的交流电压，为了使配电线电压维持在一定范围之内，一般采用比较复杂的控制方式。但是，当并网型太阳能光伏发电系统与电力系统并网并处在反送电运行状态时，如果并网点处配电线电压超过电力系统的电压允许范围，则需要进行自动电压调整以防止并网点的配电线电压上升。但对于小容量的太阳能光伏发电系统来说，由于几乎不会引起电压上升，所以一般省去此功能。自动电压调整功能有两种方法，一种是超前相位无功功率控制方法，另一种是出力控制方法。

1）超前相位无功功率控制

系统并网逆变器通常在功率因素为 1 的状态下运行，即逆变器输出电流相位与电力系统侧电压相同。但是当并网点处配电线的电压上升并超过超前相位无功功率控制所设定的电压时，则逆变器的输出电流相位超前电力系统侧电压的相位，从电力系统侧流入的电流为滞后电流，因此会使并网点处配电线的电压下降，此时需要进行超前相位无功率控制。一般来说，超前相位无功功率控制可使功率因素达到 0.8，电压上升的抑制效果可达 2%~3% 的程度。

2）出力控制

由于超前相位无功功率控制只能使电压上升的抑制效果达 2%~3% 的程度，如果并网点处配电线的电压继续上升，此时必须抑制太阳能光伏发电系统的出力，即对太阳能光伏发电系统的出力进行控制以降低并网点处配电线的电压，使电压回归正常。

9.4.8 系统并网控制

系统并网控制的目的是使并网逆变器的交流输出电压值、电流值、波形、交流电流中的高次谐波电流在规定范围值之内，从而避免系统并网对电力系统造成较大的影响。图

9.21 所示为系统并网控制方块图。其工作原理是：首先取出实际系统交流电压，并作为逆变器的交流输出电压目标值。然后并网逆变器时常取出太阳能电池方阵的最大出力，决定最大功率点工作时的太阳能电池方阵的目标输出电压，并与太阳能电池方阵的实际输出电压进行比较、运算，PID 运算器计算出系统输出电流的目标值，即目标系统电流值。最后将目标系统电流与实际系统电流比较，根据运算差分值，PI 控制器修正逆变器的 PWM 导通宽度以控制实际系统电流始终与目标系统电流相同，从而实现对交流输出电压、电流的控制。

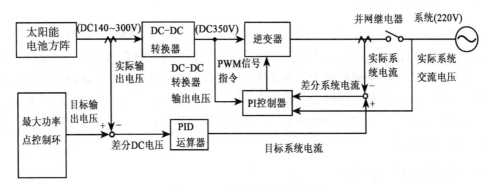

图 9.21　系统并网控制方块图

9.4.9　系统并网保护装置

由于太阳能光伏发电系统只能在有太阳光时才能发电，而在阴雨天、早晚等情况下所产生的电能不能满足负载的需要，因此在太阳能光伏发电系统输出功率不足的情况下，负载需要电力系统供电；相反，当太阳能光伏发电系统所产生的电能供给负载后出现多余电能时，需要向电力系统反送电；此外当太阳能光伏发电系统与电力系统并网时，可能会使电力系统的电能品质降低，给用户用电带来影响；另外当太阳能光伏发电系统孤岛运行时，可能危及人身安全。为了避免这些情况的发生，设置系统并网保护装置是非常必要的。

户用并网型太阳能光伏发电系统一般通过低压配电线并网，系统并网保护装置包括：①过电压继电器；②低电压继电器；③频率上升继电器；④频率下降继电器；⑤主动式孤岛运行停止装置；⑥被动式孤岛运行停止装置等。使用这些系统并网保护装置可以自动检测出配电线侧或用户侧的事故，迅速将太阳能光伏发电系统与配电线分离并停止工作。表9.1 所示为事故发生处、事故现象和保护继电器的关系。

表 9.1　　　　　　　　　　　为事故发生处、事故现象和保护继电器的关系

事故发生处	事故现象	保护继电器
自家用发电设备	逆变器的控制部分异常导致电压上升	过电压继电器
	逆变器的控制部分异常导致电压下降	低电压继电器

事故发生处	事 故 现 象	保护继电器
电力系统	被并网的系统短路	低电压继电器
	系统事故以及施工停电等引起的孤岛运行状态	孤岛运行检测功能 过电压继电器、低电压继电器、频率上升继电器、频率下降继电器

9.4.10 孤岛运行检测

当太阳能光伏发电系统接入电力系统的配电线并网运行，电力系统由于某种原因发生异常而停止工作时，如果不及时停止太阳能光伏发电系统工作，则会继续向电力系统反送电，这种运行状态被称为孤岛运行状态（islanding operation）。如果电力系统停电时太阳能光伏发电系统继续向电力系统反送电，电力公司的检修作业人员会有触电的危险，因此孤岛运行状态时会威胁到检修作业人员的人身安全。此外孤岛运行还妨碍停电原因的调查和正常运行的尽早恢复。为了确保停电作业人员的人身安全，尽快排除故障，电力系统停电时必须使太阳能光伏发电系统与电力系统自动分离。

太阳能光伏发电系统是否处在孤岛运行状态需要进行检测，称之为孤岛运行检测，由于系统停电时，通常情况下根据电力系统的电压、频率是否异常可检测出是否停电，但当太阳能光伏发电系统所发电能与用户的消费电能一致（即输出功率与负载功率平衡）时，不会引起系统的频率、电压变化，此时无法检测出电力系统是否停电，致使太阳能光伏发电系统与电力系统不能自动分离。因此需要利用被动式孤岛运行检测方式和主动式孤岛运行检测方式检测孤岛运行状态，然后利用孤岛运行停止装置使太阳能光伏发电系统停止工作。

1. 被动式孤岛运行检测方式

被动式孤岛运行检测方式是一种实时监视电压、电压相位以及频率变化率等状态，检测出孤岛运行状态的方法。即检测出太阳能光伏发电系统与电力系统并网时的状态与电力系统停电时向孤岛运行过渡时的电压波形、相位等变化，从而检测出孤岛运行状态。被动式孤岛运行检测方式有电压相位跳跃检测方式、三次谐波电压畸变急增检测方式以及频率变化率急变检测方式等。其中比较常用的是电压相位跳跃检测方式。

1）电压相位跳跃检测方式

当太阳能光伏发电系统向孤岛运行过渡时，由于发电出力与负荷的不平衡会导致电压相位产生急变，因此可检测并网点处电压相位的变化来判断是否是孤岛运行状态。通常，并网逆变器在功率因素为1的情况下运行，逆变器不向负载供给无功功率，而由电力系统供给无功功率。但孤岛运行时电力系统无法供给无功功率，逆变器不得不向负载供给无功功率，其结果是使电压的相位发生急变，因此，可检测出电压的相位变化，判断孤岛运行状态。

2）三次谐波电压畸变急增检测方式

电力系统停电时，并网逆变器的输出正弦波电流会流向变压器，由于变压器的磁特性的作用，会使电压中三次谐波激增，因此可通过检测并网点处的三次谐波激增现象来判断孤岛运行状态。

3）频率变化率急变检测方式

当太阳能光伏发电系统向孤岛运行状态过渡时，负载的阻抗会导致电压的频率急变，因此可通过检测并网点处电压的频率变化率来判断是否是孤岛运行。图 9.22 所示为频率变化率急变检测方式。其原理是：周期地测出逆变器的交流电压频率，如果频率变化率超过某值以上时，则可判定为孤岛运行状态，此时使逆变器停止运行。

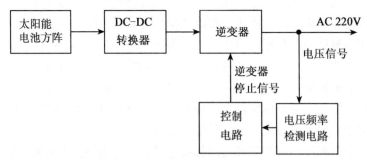

图 9.22　频率变化率急变检测方式

2. 主动式孤岛运行检测方式

主动式孤岛运行检测方式是一种使并网逆变器时常发出如频率、输出功率的变化量，根据出现的状态变化等信息检测出孤岛运行状态的方式。太阳能光伏发电系统与电力系统处于并网状态时，不会出现频率、输出功率的变化量，而孤岛运行时则会出现这些变化量，因此可由检测出的变化量确定是否为孤岛运行。主动式孤岛运行检测方式可分为有功功率变动方式、无功功率变动方式、负载变动方式以及频率偏移方式等。其中频率偏移方式和无功功率变动方式比较常用。

1）有功功率变动方式

在并网的情况下，使有功功率周期性地变化，对孤岛运行过渡过程中所产生的周期性的电压变化、电流变化以及频率变化进行控制，使正反馈作用增加，然后检测出孤岛运行。

2）无功功率变动方式

在并网的情况下，使无功功率周期性地变化，对孤岛运行过渡过程中所产生的周期性的电压、电流以及频率变化进行控制，使正反馈作用增加然后检测出孤岛运行。

3）负载变动方式

在并网逆变器的输出端瞬时周期性地并联负载阻抗，同时检测输出电压、输出电流的变化，然后判断是否为孤岛运行。

4) 频率偏移方式

判断孤岛运行常用频率偏移方式，它是根据孤岛运行中的负荷状态，使输出的频率在额定值上下缓慢地进行平移的方式。即在系统频率允许的变化范围内使太阳能光伏发电系统的频率变化，根据系统是否跟随其变化来判断是否为孤岛运行。

图 9.23 所示为频率偏移方式方框图。当并网逆变器的输出频率相对于电力系统频率变动 ±0.1Hz 时，此频率变动会被系统所吸收，因此电力系统的频率不会受到影响。而孤岛运行时，此频率变动会引起系统频率的变化，根据检测出的频率可以判断是否为孤岛运行。一般地，当频率在所定值范围外的状态持续 0.5s 以上时，则应使逆变器停止运行，并与电力系统分离。

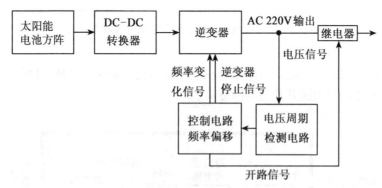

图 9.23 频率偏移方式方框图

3. 离网运行系统

当电力系统停电时，太阳能光伏发电系统与电力系统分离，这种运行状态称为离网运行。在地震、火灾等灾害发生时，如果电力系统停电，此时太阳能光伏发电系统为负载供电。前述的孤岛运行是指因电力系统事故或检查而停止运行时，太阳能光伏发电系统仍向电力系统反送电的状态，因此离网运行和孤岛运行二者是不同的。

离网运行系统一般可分为无蓄电池系统和有蓄电池系统。图 9.24 所示为带有蓄电池、并具有离网运行功能的太阳能光伏发电系统。当与电力系统并网运行时，电力系统可通过控制器向蓄电池充电，此时由于电磁接触器 MC2 处于断开状态，因此蓄电池与太阳能光伏发电系统处于分离状态。而当电力系统停电时，配线用断路器 MCCB1 断开，而 MCCB2 闭合，逆变器从电流控制变为电压控制，并为独立运行负载供电。如果将电磁接触器 MC2 闭合，则蓄电池放电也可为独立运行负载供电，实现离网运行。

9.4.11 升压式并网逆变器

近年来将并网逆变器的交流输出直接与工频电力系统并网的并网逆变器正得到越来越多的应用。图 9.25 所示为升压式并网逆变器。它由升压式斩波器电路、逆变桥式电路、并网开关、控制电路、系统并网保护电路以及断路器等组成。它具有系统并网保护、太阳

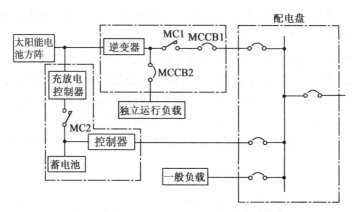

图 9.24　带有离网运行功能的太阳能光伏发电系统

能电池出力控制等功能。当电力系统侧电压、频率出现异常时，系统并网保护功能可以使发电停止，并使并网开关断开并与电网分离。

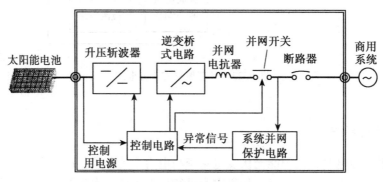

图 9.25　升压式并网逆变器

升压式斩波器电路将太阳能电池的直流电压升至并网逆变器的出力控制所必要的直流电压，逆变桥式电路用来将升压的直流电压转换成工频交流电压，升压斩波器电路和逆变器桥式电路由 IGBT 等功率半导体器件构成，该电路以 10～20kHz 的频率对电压、电流进行采样。电路的输出波形为矩形脉冲波，采用 PWM 控制方法得到所需的输出电压。并网用电抗器用来降低逆变桥式电路输出的高频信号，并网开关是一种用来将逆变器的出力与工频电力系统相连接的开关，发电运行时开关闭合，而夜间、发生异常情况时则断开。

9.4.12　智能并网逆变器

太阳能光伏发电系统的大量普及、用户不断增加、用电模式的变化、AI 故障诊断、物联网的应用、供需调整、信息传输、智能微网、智能电网等应用，这些都对并网逆变器提出了更高要求。目前正在研发具有智能功能的智能并网逆变器（smart inverter），利用其智能功能，可对太阳能光伏发电系统进行最优控制、进行自动故障诊断、进行人机对话、与电力系统进行双向信息交流，实现供需平衡等，以实现低成本、高性能、长寿命、高可靠性等目标。

9.5 其他设备

太阳能光伏发电系统除了太阳能电池、并网逆变器等主要设备之外，其他设备包括支架、接线盒、汇流箱、户用配电盘以及买电、卖电电表等。

9.5.1 支架

支架（又称台架或架台）是一种用来在屋顶、幕墙以及地面等处安装太阳能电池组件的平台，其主要作用是摆放、安装、固定、支撑太阳能电池组件、满足机械强度、抗风强度、耐气候以及长期使用等要求，并使安装的太阳能电池方阵具有正确的方位和倾角，使太阳能电池具有最大输出功率。

支架一般使用铁、铝合金、碳钢及不锈钢等材质制成。为了降低成本，也可使用价格低廉的塑料、木材等材料。为便于对故障太阳能电池组件、劣化材料等进行方便维护、修理以及交换，应尽量将支架做成可方便拆卸、方便交换的结构，特别是要充分考虑支架与建筑一体的情况。

支架可分为两种类型，一种是在建筑物屋顶或地面设置的独立支架，另一种是与建筑物屋顶或壁材一体设置的组合支架。独立支架在结构、材料、倾角、方位等选择方面比较自由，容易进行集中设置；而组合支架通常与建筑材料一体化，因此拆卸、维护、交换不太方便，且成本较高。

支架的固定方式有支架与安装面平行的平行型方式、与安装面保持一定角度的非平行型方式以及将太阳能电池组件作为屋顶、幕墙等建材使用的建筑一体型方式等。将太阳能电池安装在屋顶时，一般采用先将支架固定在屋顶上，然后将太阳能电池组件固定在支架上的方法。将太阳能电池安装在地面时，为了降低支架的成本，也可采用桩埋式基础，在桩上安装支架的方式，这种方式比较适合在山坡、田地上安装的太阳能光伏发电系统。图9.26所示为支架及使用状况。

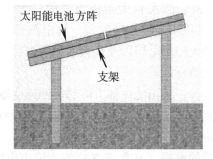

图 9.26 支架及使用状况

9.5.2 接线盒

接线盒安装在太阳能电池组件的背后，在接线盒内有太阳能电池组件的正、负极引线，在引线外有连接件，便于太阳能电池组件之间进行连接，并装有旁路二极管等电子元件以保证太阳能电池组件有较大的输出功率。

9.5.3 汇流箱

汇流箱位于太阳能电池的输出端，用来对各组串进行有序的连接，并接入并网逆变器。图9.27所示为汇流箱的构成。它主要由与组串相连的输入侧开关（或保险丝）、与并网逆变器相连的输出侧开关以及避雷装置等构成，其中输入侧开关和输出侧开关均为直流开关。汇流箱的主要作用包括：①汇流箱具有将直流电送往并网逆变器的作用，用电缆将太阳能电池方阵的输出与汇流箱内的阻塞二极管、直流开关相连，然后与并网逆变器连接；②维护、检查以及修理时将电路分离，使操作更容易；③太阳能电池出现故障时，使停电范围限定在一定的范围之内；④便于进行定期检查，测量绝缘电阻、短路电流等。

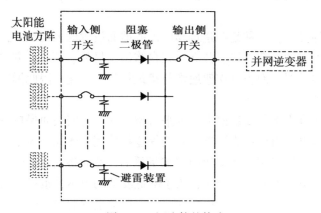

图9.27 汇流箱的构成

输入侧开关设置在太阳能电池方阵侧，用来切断来自太阳能电池的最大直流电流（太阳能电池方阵的短路电流），输入侧开关一般使用配线用断路器。输出侧开关与并网逆变器相连，该开关应满足太阳能电池方阵的最大使用电压以及最大通过电流，并具有开关最大电流的能力，输出侧开关也使用配线用断路器。

避雷装置用来保护电气设备免遭雷击。为了保护太阳能电池方阵和并网逆变器，汇流箱中每个组串都装有避雷装置，整个太阳能电池方阵的输出端也装有避雷装置。另外，对有可能遭受雷击的地方，对地间和线间需设置避雷装置。

阻塞二极管起防止其他组串的电流和逆变器的电流（又称逆流）流入该组串的作用，以避免在各组串之间形成环流。此外汇流箱有铁制、不锈钢制、室内用以及户外用等种类，但室外使用时应具有防水、防锈的功能。

9.5.4　户用配电盘

配电盘用来将电力系统或太阳能光伏发电系统送入住宅内的电能分配给室内各种电器使用。户用并网型太阳能光伏发电系统一般通过住宅内的配电盘与电网并网。太阳能光伏发电系统所产生的电能无论是在家庭内使用还是将多余电能送往电力系统都必须通过配电盘。

9.5.5　电表

电表用来记录电量，有圆盘式、电子式、双向式以及智能式等种类，以前一般家庭多使用圆盘式电表或电子式电表，最近智能电表正在得到快速普及。并网型太阳能光伏发电有多余电能时需要将电能送入电网（卖电），而当太阳能光伏发电系统的出力不足时，需要从电网购电（买电），所以有必要使用卖电表和买电表对电量进行计量。图9.28所示为买电和卖电电表的连接方式。图9.29所示为智能电表。利用一只电表即可进行买、卖电能的计量、可实现电力公司与用户间的双向通信，不需抄表。

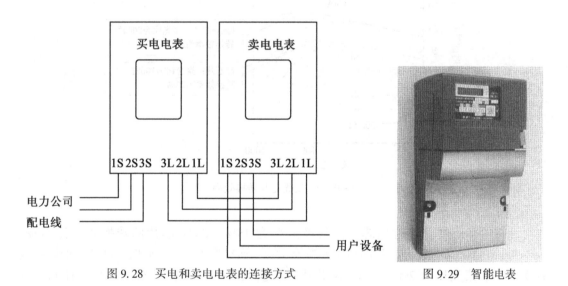

图9.28　买电和卖电电表的连接方式　　　　　图9.29　智能电表

9.6　聚光型太阳能光伏发电系统

积层型太阳能电池由多种不同种类的太阳能电池组成，虽然转换效率较高，但成本也高。该太阳能电池主要用于卫星、空间实验站等宇宙空间领域，大面积的积层型太阳能电池组件在地面上难以应用，但如果使用成本较低的反光镜（如凸透镜）进行聚光，则小面积的太阳能电池芯片也可产生足够的电能，因此可利用面积小、转换效率高的聚光型太阳能电池、太阳跟踪系统等构成聚光型太阳能光伏发电系统，将大范围的太阳光聚集起来，进行大规模发电。

本节主要介绍聚光比与电池的转换效率的关系、聚光型太阳能电池的构成及发电原理、聚光型太阳能光伏发电系统的优缺点、跟踪型太阳能光伏发电系统以及应用等。

9.6.1　聚光比与转换效率

在聚光型（concentrating PV system）太阳能光伏发电系统中，太阳能电池芯片一般采用 InGaP/InGaAs 太阳能电池、GaAs 太阳能电池以及硅太阳能电池等，图 9.30 所示为不同芯片的聚光比（concentration ratio）（指聚光的辐射强度与非聚光的辐射强度之比）与转换效率的关系。聚光型太阳能电池芯片的短路电流密度与聚光比成正比，开路电压随聚光比的对数的增加而缓慢增加，而且填充因子也随聚光比的增加而增加，所以与非聚光太阳能电池芯片相比，聚光比的增加可使聚光太阳能电池芯片的转换效率增加。

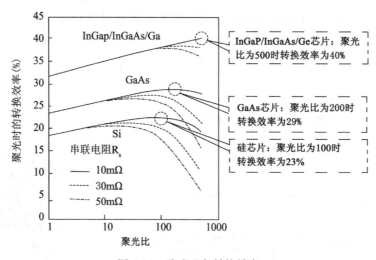

图 9.30　聚光比与转换效率

由图可知，非聚光时硅芯片的转换效率为 18%，GaAs 芯片的转换效率为 24%，InGaP/InGaAs/Ge 三结型芯片的转换效率为 32%；而在聚光比为 100 时，硅芯片的转换效率为 23%；聚光比为 200 时，GaAs 芯片的转换效率为 29%；聚光比为 500 时 InGaP/InGaAs/Ge 三结型芯片的转换效率为 40%，可见，非聚光和聚光的转换效率存在较大差异，使用不同材料的太阳能电池芯片时，其转换效率也不同。芯片的转换效率起初随聚光比增加而上升，在某聚光比时转换效率达到最大值后随即降低。聚光比越高、串联电阻 Rs 越小则转换效率越高。

9.6.2　聚光型太阳能电池的构成及发电原理

图 9.31 所示为聚光型太阳能电池的构成，它主要由太阳能电池芯片、凸透镜（fresnel lens）等构成，图中使用一次凸透镜和二次凸透镜的目的是提高聚光效率。其发电原理是：使用凸透镜聚集太阳光（目前聚光比可达 550 倍左右），然后将聚光照射在安装于焦点上的小面积太阳能电池芯片上发电，由于照射到太阳能电池芯片上的光能量密度

非常高，所以可大幅提高太阳能电池的转换效率。需要指出的是聚光型太阳能电池主要利用太阳光的直达成分的光能，而不利用云的反射等间接成分的光能。

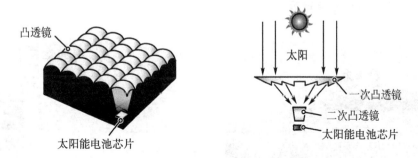

图 9.31　聚光型太阳能电池的构成

聚光型太阳能电池与常见的黑色或蓝色的太阳能电池不同，它的表面由具有透明感的透镜构成，采用凸面反射镜进行聚光，目前塑料制凸透镜为主流。太阳能电池芯片一般使用转换效率高、耐热性能好的化合物太阳能电池，芯片的转换效率已达 43.5% 以上，将来预计可达 50% 左右。

9.6.3　聚光型太阳能光伏发电系统的特点

聚光型太阳能光伏发电系统的优点：①可大幅减少制造太阳能电池的材料用量，其用量只有平板型系统太阳能电池用量的千分之一；②可大大提高太阳能电池的转换效率；③由于使用太阳跟踪系统，使太阳能电池始终正对太阳，因此可增加发电量；④太阳跟踪系统需要驱动动力，一般为太阳能电池输出功率的 1% 以下；⑤由于各跟踪型太阳能电池之间留有间隔，相互不会发生碰撞，系统可以安装在空地、绿地上，不会影响环境。

聚光型太阳能光伏发电系统的缺点包括：①发电出力受气候等的影响较大，出力变动较大；②太阳能电池表面温度较高；③不适应于年日照时间低于 1800h 的地方使用；④安装时需要进行缜密的实地调查和发电量预测；⑤主要安装在地面，支架重量较重。

9.6.4　跟踪型太阳能光伏发电系统

太阳能光伏发电系统的出力与太阳的辐射强度密切相关，聚光型太阳能电池主要利用垂直于凸透镜的平行光线发电，为了获得最大出力有必要使太阳能电池的倾角和方位角与太阳保持一致，这就需要使用太阳跟踪系统使太阳能电池始终跟踪太阳，以提高太阳能电池方阵的发电量。

根据跟踪方式的不同，跟踪型太阳能光伏发电系统可分为单轴（1 轴）和双轴（2 轴）跟踪，单轴跟踪是指调整太阳能电池方阵的倾角、而双轴跟踪是指调整太阳能电池的方阵倾角和方位角，使太阳能电池方阵与太阳的方位和高度保持一致。太阳跟踪系统可分为平板型（无聚光）系统和聚光型系统两种，单轴和双轴跟踪可用于平板型或聚光型太阳能光伏发电系统。

图 9.32 所示为平板型太阳能光伏发电系统，它主要由太阳能电池、支架、直流电路配线、汇流箱、并网逆变器以及太阳跟踪系统等构成。图 9.33 所示的聚光型太阳能光伏发电系统，该系统有聚光装置等。

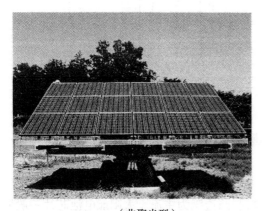

（非聚光型）

图 9.32　单轴跟踪型系统

（聚光型）

图 9.33　双轴跟踪型系统

太阳跟踪系统由光传感器、驱动电机、驱动机构、蓄电池以及控制装置等构成。跟踪原理一般有两种：一种是利用光传感器检测太阳的位置，控制驱动轴，使太阳能电池方阵正对太阳；另一种是程序方式，即根据太阳能电池安装的经纬度和时刻计算出太阳的位置，控制驱动轴使太阳能电池方阵正对太阳。驱动电机一般采用无刷直流电机，如步进电机等，电机的消费电力非常小，为太阳能电池输出功率的 1% 以下。蓄电池一般采用铅蓄电池、锂电池、EDLC 等。控制装置可对跟踪系统进行控制，出现严重故障时可使跟踪系统停止，并使系统的出力停止。此外当强风出现时，控制装置可调整太阳能电池的角度使其承受的风压最小，并使系统停止运行。

9.6.5　聚光型太阳能光伏发电系统的应用

西班牙建造了 16MW 的聚光型太阳能光伏发电系统，聚光比约 500 倍，转换效率为 20%~28%，高于晶硅组件的转换效率，芯片单位面积的发电量为晶硅组件的约 100 倍。

一般来说，太阳能电池组件面积越大、由组件构成的方阵越大，则转换效率会变低，而对聚光型太阳能电池而言，由多个相同芯片构成的组件仍具有较高的转换效率，填充因子在 0.8 以上。

聚光型太阳能电池的温度系数较低，一般为 -0.17%/℃ 左右，是多晶硅电池的约 1/3，CIGS 薄膜电池的约 1/4，大气温度较高时对其出力电压几乎没有影响。由于聚光型太阳能电池采取跟踪方式，且温度系数较低，所以聚光型太阳能光伏发电系统的发电出力在午后到傍晚较大，是相同面积的晶硅太阳能电池的出力的 2 倍左右，因此聚光型太阳能光伏发电系统可在夏季电力需要的峰期为负载提供更多的电能。

9.7　太阳能光伏发电系统的设置方式

根据负载的大小、安装场地面积以及使用目的等的不同，太阳能光伏发电系统容量有数十瓦的小型系统，也有数吉瓦的大型系统。对于小型系统来说，太阳能电池方阵与逆变器连接，然后接入低压配电系统，一般采用多台小型分布设置方式；而对于数兆级的大型系统来说，虽然发电原理与小型系统完全相同，但在系统构成上有所差异。大型系统由于太阳能电池方阵较大，容量较大，一般采用数台集中设置方式。

9.7.1　小型分布设置方式

小型分布设置方式在有反送电的并网系统中使用较多，逆变器容量一般为 3~4kW 左右。小型分布设置方式比较适合于在都市区域、公共设施、各种场所、不同形状的建筑物中使用。小型分布设置方式时，太阳能电池方阵可安装在较大范围内或多个建筑物上，以尽量减少配置场所，便于维护管理。在这种设置方式中，由于太阳能电池方阵的直流配线长度需根据具体情况而定，各太阳能电池方阵的工作环境存在差异、MPPT 控制等的工作条件也不同，因此一般将逆变器安装在太阳能电池方阵近旁，采用交流配线方式，将太阳能电池方阵与逆变器组合，即各组串接入汇流箱，然后与并网逆变器相连。

另外，小型分布设置方式还可采用交流组件方式或组串逆变器方式。在组串逆变器方式中各组串设有逆变器，在出现日影等日照不均匀时保证最大出力。另外，小型太阳能光伏发电系统与电力系统直接并网，工作效率较高。但对众多分布的太阳能光伏发电系统来说，当运转状况监控等不到位时，可能会出现故障监测遗漏等问题。分布设置的装置轻微故障可能导致整个发电系统出现重大事故，因此有必要利用通信技术、远程监控等方式对整个系统进行实时监控管理。

9.7.2　集中设置方式

在集中设置方式中，可使用主逆变器对多台逆变器进行主从（master-slave）控制。即在日照强度较低、各逆变器的负荷率较低时，减少运行中的逆变器台数，增加其他运行中的逆变器的分担率，使逆变器达到额定出力时的转换效率。这种集中设置方式不仅可提高逆变器的转换效率，而且对发电公司来说可方便进行集中运行管理、保护协调一元化管理、提高供电质量、降低成本。

第10章　各种太阳能光伏发电系统

太阳能光伏发电系统是一种利用太阳光能，使用太阳能电池作为发电装置的发电系统。在实际应用中，根据其应用领域、是否与电力系统并网、是否有反送电、是否带有蓄电池、负载是直流还是交流等，太阳能光伏发电系统可分为许多不同的种类。在科研、设计、应用中，需要根据实际情况选择相应的太阳能光伏发电系统，以满足各种不同的需要。

本章将主要介绍太阳能光伏发电系统的种类、用途、离网型和并网型太阳能光伏发电系统、混合型发电系统、储能装置并设型太阳能光伏发电系统等。有关虚拟电厂和微网等的构成、原理及应用等可参阅"太阳能光伏发电的应用"一章的有关内容。

10.1　太阳能光伏发电系统的种类和用途

10.1.1　太阳能光伏发电系统的种类

根据应用领域的不同，可分为户用型（如住宅用）、工商业用型、大型发电型等太阳能光伏发电系统；根据是否与电网相连，可分为离网型和并网型太阳能光伏发电系统；根据是否有反送电，可分为有反送电并网型和无反送电并网型太阳能光伏发电系统；根据是否有蓄电池，可分为无蓄电池型和有蓄电池型太阳能光伏发电系统；根据负载是直流负载还是交流负载，可分为直流型和交流型太阳能光伏发电系统等。除此之外，还有混合型发电系统、储能装置并设型太阳能光伏发电系统、虚拟电厂（VPP）以及微网系统等。

在各种分类中，根据是太阳能光伏发电系统是否与电网并网的分类较多。太阳能光伏发电系统主要可分为离网系统和并网系统，图10.1所示为太阳能光伏发电系统的种类。离网系统根据负载可分为直流系统和交流系统，直流系统主要用于路灯、路标、水泵、通信、制氢等方面；而交流系统主要在离岛电源、海水淡化、应急电源、无电网地区等领域使用；并网系统可分为有反送电系统和无反送电系统，主要应用于住宅、楼宇、工厂、公共设施以及工商业屋顶等方面。此外太阳能光伏发电系统还可分为分布式系统和集中型系统。分布式系统主要用于居民屋顶、楼宇、工厂、公共设施以及工商业厂房等方面；而集中型系统主要用于沙漠、陆地、水面等大型太阳能光伏发电中。

离网系统（又称独立系统或孤立系统）是指太阳能光伏发电系统不与电力系统并网的系统，根据实际应用情况，该系统可并设蓄电池等储能装置，以便在太阳能光伏发电系统不发电或发电不足时为负载供电，但也可不设蓄电池，太阳能光伏发电系统的电能直接供负载使用。

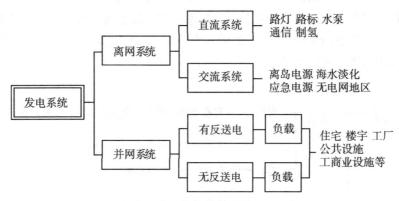

图 10.1 太阳能光伏发电系统的种类

并网系统是指太阳能光伏发电系统与电力系统并网的系统，该系统可分为无反送电型和反送电型等。前者是指太阳能光伏发电系统的电能不能反送至电网，而后者是指太阳能光伏发电系统的电能可反送至电网，但二者均可从电网获得电能补充。并网系统一般不附带蓄电池，但也可附带蓄电池作为应急电源使用或进行自产自销。

10.1.2 太阳能光伏发电系统的用途

随着科技进步和成本降低，太阳能光伏发电正在得到快速普及，其用途越来越广泛。主要应用领域有道路、交通、铁道、产业、农业、渔业、海洋、应急、安全、建筑物、公共设施、环保、电力以及太空等，其中太阳能光伏发电在户用、工商业用、公共设施、大型发电等方面的应用较多。

户用太阳能光伏发电系统可以用于一家一户，也可以用于集合住宅和由许多集合住宅构成的小区等地，户用太阳能光伏发电系统的容量一般为 2kW~6kW，在新建住宅和旧住宅的屋顶安装较多，一般为有反送电型并网系统。

工商业用太阳能光伏发电系统主要用于工厂、营业所、宾馆等地。公共设施主要有学校、机关办公楼、道路、机场设施等。用于工商业、公共设施等的太阳能光伏发电系统容量较大，一般为 10kW~500kW。除此之外，大型太阳能光伏发电系统一般建在草原、山坡、沙漠、湖泊等地，系统容量较大，既可就地供电，也可接入电网远送至负荷中心，如我国青海至河南的 ±800kV 高压直流输电系统。

10.2 离网型太阳能光伏发电系统

10.2.1 离网系统的种类

离网系统（stand-alone PV system）是指太阳能光伏发电系统不与电网并网的系统，根据负载的情况可分为专用负载系统和一般负载系统。所谓专用负载系统是指太阳能电池的出力与负载一一对应的系统；而一般负载系统是指在一定范围内以不特定的负载为对象的系统。根据负载是直流还是交流可分为直流系统和交流系统。根据蓄电池的有无可分为有蓄电池系统和无蓄电池系统。图 10.2 所示为离网系统的种类。该系统主要在时钟、路标、离岛以及山区无电地区等场合使用。

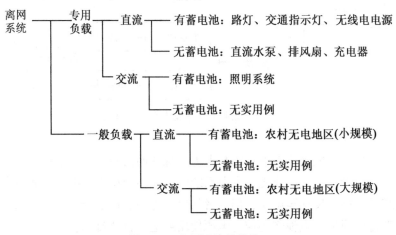

图 10.2　离网系统的种类

10.2.2　离网系统的构成

根据负载的种类、用途的不同，离网系统的构成也不同。离网系统一般由太阳能电池、充放电控制器、蓄电池、逆变器以及负载（直流负载、交流负载）等构成。如果负载为直流负载，由于太阳能光伏发电系统的出力为直流电，因此可直接为直流负载供电；当负载为交流负载时，则需要使用逆变器将直流电转换成交流电为交流负载供电。

由于太阳能光伏发电系统的出力受诸如日照强度、环境温度等气象条件的影响，在无蓄电池的离网系统中，由于负载只有太阳能光伏发电系统供电，因此当夜间、阴雨天等太阳能光伏发电系统无出力或出力不足时，将会出现缺电的问题，因此在太阳能光伏发电系统中有必要设置蓄电池。由于蓄电池在充放电过程中有电能损失，且检修、维护等成本较高，废弃处理对环境也有一定的影响，因此，根据不同用途，离网系统中也可不带蓄电池，或设置小容量蓄电池。

根据负载是直流负载还是交流负载，是否使用蓄电池以及是否使用逆变器等，离网系统可分为以下几种：直流负载型、直流负载蓄电池型、交流负载蓄电池型以及直交流负载蓄电池型等系统，这里分别介绍这些系统的构成和用途。

1. 直流负载型系统

图 10.3 所示为直流负载型系统。由于换气扇、抽水机等负载为直流负载，因此太阳能电池与这些负载直接连接。该系统是一种不带蓄电池和逆变器的离网系统，比较适合在

日照不足、太阳能光伏发电系统不工作时也无关紧要的情况下使用，例如灌溉系统、水泵系统等。

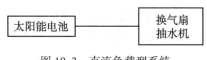

图 10.3 直流负载型系统

2. 直流负载蓄电池型系统

直流负载蓄电池型系统如图 10.4 所示，该系统主要由太阳能电池、蓄电池、充放电控制器以及直流负载等构成。昼间太阳能光伏发电系统的电能供直流负载使用，有多余电能时则由蓄电池储存，夜间、阴雨天时则蓄电池向负载供电。该系统可作为夜间照明（如庭院照明等）、微波中转站等通信装置、换气扇、交通指示灯、远离电网的偏僻山村等地的电源使用。

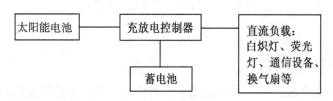

图 10.4 直流负载蓄电池型系统

3. 交流负载蓄电池型系统

图 10.5 所示为交流负载蓄电池型系统，该系统主要由太阳能电池、蓄电池、逆变器、充放电控制器以及交流负载等构成，其中充放电控制器一般设在逆变器内。该系统可用于家电，如电视机、电冰箱等，由于家电等设备为交流负载，而太阳能电池的出力为直流电，因此必须通过逆变器将直流电转换成交流电供交流负载使用。当然也可根据不同的需要，在该系统中不设蓄电池，而只在昼间为负载提供电能。

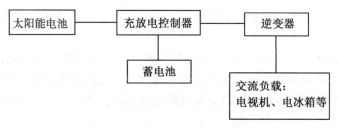

图 10.5 交流负载蓄电池型系统

4. 直交流负载蓄电池型系统

图 10.6 所示为直交流负载蓄电池型系统。该系统主要由太阳能电池、逆变器、蓄电池、直流负载、交流负载等构成。由于该系统除了要给直流负载供电之外，还要为交流负载供电，因此同样要使用逆变器将直流电转换成交流电，为直流负载和电视机、计算机等交流负载提供电能。

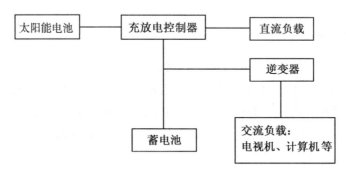

图 10.6　直交流负载蓄电池型系统

10.2.3　离网系统的用途

离网系统的用途比较广泛，一般适用于下列情况：①作为携带设备的电源。如野外作业用携带型设备的电源等；②适用于夜间、阴雨天等不需电网供电的负载；③远离电网的边远地区。由于没有电网，使用离网系统供电比较方便；④不需要并网的情况下，可利用离网系统为负载供电。一般来说，在远离电网而又需要电能的地方、柴油机发电等发电成本较高的情况下，使用离网系统比较经济。

离网系统构成比较简单、成本较低、使用方便。主要在路灯、公交站、路标、海上浮标、无电网的离岛、偏僻山村、信号中转站等处使用。可与蓄电池等储能装置进行组合使用，也可在离岛、偏僻山村等地和柴油机发电等发电装置组合使用。对于离网系统来说，一般要求系统可靠性高、维护保养方便。

图 10.7 所示的离网系统可在离岛、偏僻山村等地使用，该系统中有直流负载、交流负载、蓄电池和柴油机发电等辅助电源，当太阳能光伏发电系统的电能不能满足负载的需要时，则由辅助电源供能。该系统利用蓄电池、柴油机发电，可进行互补，在分布式发电中应用较多。

图 10.8 所示为户用型离网系统。图的上半部分为照明、路标等使用的直流系统；而图的下半部分为户用型离网系统。充放电控制器介于汇流箱和蓄电池之间，它用来检测蓄电池的电压，蓄电池电压不足时则自动与电路接通充电，满充时则与电路自动断开，防止蓄电池过充电。

离网系统作为路灯、公交站的电源时，安装有调整直流电压的 DC-DC（直流/直流）转换器、定时器、检测明暗的光传感器等，只在必要时使电灯照明。该系统在无电网的农

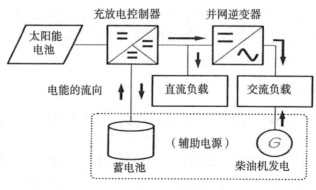

图 10.7　离网系统

村、山区等处使用时,由于家电等为交流负载,因此需要利用逆变器将直流电转换成交流电,通过配电盘为室内的电气提供电能,并保证用电安全。

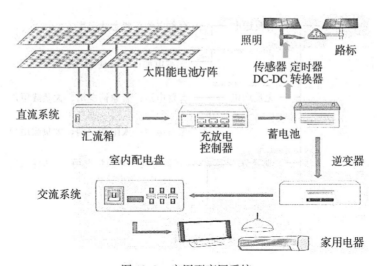

图 10.8　户用型离网系统

10.3　并网型太阳能光伏发电系统

并网型太阳能光伏发电系统(又称并网系统)是指太阳能光伏发电系统与电力系统并网的系统。该系统的种类比较多,主要可分为有反送电型、无反送电型、切换型、应急型、区域型以及直流并网型等种类。目前并网型太阳能光伏发电系统在户用、工商业、公共设施以及大型太阳能发电站等领域占主流地位。

由于并网型太阳能光伏发电系统接入电网,因此在其发电不足的阴雨天、不发电的夜间,可利用电网为负载提供电能补充。相反,当太阳能光伏发电系统的电能供负载使用后有多余电能时，可通过有反送电型并网系统将多余电能送往电网。此外并网系统与电力系统相连，可作为辅助电源进行削谷填峰，自发自用，也可作为电力系统停电时的备用电源。目前该系统应用较多，一般作为分布式电源、集中型电源使用，将来可望代替火电等化石能源发电，成为主要电源。

10.3.1　并网系统的种类

并网系统（utility system，grid connected system）是指太阳能光伏发电系统接入电网的系统。根据太阳能光伏发电系统是否向电网送电，可将其分为有反送电（reverse power flow）系统和无反送电系统。另外，根据负载的情况，有时需要将离网系统与并网系统分离、有时需要优先使用太阳能光伏发电的电能，这些运行方式可通过切换型系统来完成。此外，为了解决太阳能光伏发电系统大量接入电网可能导致配电线的电压上升、频率波动等问题，作者提出了区域型太阳能光伏发电系统等。目前太阳能光伏发电系统一般为分布式系统 DS（Distributed System）和集中型系统（centralized system）。图 10.9 所示为并网系统的种类。

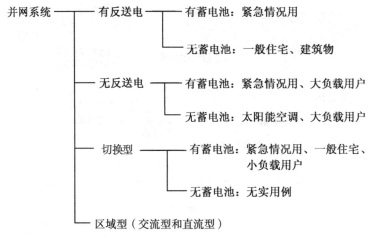

图 10.9　并网系统的种类

10.3.2　并网系统的特点

并网系统最大的特点是太阳能电池方阵产生的直流电经过并网逆变器转换成符合电网要求的交流电后可直接进入公共电网。因此在夜晚或阴雨天，太阳能电池方阵不产生电能或者产生的电能不够负载消费时可由电网供电；当太阳能光伏发电系统的出力波动时，无须对负载的电能供给进行控制，电网可扮演非常好的自动运行辅助电源的功能；在昼间的晴天，太阳能电池方阵所产生的电能除了供给交流负载之外，多余电力可反馈给电网，这样在并网系统中不必配置昂贵的蓄电池等储能装置，可以充分利用太阳能电池方阵所发的电能，减少能量损耗（充放电损失）并降低系统的成本。此外，并网系统还可构成区域型太阳能光伏发电系统、与其他发电系统进行组合构成区域型可再生能源发电系统、虚拟电厂、微网（或称微电网）、智能电网等。

　　并网型太阳能光伏发电系统可分为不带蓄电池的并网型系统和带蓄电池的并网型系统。对于不带蓄电池的并网系统来说，可省去蓄电池等辅助电源、节省投资、省去设置、维护、检修等费用，降低太阳能光伏发电系统的成本，有利于太阳能光伏发电系统的普及，所以该系统是一种十分经济的系统。目前，这种不带蓄电池、有反送电的并网户用型太阳能光伏发电系统正得到越来越广泛的应用。但该系统不具备可调度性和备用电源的功能。

　　而带有蓄电池的并网系统具有可调度性，可以根据需要并入或退出电网。此外还具有备用电源的功能，当电网因故障等停电时，可利用蓄电池紧急供电。利用蓄电池可吸收多余电能，缓解配电线接入点附近引起的电压上升、频率波动等。近年来由于地震、停电等原因，在并网系统中安装蓄电池的情况正在逐步增加，当电网停电时，蓄电池可为负载提供电能，起应急电源的作用。

10.3.3　有反送电并网系统

　　在并网系统中，太阳能光伏发电系统直接接入电网，太阳能光伏发电系统不发电或发电不足时，可直接利用电网的电能为负载供电；而当太阳能光伏发电系统发电供负载消费后有多余电能时，则可将多余电能送至电网，这种并网系统称为有反送电型系统。该系统一般不设蓄电池，但也可并设蓄电池，以便在地震、电网停电时作为应急电源使用。

　　图10.10所示为有反送电并网系统。太阳能光伏发电系统的电能可优先供负载使用，有多余电能时可送至电网，太阳能光伏发电系统的电能不能满足负载的需要时，则利用电力系统的电能。另外，由于该系统产生的多余电能可供给电网中的其他负载使用，不必限制太阳能光伏发电系统的正常发电运行，因此可充分发挥太阳能电池的发电能力多发电。该系统主要用于户用、工商业、公共设施以及大型太阳能发电站等场合，是目前应用最广的并网系统之一。

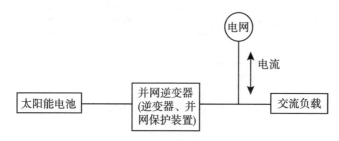

图10.10　有反送电并网系统

10.3.4　无反送电并网系统

　　无反送电并网系统如图10.11所示。太阳能电池的输出电能经逆变器转换成交流电供交流负载使用，即使有多余电能也不能送入电网，这种系统称为无反送电并网系统。

　　由于该系统有多余电能时不能送入电网，因此会限制太阳能光伏发电系统的发电能力，造成不必要的发电损失，而当太阳能电池的出力不能满足负载的需要时，须从电力系统得到电能。但该系统不会对电网的电压、频率等造成不良影响，有利于电力系统的稳定安全运行。

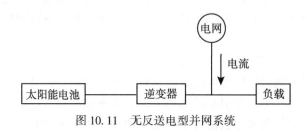

图 10.11　无反送电型并网系统

10.3.5　切换型并网系统

　　为了解决无反送电型并网系统不能充分发挥发电能力的问题，可在该系统并设小容量蓄电池，构成切换型并网系统。图 10.12 所示为切换型并网系统，该系统主要由太阳能电池、蓄电池、逆变器、切换器以及负载等构成。正常情况下，太阳能光伏发电系统与电网分离，该系统为离网系统并直接向负载供电；而当太阳能光伏发电系统的出力不足时，切换器自动切向电网一边，由电网向负载供电。与带蓄电池的离网系统相比，这种系统的特点是蓄电池容量较小，可降低投资、维修等成本。

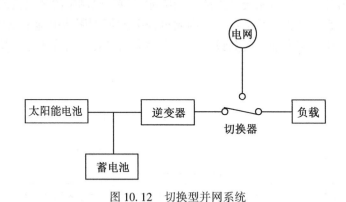

图 10.12　切换型并网系统

10.3.6　应急型太阳能光伏发电系统

　　应急型太阳能光伏发电系统一般用于救灾、应急等情况。图 10.13 所示为应急型太阳能光伏发电系统，图中的实线为正常情况下的电能流向，虚线为应急情况下的电能流向。图 10.13（a）所示为直流应急型并网系统。由于通信装置的电源一般为直流电源，因此在通常情况下，通信设备可利用太阳能光伏发电系统、电网（交流电经整流器整流后为直流电）以及蓄电池的直流电能。当出现电网停电、地震等灾害时，整流器没有输出，通信设备可利用太阳能光伏发电系统和蓄电池的直流电能。

图 10.13（b）所示为交流应急型并网系统，在通常情况下，太阳能光伏发电系统、电网以及蓄电池为交流负载提供电能。当出现电网停电、地震等灾害时，此时与电网相连的开关断开，由太阳能光伏发电系统和蓄电池为交流负载提供电能。

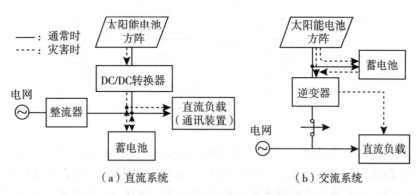

图 10.13　应急型太阳能光伏发电系统

10.3.7　区域型可再生能源发电系统

在城镇的住宅区大规模集中设置户用并网型太阳能光伏发电时，由于反送电的增减可能导致电网的电压、频率难以维持在规定范围之内。为了解决此问题，在城镇的住宅等区域可建设独自的电力系统，配备可进行电力需求调整的蓄电池等储能装置，构成区域型太阳能光伏发电系统。利用该系统解决太阳能光伏发电系统大量、集中设置时引起的电网电压上升、频率波动等问题。当区域型太阳能光伏发电系统接入电力系统时，可进行电力需求的季节间调整、昼夜间调整；另外，电力系统在灾害、事故等停电时，该系统可作为应急型系统为重要负载持续供电。

1. 户用并网型太阳能光伏发电系统

传统的户用并网型太阳能光伏发电系统如图 10.14 所示，该系统是一种典型的分布式系统，一般分布设置在居民屋顶、工商业厂房、学校等公共设施等处。该系统主要由太阳能电池、逆变器、负载等构成，其特点是几户至几十户并网型太阳能光伏发电系统分别与电力系统的低压配电线相连、变压器的低压端与低压配电线相连，而高压端则与高压配电线相连。各户用并网型太阳能光伏发电系统发出的电能供各负载使用，有多余电能时直接送往电力系统的低压配电线（称为卖电），相反该系统供给各负载的电能不足时，直接从电力系统得到电能（称为买电）。

传统的户用并网型太阳能光伏发电系统存在如下的问题：①电压频率问题：由于大量的太阳能光伏发电系统与电力系统的配电线集中并网，晴天时太阳能光伏发电系统的大量

181

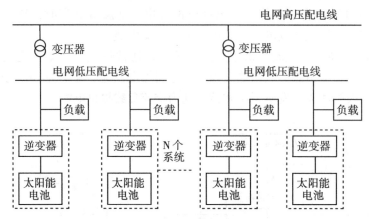

图 10.14　传统的太阳能光伏发电系统

多余电能会同时送往电力系统，使配电线并网点的电压上升，频率波动，从而导致供电质量下降；②孤岛运行问题：所谓孤岛运行问题，是指当电力系统的某处出现事故而停电时，如果配电线接有并网型太阳能光伏发电系统的话，则该系统的电能会流向并网点，有可能导致事故处理人员触电，严重时会造成人身伤亡；③太阳能发电的成本问题：目前，太阳能发电的价格高是制约太阳能光伏发电普及的重要因素，如何进一步降低成本是人们最为关注的问题；（4）负荷均衡问题：为了满足负荷曲线上最大负荷的需要，必须相应地增加发电设备容量，但这样会使设备投资增加，因此需要找到减少与电网的买卖电量的方法，从而降低峰荷，减少电网的负荷压力。

2. 区域型太阳能光伏发电系统

为了解决上述问题，作者提出了如图 10.15 所示的区域型太阳能光伏发电系统 GSC（Grid System in Community）。各太阳能光伏发电系统中的太阳能电池、逆变器、蓄电池以及负载分别与区域低压配电线相连；然后各区域低压配电线通过变压器与区域高压配电线相连，最后区域高压配电线经电量计量系统和并网逆变器在并网点接入电力系统的高压配电线。这里太阳能电池可设在某区域的建筑物的壁面、学校屋顶、居民住宅屋顶、空地等处；蓄电池接入区域低压配电线，以储存多余电能；太阳能电池、蓄电池等储能装置以及区域配电线等设备可由地域的市民发电所或由独立于电力系统的第三者（公司）建造并经营。

该系统的工作原理是：对于地域内的用户来说，太阳能电池所产生的电能优先用户的负载使用，有多余电能时通过区域低压配电线送往邻近的其他缺电用户的负载使用，电能通过区域低压配电线后，若有多余电能时利用蓄电池储存，若仍有多余电能时则经区域高压配电线送往其他用户的负载使用，最后若仍有多余电能时则送至电力系统。

相反，若某用户的太阳能电池供给自家负载的电能不足时，则通过区域低压配电线优先使用其他用户的多余电能，若电能不足时则由蓄电池供电，若电能仍不足时可通过区域高压配电线获取其他用户的多余电能，最后电能仍不足时则由电网供电。这样可减少用户

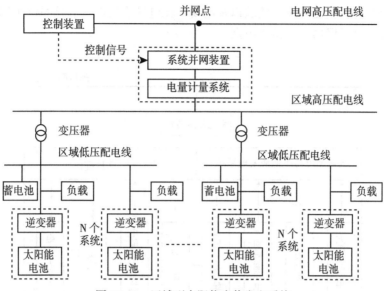

图 10.15　区域型太阳能光伏发电系统

与电网之间的融通电量，从而减少并网点附近的电压、频率波动，使整个系统稳定、安全运行。

区域型太阳能光伏发电系统的特点包括：①与传统的并网系统相比，用户可减少买、卖电量，太阳能电池发出的电能可以在区域内得到有效利用，提高太阳能光伏发电系统所发电能的利用率。②区域型并网太阳能光伏发电系统通过系统并网装置（内设有开关等）与电网相连。当电网的某处出现故障时，系统并网装置检测出故障，并自动断开开关，使太阳能光伏发电系统与电网分离，防止太阳能光伏发电系统的电能流向电网，因此这种并网系统可以很好地解决孤岛运行问题。③由于区域型太阳能光伏发电系统通过系统并网装置与电网相连，在并网点附近安装电压调整装置也可进一步解决由于众多太阳能光伏发电系统同时向电网送电时所造成的系统电压上升、频率波动等问题。④与传统的并网系统相比，在区域型内太阳能光伏发电系统的电能可通过地域配电线相互融通，首先供给区域内的负载使用，若仍有多余电能时则由储能装置储存，因此，多余电能可以得到有效利用，有助于太阳能发电的应用与普及。⑤由于设置了储存装置，可将太阳能发电的多余电能储存起来，在电网出现峰荷时，储存装置可向负载提供电能，因此可以起到均衡负荷的作用，从而大大减少调峰设备，节约成本。⑥由于在地域内的用户之间电能可相互融通使用，因此可减少从电网的购入电量（买电）和销售给电网的电量（卖电），由于购入电价大于销售电价，用户可节约电费支出。

3. 区域型可再生能源发电系统

图 10.16 所示为区域型可再生能源发电系统，它是在区域型太阳能光伏发电系统的基础上扩展而成的，即在前述的区域型太阳能光伏发电系统中引入了风力发电、生物质能发

电、小型水力发电（如果有水资源）、燃料电池发电等。该系统由区域配电线将发电系统、氢能制造系统、储能装置、负载以及电动车充电等连接而成。该系统可以不与电网并网而独立运行，也可根据需要接入电网。

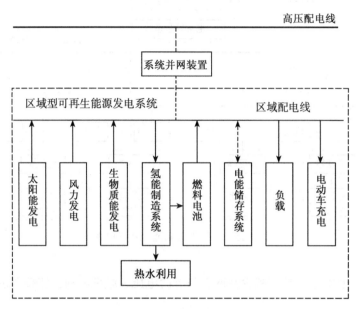

图 10.16　区域型可再生能源发电系统

发电系统包括太阳能光伏发电、风力发电、小型水力发电、燃料电池发电、生物质能发电等；负载包括住宅等民用负载，医院、学校等公用负载；氢能制造系统用来将区域内的多余电能转换成氢能储存，当发电系统所产生的电能和储能装置的电能不能满足负载的需要时，通过燃料电池发电为负载供电。随着电动车的应用和普及，可将电动车蓄电池作为存储装置使用，也可作为补充电源使用，还可用于解决多余电能问题。

区域型可再生能源发电系统的特点包括：①与传统的发电系统相比，区域型可再生能源发电系统由太阳能、风能等可再生能源构成；②由于使用太阳能光伏发电，风能发电等，不需要其他发电用燃料；③由于使用清洁的能源发电，因此对环境无污染；④可离网运行，实现自产自销，也可并网运行；⑤利用制氢系统可将区域内的剩余电力转换成氢能进行储存，必要时发电，可提高系统的可靠性、安全性和稳定性。

一般来说，区域型可再生能源发电系统接入电力系统可以提高供电的可靠性、安全性和稳定性，但由于该系统有制氢系统、燃料电池以及储能装置等，因此，需要对该系统中的各发电系统的容量进行优化设计，并对整个系统进行最优控制，以使整个系统可靠、安全、稳定以及低成本。可以预见，区域型可再生能源发电系统与大电网同时共存的时代必将到来，将会使传统的电力系统、电源结构等发生重大变化。

10.3.8　直流并网型太阳能光伏发电系统

如前所述，由于电网为交流电，而太阳能光伏发电、燃料电池发电、蓄电池等的电能为直流电，因此需要通过逆变器将直流电转换成交流电送往电网，因此在电能转换的过程中会产生电能损失。

随着低碳、脱碳社会的发展和可再生能源的利用，LED 照明、直流电视、变频空调等许多使用直流电的家电正逐步进入家庭，为了给这些直流电器提供电能，需要再将交流电转换成直流电。这些直流电器所使用的电能中，有一部分是将太阳能光伏发电、燃料电池发电、蓄电池等产生的直流转换成交流送往电网，然后又将交流转换成直流，即二次转换的电能，在转换过程中产生了两次电能损失。

在现在的户用并网型太阳能光伏发电系统中一般未使用蓄电池等储能装置，而是将多余电能直接送入电网，当太阳能光伏发电系统高密度、大规模普及时将会对电网的稳定、供电质量等产生较大影响。另外，考虑到发生地震等自然灾害、电网停电等，有必要安装蓄电池作为备用电源，而蓄电池充放电使用的是直流电。

随着 LED 照明、直流电视、直流冰箱等直流家电的逐步应用，将来有望直接使用太阳能光伏发电等所发直流电能，这样不仅可省去电能转换，节省大量的电能，还可省去逆变器等转换装置，使系统成本降低，有利于太阳能光伏发电的应用和普及。特别是随着信息化社会的急速发展，IT 领域的直流电能消费量也在急剧上升，直流化技术的研发和应用值得期待。

为了避免二次电能转换，减少电能损失，作者在曾提出的交流区域型太阳能光伏发电系统的基础上，又提出了直流区域型太阳能光伏发电系统、直流区域配电线的概念、带蓄电池的太阳能光伏发电系统等，这些直流系统具有节能、有效利用多余电能、降低蓄电池容量以及减少二氧化碳排放等特点，将来有望得到广泛应用和普及。

图 10.17 所示为作者提出的直流区域型太阳能光伏发电系统。该系统由太阳能光伏发电系统、直流区域配电线、直交功率转换器、储能装置以及负载等构成。直流区域配电线可由市民发电所等电力企业设置，在各太阳能光伏发电系统中设置了蓄电池等储能装置，各太阳能光伏发电系统直接与直流区域配电线相连，然后整个直流区域型太阳能光伏发电系统在并网点接入电网。

在直流区域型太阳能光伏发电系统中，与直流区域配电线相连的各太阳能光伏发电系统之间可进行电能融通、互补，其工作原理与交流区域型太阳能光伏发电系统基本相同。在这种直流区域型太阳能光伏发电系统中，太阳能电池所发直流电能直接供给直流负载，不需要进行二次转换，可减少电能损失。作为交流负载向直流负载的过渡，这里保留了交流负载，并使用逆变器将直流电转换成交流电供交流负载使用，如果将来家庭全部使用直流家电，则可省去逆变器及交流负载部分。

10.4 混合型发电系统

太阳能光伏发电系统与其他发电系统（如水力发电、风力发电、燃料电池发电等）组成的系统称为混合型发电系统。混合型发电系统主要适用于以下情况：①太阳能电池的出力不稳定，利用稳定出力对间歇式出力进行互补；②需使用其他电源作为补充电源；③太阳光能和太阳热能作为综合能源加以利用等。混合型发电系统的种类较多，这里主要介

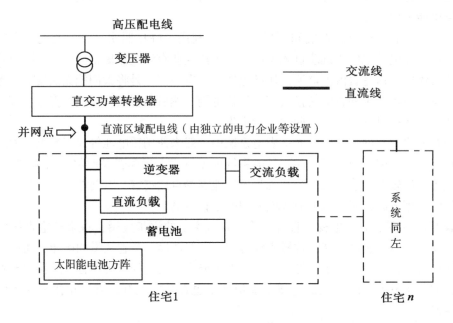

图 10.17　直流并网型太阳能光伏发电系统

绍风光燃料电池互补型直流发电系统、水光互补型发电系统、光热混合型发电系统以及太阳能光伏燃料电池热电系统。

10.4.1　风光燃料电池互补型直流发电系统

图 10.18 所示为作者提出的风光燃料电池互补型直流发电系统。该系统由太阳能光伏发电、风力发电（可采用直流发电机）、储能系统（即电能储存系统、燃料电池、制氢系统（即氢能制造系统）、DC/DC 电能转换装置、直流开关、直流线、直流负载（电动车、电动摩托车、电动自行车）等组成。该系统不依赖电网，可独立运行，可进行自产自销，没有二次电能转换，电能损失小，成本低、管理维护方便，可减少环境污染等。

太阳能光伏发电、风力发电的电能可直接通过直流线给直流负载供电，也可通过逆变器给交流负载供电；有多余电能时可利用氢能制造系统制氢，必要时燃料电池工作给负载供电，或利用储能系统储电。另外，直流负载可直接利用太阳能光伏发电、风能发电以及燃料电池产生的直流电能。燃料电池可产生电能和热水，热水也可被利用，因而发电效率较高。

10.4.2　水光互补型发电系统

一般来说，集中型太阳能光伏发电站的装机容量较大，目前我国安装的全球最大的光伏电站容量为 2.2GW。对于大型太阳能光伏系统来说，由于受太阳辐射强度、环境温度等影响，其发电出力会发生较大波动，晴天中午前后出力最大，夜间出力为零，给电力系统的输电、安全运行、负载用电等带来较大影响。为了解决这一问题，可在大型水电站附

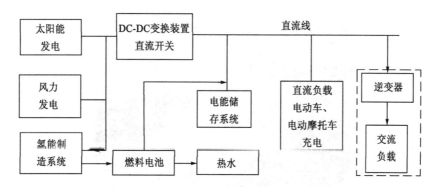

图 10.18 风光燃料电池互补型直流发电系统

近设置大型太阳能光伏发电系统，与水电站构成水光互补型发电系统，利用水电站的高出力、快速调节能力对大型太阳能光伏系统的间歇式、不连续式出力进行补充、平抑出力波动，以缓解或消除其对电力系统的影响。

图 10.19 所示为我国在青海省海南州共和县内建造的龙羊峡水光互补型并网光伏电站。该系统总装机容量为 850MW，占地面积为 20.40km^2，是目前全球建设规模最大的水光互补并网光伏电站，投产以来，电站每年发电量达到 824GWh。

图 10.19 水光互补型发电系统

10.4.3 光热混合型发电系统

图 10.20 所示为光热混合型发电系统，也称为太阳光热混合集热器。该系统由太阳能光伏发电系统和太阳能集热系统组成，表面的太阳能电池用来发电，太阳能电池背面配有集热管，在该管中通有水等循环工质，用来收集太阳能电池的热能供用户家庭使用，具有发电和集热的双重功能，可提高太阳能的利用率。该系统利用水等工质循环对太阳能电池组件进行冷却，可抑制太阳能电池的温升，提高太阳能电池的转换效率和发电量。由于该系统为混合系统，因此可有效利用设置空间、减少建材用量、降低系统成本。

图 10.20　光热混合型发电系统

10.4.4　太阳能光伏燃料电池热电系统

图 10.21 所示为太阳能光伏燃料电池热电系统，它由太阳能光伏发电系统、燃料电池系统、供热系统以及各种负载构成。太阳能光伏发电系统所产生的电能可供电力负载使用；燃料电池用氢能作为燃料，氢能可从都市煤气中提取，也可利用太阳能光伏发电的电能制成的氢气。燃料电池所发电能可供空调等负载使用，而燃料电池系统发电时所产生热水可和锅炉产生的热水一起作为家庭、工厂、学校、楼宇等的热源。燃料电池系统可有效利用能源，使能源的综合利用率得到提高。

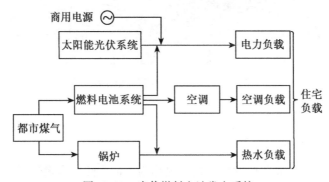

图 10.21　光伏燃料电池发电系统

太阳能光伏燃料电池热电系统由太阳能光伏发电和燃料电池发电构成，互为补充，电能和热能可被利用，使综合利用效率提高，此外还可大大降低二氧化碳的排放量、减少环境污染，是一种值得推广的系统。

10.5 储能装置并设型太阳能光伏发电系统

随着太阳能光伏发电的应用与普及，出力波动、供给不稳定，多余电能等问题将严重影响电力系统的电能质量、稳定性和可靠性等，因此有必要使用蓄电池等储能装置（energy storage equipment），采取平抑出力波动、削峰填谷、吸收多余电能、调频、调压等措施，以解决电网的电压波动、频率变化等众多问题。此外，储能装置可以在离网系统、区域型并网太阳能光伏发电系统、智能微网、智能电网等系统中使用。还可利用储能装置解决地震、停电等应急情况下供电问题。

电能储存主要有二次电池、超级电容、超导、压缩空气、飞轮、抽水蓄能等方式。这里主要介绍与太阳能光伏发电有关的电能储存装置，内容包括铅蓄电池、锂电池、超级电容（EDLC）、氢能储能以及抽水蓄能等。其中铅蓄电池、锂电池等蓄电池在太阳能光伏发电系统中的应用较多，它还可作为电动汽车的驱动动力，将来可在智能电网中使电动汽车和电网之间进行能量双向流动（V2G 技术），使电动汽车成为重要的分布式储能载体，在解决太阳能光伏发电所产生的多余电能问题、电力系统调峰、调频、智能电网、智慧城市等中发挥重要作用。

10.5.1 电能储存的必要性

太阳能电池是一种在光照作用下发电、无储能功能的装置。太阳能光伏发电受气候等环境因素的影响较大，夜间不发电，阴雨天太阳光较弱时发电出力很小，具有显著的随机性和不确定性的特征，无法为负载提供必要的稳定的电能。由于太阳能光伏发电在实际应用中存在发电出力大幅波动、不稳定、产生多余电能等问题，对电网的电能质量、稳定性、可靠性等造成较大影响，为了应对这些问题，引入储能装置、或与风能发电、水力发电等构成互补型系统是非常必要的。

图 10.22 所示为太阳辐射强度、天气和时间之间的关系。由图可见，太阳辐射强度随不同的时间、晴天、阴天以及雨天等波动较大，晴天时辐射强度较大而变化较小，阴天时辐射强度降低且变化较大，而雨天时辐射强度较小。一般来说，太阳辐射强度随季节、时间、气候而变，由于太阳能光伏发电出力与这些因素密切相关，因此它们对太阳能光伏发电系统的出力影响较大。

图 10.23 所示为太阳能光伏发电系统的出力与天气、时间的关系。由图可见太阳能光伏发电系统的出力随季节、时间、气候等的变化而波动，晴天时出力较大，阴天时不仅出力较小，而且波动较大，而雨天出力很小，几乎不发电。因此太阳能光伏发电是一种间歇式发电、出力波动较大、不稳定的电源。针对这种电源，使用蓄电池等储能装置、互补型系统，对于抑制出力波动、进行削峰填谷、吸收多余电能、调频、调压等非常重要。

10.5.2 储能装置的构成及原理

电能储存是一种将电能转化成其他形式的能量，进行存储和利用的技术。电能储存主要有机械储能、电磁储能、电化学储能、储热储冷以及氢能储能等。机械储能主要有抽水

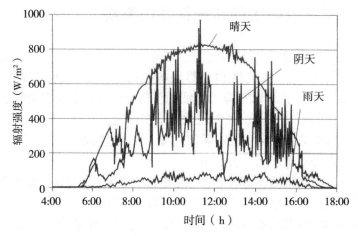

图 10.22　太阳辐射强度与天气、时间的关系

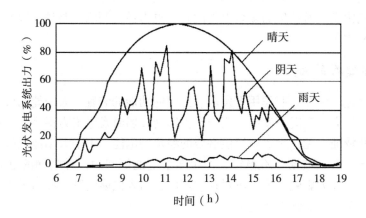

图 10.23　太阳能光伏发电系统的发电出力波动

蓄能、压缩空气储能和飞轮储能等；电磁储能包括超导储能和超级电容器储能等；电化学储能有铅蓄电池储能、锂电池储能、钠硫电池储能、液流电池储能等；氢能储能指将天然气、生物质能等转换成氢能、或利用水分解制氢进行储存的技术。

　　储能装置主要在发电侧、电网、用户侧使用，主要功能有平抑输出功率波动、吸收多余电能、调频、电压暂降、削峰填谷、作为备用和应急电源等。在太阳能光伏发电系统中，用户侧使用储能装置可储存多余电能，自产自销；可作为备用、应急电源，在停电时确保重要负载供电，提高供电的可靠性；参与需求侧响应、削峰填谷，解决电压暂降等。随着电动汽车的应用与普及，电动汽车内安装的蓄电池可用来进行充放电，利用储存的电能为家庭负载供电，或反送电至电力系统，为电网峰荷时提供电能。还可作为移动电源使用。

　　在太阳能光伏发电中，一般使用铅蓄电池、锂电池、超级电容、氢能以及抽水蓄能等储能方式。铅蓄电池、锂电池储能在太阳能光伏发电中应用较广，可用于家用蓄电、应急等情况；超级电容储能没有运动部件少、维护方便、可靠性高；氢能储能可利用太阳能光伏发电所产生的电能制氢并进行储存，必要时供燃料电池发电；抽水蓄能可将太阳能光伏发电的多余电能转换成水的位能进行储存，在电网峰荷时发电或承担基荷等任务。这里主要介绍太阳能光伏发电中常用的铅蓄电池、锂电池、超级电容、氢能以及抽水蓄能等储能方式。

1. 铅蓄电池储能

蓄电池储能是运用电化学原理，将电能转换为化学能，或通过逆反应将化学能转换为电能的一种技术。蓄电池通常由正、负电极和电解质等构成。蓄电池储能价格便宜、技术成熟、可靠性较高、使用方便，已在太阳能光伏发电系统中得到了广泛应用。

1) 铅蓄电池的构成

图 10.24 所示的铅蓄电池，主要由正极板、负极板、控制阀、隔板、正极以及负极等构成。铅蓄电池的负极使用铅材料（Pb），正极使用二氧化铅材料（PbO_2），电解质使用稀硫酸（H_2SO_4）。

2) 铅蓄电池的工作原理

图 10.25 所示为铅蓄电池的工作原理。铅蓄电池是一种利用电解质和电极材料进行化学反应的充、放电装置，放电时负极的金属被离子化，放出电子，离子经过电解质迁移至正极，电子流经外部电路，为负载提高电能；充电时在所加能量的作用下，与放电的过程相反。铅蓄电池的电动势约为 2.0V。铅蓄电池充电时的化学反应式如下：（放电时下式中的箭头反向）

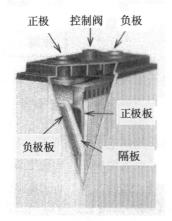

图 10.24 铅蓄电池的构成

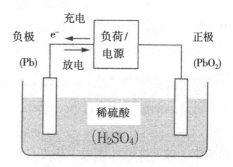

图 10.25 铅蓄电池的工作原理

$$\text{正极 } PbO_2+4H^++SO_4^{2-}+2e^- \longleftarrow PbSO_4+2H_2O \tag{10.1}$$

$$\text{负极 } Pb+SO_4^{2-} \longleftarrow PbSO_4+2e^- \tag{10.2}$$

铅蓄电池已有 150 多年的历史，在太阳能光伏发电系统等领域已得到广泛的应用。其优点是价格便宜，动作温度范围较广，有较强的过充电特性；但缺点是充放电效率较低，为 75%~85%，在浅充电状态下，由于电极劣化会引起充电容量变小等。铅蓄电池具有成本低、应用广、能量密度低、充放电效率低等特点，在太阳能光伏发电系统、电动汽车等方面应用比较广泛。

2. 锂电池储能

锂电池（lithium battery）可分为锂金属电池和锂离子电池，通常所说的锂电池一般指锂离子电池。图 10.26 所示为锂离子电池的结构，它由正极、负极、隔板以及电解液等构成，正极使用锂合金金属氧化物材料，负极使用炭材料，电极被安放在电解液中，电解液为有机电解液，它使两电极进行离子交换。锂离子电池是一种能量密度高、充放电效率高、自放电小、成本高、对环境友好的电池。

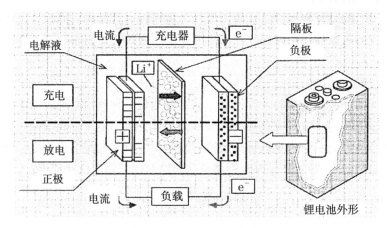

图 10.26　锂电池的构成

锂电池在充电过程中，正电极发生氧化反应，向外电路释放出电子，向内电路释放出锂离子，电子经外电路和充电器被输送到负电极，锂离子则经过内电路中的电解质进入负电极晶体结构中。在负电极发生还原反应，同时吸收电子和锂离子，负电极的晶体结构形成电池中性。

锂电池在放电过程中，负电极发生氧化反应，同时释放出电子和锂离子。电子经过外电路、锂离子经过电解质同时回到正电极的晶体结构中形成电池中性。而正电极发生还原反应，电子经过外电路和负载被输送到正电极。与此同时，锂离子则经过电解液回到正电极的晶体结构中。由于锂电池在充、放电过程中以离子的形式进行，所以不会产生锂金属。

锂电池充电时的化学反应式如下：（放电时下式中的箭头反向）

$$正极\quad Li_{1-x}CoO_2 + xLi^+ + xe^- \leftarrow LiCoO_2 \tag{10.3}$$

$$负极\quad Li_xC_6 \leftarrow xLi^+ + xe^- + 6C \tag{10.4}$$

锂电池的优点是可在常温下动作，充放电效率较高，可达 94%~96%。充放电速度快、能量密度高、容量大、自放电小、放电电压曲线较平坦、寿命长、可获得长时间稳定的电能。其缺点是过充、放电特性较弱、需要控制保护电路、不适合于大电流放电、成本较高。由于使用了有机电解液，所以对安全性要求较高。锂电池可在太阳能光伏发电系统中应用较多。

3. 超级电容储能

超级电容器一般指双电层电容器 EDLC（Electric Double Layer Capacitor）和电化学电容器（EC）。超级电容器功率密度高、响应速度快、放电深度深、没有"记忆效应"、长期使用无须维护、温度范围宽、储能量大。超级电容器作为储能装置，一般用在电压暂降等场合作为补偿使用，不但可以为太阳能光伏发电系统提供必要的能量缓冲，而且对提高电力系统的稳定性具有重要的作用。

超级电容由正极、负极、电解液以及隔板等组成，其充放电原理如图 10.27 所示。电极材料采用活性炭，电荷聚集在电极的表面，充电时负极吸着电解质中的正离子，正极吸着电解质中的负离子，在正负极间产生约 2.5V 的电压。放电时离子则脱离电极，与充电过程相反。超级电容利用离子的吸着、脱离反应原理进行充放电。由于超级电容电极的表面积比较大，电解液和电极界面之间的距离非常短，因此电荷呈现集中排列现象，利用双电层（电气二重层）特性储存电能。

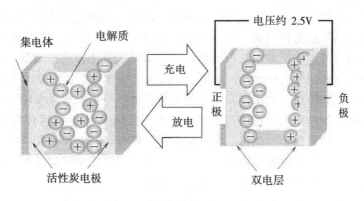

图 10.27 超级电容的充放电原理

超级电容的外形如图 10.28 所示。超级电容以静电的形式储存电能，静电容量为 $10^{-2} \sim 1000F$。超级电容的主要特点包括：①充放电速度快、输出密度高、可以瞬时提供电能；②充放电过程中无化学反应，充放电次数多，可进行数百万次充放电，使用寿命较长；③充放电损失较低，充放电效率高，可达 95% 以上；④安全性能好，即使外部短路也不会发生故障；⑤污染小；⑥充放电时电压会发生变化，需要配置电压控制电路；⑦超过耐压时绝缘破坏会导致电容劣化，随频率上升容量会减少。

超级电容器的缺点是储存电能小，设置体积大等。大容量电容电池可在极短时间内进行充放电，放电电流大，长时间使用性能变化较小；而蓄电池可大量储存电能，充放电较长，长时间使用时性能变化较大。今后，如果大容量电容电池的单体蓄电容量大幅增加，

图 10.28　超级电容（EDLC）的外形

大容量的问题得到解决，它不仅可代替铅蓄电池，还可在太阳能光伏发电系统储能、电力系统的稳定供给、混合动力车、电动车等方面得到广泛应用。

4. 抽水蓄能

抽水蓄能 PSS（Pumped Storage System）电站的应用历史较长，该电站具有启停迅速、负荷跟踪性能好、运行可靠、寿命长、建设成本高等特点，一般在电力系统中承担削峰填谷、短时负荷、事故备用、蓄能、调峰、调频、调相、提高电力系统运行可靠性等任务，此外还可作为紧急事故备用电源，可用于太阳能光伏发电系统，利用多余电能（低谷电能）抽水转换成高峰电能，减少火电站的出力，降低二氧化碳的排放量。

抽水蓄能电站如图 10.29 所示，主要由上水库、下水库、厂房及发电设备、可逆式水泵水轮发电机组、调压塔、大坝以及压力管道等构成。可逆式水泵水轮发电机组主要由水泵水轮机、发电电动机以及可变速励磁装置等组成。水泵水轮机可作为水泵或水轮机运行，同样发电电动机可作为发电机或电动机运行。机组运行时可对发电电动机的转速进行控制，改变水泵水轮机的转速和抽水量；可根据系统的供需情况对发电电动机的输入功率进行微调，使抽水和发电处在最佳运行状态下工作。

在用电低谷时，抽水蓄能电站利用深夜核能发电、火力发电的多余电能驱动电机，带动水泵运行将下水库的水抽到上水库，而在用电高峰或需要电能时，水轮机利用上水库的水能做功带动发电机发电，起削峰填谷、事故备用、调峰、调频、抑制火力发电出力的作用。

一般来说，负荷曲线中的基荷电能主要由火电、核电承担，由于火力发电使用煤炭、石油、天然气等化石能源，发电时排出大量的有害气体，给地球环境和人类健康造成很大影响；而核能发电一旦出现事故，将造成人们的心理恐慌、生活影响和环境污染等重大问题，因此一些国家正在实行关停火电、废核政策，实行能源结构转型，大力发展可再生能源发电。

为了解决太阳能光伏发电等产生的多余电能、电网的运行稳定性以及电能质量等问题，作者曾提出了在太阳能光伏发电系统中使用抽水蓄能电站的新方法，并研究了抽水蓄能电站的设置地点，最佳容量以及承担基荷等课题。这一新方案可解决多余电能问题，可部分代替核能或火力发电承担的基荷，从而逐步削减核能和火力发电等。可大力普及太阳

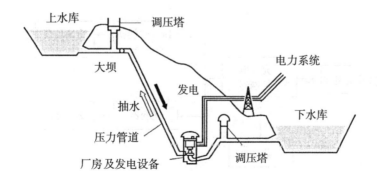

图 10.29 抽水蓄能电站

能光伏发电,节省发电用能源,降低火力发电所的有害排放,减轻对环境的污染。

在太阳能光伏发电系统中,利用抽水蓄能电站的工作原理与传统的相反,即当太阳能光伏发电系统有多余电能时,则利用多余电能驱动电动机并带动水泵将下水库的水抽到上水库储存起来,而在昼间供电高峰、傍晚或深夜(作为基荷)时,水轮机则利用上水库的水做功,带动发电机发电并向负载供电。除此之外,抽水蓄能发电的新方法利用包括太阳能光伏发电在内的可再生能源所产生的电能,不仅可将大量的多余电能移至傍晚或深夜使用,减轻大量的多余电能对电网的影响,还可承担基荷部分的电能,减少核能、火力发电的出力,节省发电用能源,大大降低火力发电时二氧化碳的排放,减轻环境污染。

抽水蓄能电站是目前最好、最经济的蓄能技术,国家能源局近日发布《抽水蓄能中长期发展规划(2021—2035)》,提出到 2030 年抽水蓄能投产总规模将达到 1.2 亿千瓦,这将会大力促进太阳能光伏发电的应用和普及。

10.5.3 储能装置并设型太阳能光伏发电系统应用

储能系统可在离网系统和并网系统中使用,在离网系统中主要利用蓄电池为海上导航设备、离岛以及偏远地区的用户提供电能;在并网系统中使用储能系统可在灾害时为负载提供电力,也可在平抑出力波动、削峰填谷、电能储存以及备用电源等方面使用。

1. 离网系统

图 10.30 所示为带蓄电池的离网系统。在离网系统中,负载不使用电力系统的电能,只使用太阳能光伏发电系统所发出的电能。在蓄电池充放电控制器的控制下,如果有多余电能时则向蓄电池充电,而电能不足时蓄电池则为负载供电。如果负载为直流负载,则太阳能光伏发电系统和蓄电池直接供电;如果为交流负载,则将直流电转换成交流电后供交流负载使用。

2. 并网系统

并网系统一般不使用蓄电池等储存系统,但由于太阳能光伏发电系统大量普及有可能

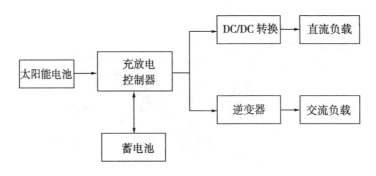

图 10.30　带蓄电池的离网系统

给电力系统的电压、频率等造成不利影响、电能的"自产自销"的意识正在得到人们的关注、再加上地震灾害或停电事故等需要自备电源,所以在并网系统中安装蓄电池等储能装置的情况越来越多。

　　带蓄电池的并网系统如图 10.31 所示。图中的并网逆变器有双向电能转换的功能,可将太阳能电池产生的直流电转换成交流电供交流负载使用,也可在太阳能光伏发电系统不发电或发电不足时,将来自电力系统的交流电(特别是电费便宜的深夜电能)转换成直流电,储存在蓄电池中,或供直流负载使用。

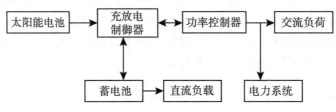

图 10.31　带蓄电池的并网系统

3. 家用储能系统

　　蓄电池等储能装置应用比较广泛,主要用于家庭、工商业以及大规模储能等方面。在太阳能光伏发电系统中,蓄电池等储能装置主要用于多余电能的储存、平抑出力波动、削峰填谷等方面。

　　家用储能系统是指在住宅设置的铅蓄电池、锂电池等,它有屋外式、屋内式以及壁挂式等种类,储能装置可放在屋外、屋内,也可挂在幕墙上以节约空间。图 10.32 所示为壁挂式家用储能系统的外形,它由蓄电池、蓄电池管理系统(含保护和控制电路)、直交转换装置、系统并网装置等组成。储能装置可使用铅蓄电池、锂电池,也可使用超级电容等。

　　家用储能系统接入电力系统时,在峰荷时可将深夜储存的电能送往电网以便削减峰值;也可储存较便宜的深夜电能,利用昼、夜间的电价差,降低消费电量和电费;根据太

图 10.32 家用储能系统

阳能光伏发电系统的发电量与家用电器用电状况,由蓄电池储存多余电能,控制家用储能系统,实现节能、削减二氧化碳排放的目的;也可储存太阳能光伏发电系统的多余电能,为电动摩托、电动车充电,减少多余电能对电力系统的影响,使供需关系平衡;停电时家用储能系统可作为紧急备用电源,通过配电盘为家用电器提供电能;在智能电网中使用时,可对家用储能系统的工作状态、使用情况等进行远控,实现综合控制和管理。

4. 平抑不稳定电源的出力波动

太阳能光伏发电的出力为间歇式和不连续性,随着太阳能光伏发电的大量应用和普及,有可能对电力供需平衡造成严重影响。使用蓄电池、抽水蓄能等储能系统对太阳能光伏发电、风力发电等出力不规则波动部分进行补偿是解决电力供需平衡、电压、频率波动等问题的有效方法之一。

图 10.33 所示为太阳能光伏发电系统出力波动控制系统。其原理是并网逆变器(PCS)监测太阳能光伏发电的出力波动部分(图中左侧的出力),当出力波动时,给蓄电池发出逆向出力的指令使蓄电池充电或放电,对太阳能光伏发电系统出力波动部分进行补偿(图中右侧的出力),以达到减小出力波动、稳定输出的目的。

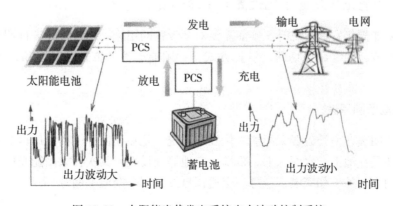

图 10.33 太阳能光伏发电系统出力波动控制系统

第11章 太阳能光伏发电系统的设计

太阳能光伏发电系统应用领域十分广泛，设置场合多种多样，需要根据不同的条件进行设计。本章主要介绍太阳能光伏发电系统设计时应考虑的各种因素、设计步骤、设计方法等，并用参数分析法和计算机仿真法分别说明独立型和住宅型太阳能光伏发电系统的设计方法，最后介绍太阳能光伏发电系统的成本核算方法、初期投资回收年数、能量回收时间和二氧化碳回收时间等。

11.1 太阳能光伏发电系统设计概述

太阳能光伏发电系统设计时必须考虑诸多因素，进行各种调查，了解太阳能光伏发电系统设置的用途和负载情况，决定系统的类型和构成，选定设置场所、设置方式、太阳能电池的方位角、倾角、可设置面积，进行太阳能电池方阵功率计算、支架设计等。

11.1.1 太阳能光伏发电系统设计时的调查

一般来说，太阳能光伏发电系统设计时应调查如下项目：①太阳能光伏发电系统设计时，首先需要与用户见面，了解如发电出力、设置场所、经费预算、安装时间以及其他特殊条件等；②进行建筑物的调查。如建筑物的形状、结构、屋顶的构造、当地的日照条件、环境温度等气象条件以及方位等；③电气设备的调查。如电气方式、负荷容量、分电盘、用电合同、设备的安装场所（并网逆变器、汇流箱以及配线走向等）；④施工条件的调查。如搬运设备的道路、施工场所、材料安放场地以及周围的障碍物等。

11.1.2 太阳能光伏发电系统设置的用途和负载情况

设置太阳能光伏发电系统时，事前需要对其设置的用途、负载情况进行调查，决定系统的型式、构成，选定设置场所、设置方式，太阳能电池的方位角、倾角、可设置面积等。

1. 设置场所和用途

首先，要明确在何处设置太阳能光伏发电系统，是在居民、工商业厂房等建筑物的屋顶上设置，还是在地上、水面水上、幕墙、空地等处设置。其次，太阳能光伏发电系统所产生的电力用在何处，如家电、应急、交通、自发自用、余电上网等。

2. 负载的特性

要弄清楚负载是直流负载还是交流负载，是昼间负载还是夜间负载。一般来说，住宅、公共建筑物等处为交流负载，因此需要使用逆变器。由于太阳能光伏发电系统只能在白天有日光的条件下才能发电，因此可直接为昼间负载提供电力，但对夜间负载来说则要考虑安装蓄电池。在负载大小已知的情况下，对独立系统来说，要针对负载的大小设计相应的太阳能光伏发电系统容量以满足负载的要求。

11.1.3　系统的类型、装置的选定

系统的类型、构成取决于系统使用的目的、负载的特点以及是否有备用电源等。对构成系统的各部分设备的容量进行设计时，必须事先决定系统的类型，其次是负载的情况、太阳能电池方阵的方位角、倾角、逆变器的种类等。

1. 系统类型的选定

系统类型根据是独立系统还是并网系统可以有许多种类。独立型太阳能光伏发电系统根据负载的种类可分成直流负载直连型、直流负载蓄电池使用型、交流负载蓄电池使用型、直、交流负载蓄电池使用型等系统。并网系统也有许多种类，如有反送电并网系统、无反送电并网系统，混合系统、切换式系统，应急系统等。

2. 系统装置的选定

系统装置的选定主要包括太阳能电池，并网逆变器、汇流箱、支架等。对安装蓄电池的系统，还要选定蓄电池、充放电控制器等。蓄电池的种类较多，如铅蓄电池、锂电池等。

11.1.4　设置型式的选定

太阳能电池方阵的设置场所、设置方式较多，可分为建筑物上、地面上、水面上等设置场所。一般在杆柱、地上、屋顶、幕墙以及水面上等处设置太阳能电池方阵。可分成如下几种类型。

1. 杆上设置型

这种设置方式是将太阳能光伏发电系统设置在金属、混凝土以及木制的杆、塔上，作为公园内的照明、交通指示灯的电源等。

2. 地上设置型

地上设置型分为平地设置型和斜面设置型。平地设置型是在地面上打好基础，然后将支架安装在该基础上，最后安装太阳能电池组件。斜面设置型与平地设置型基本相同，只是地面或地基是倾斜的。

3. 屋顶设置型

屋顶设置型可分为整体型、直接型、架子型以及空隙型等种类。整体型为与建筑物相结合的设置方式；直接型是指建材一体型或将太阳能方阵紧靠屋顶的设置方式；架子型是指在屋顶上设置的支架上设置太阳能方阵的方式；空隙型是指太阳能方阵与屋顶的倾斜面一致，但在太阳能方阵与屋顶之间留有一定空隙的设置方式。

4. 高楼屋顶设置型

高楼屋顶设置型是指在高楼屋顶安装的支架上设置太阳能光伏发电系统的方式。这种方式可自发自用，利用自然风降低太阳能电池温度。此外高空尘土较少，太阳能电池表面比较清洁，可提高转换效率，增加发电量。

5. 幕墙设置型

幕墙设置型包括建材一体型、幕墙设置型以及窗上设置型等。建材一体型是指太阳能电池方阵具有发电与壁材的功能，二者兼顾的设置方式；幕墙设置型是指在幕墙的壁面上设置太阳能电池方阵的方式；窗上设置型是指太阳能电池方阵除了具有发电的功能外，还作为窗材使用的方式。

6. 水面水上设置型

水面水上设置型是指将太阳能电池方阵安装在水库、池塘、海湾等水面水上的设置方式。这种方式可有效利用闲置的水面，节省土地，降低太阳能电池温度，提高转换效率，增加发电量。

11.1.5　太阳能电池的方位角、倾角的选定

太阳能光伏发电系统设计时，选定太阳能电池方阵的布置方式、方位角（direction angle）、倾角（tilt angle）非常重要。对于太阳能光伏发电系统来说，所谓方位角是指太阳能电池方阵面向东西南北方向的角度，方位角以正南为 0°，顺时针方向（西）取正，逆时针方向（东）取负。倾角为水平面与太阳能电池方阵之间的夹角。倾角为 0°时表示太阳能电池方阵为水平设置，90°则表示太阳能电池方阵为垂直设置。

太阳能光伏发电系统的发电量与设置场所的纬度、方位角、倾角、气象条件、太阳能电池的通风状况等有关，原则上太阳能电池的方位角、倾角应使其发电量最大，但考虑外观、抗风压结构、经济性等因素，有时所设置的方位角和倾角并非一定要满足发电量最大的要求。在现有屋顶设置太阳能电池方阵时，太阳能电池方阵应与该屋顶的方位和倾角保持一致。

1. 太阳能电池的方位角选择

一般来说，太阳能电池的方位角应选择正南方向（0°），以使太阳能电池的发电量最大。如果太阳能电池设置场所受到如屋顶、陆地、建筑物等阴影的限制时，则考虑与屋

顶、陆地、建筑物等的方位角一致，以避开其阴影的影响。例如在现有屋顶上设置时，为了有效利用屋顶的面积，应使太阳能电池方阵的方位与屋顶的一致。如果邻近建筑物或树木等的阴影有可能对太阳能电池方阵产生影响时，则应极力避免，应选择适当的方位角。另外，为了满足昼间最大负荷的需要，在设置太阳能电池方阵时，应使其方位角与昼间最大负荷出现的时刻相对应。

这里以所设置的太阳能电池倾角30°为例说明方位角与日射量的关系。图11.1所示为方位角和日射量的关系。由图可知，方位为南向时日射量最大（100%），北向时日射量最小（63%），东、西向时日射量约为84%，东南、西南时日射量约为95%。因此，为了使太阳能电池方阵获得较大的发电量，在设置太阳能电池方阵时一般将其面向南向，并与设置地点纬度保持一致。

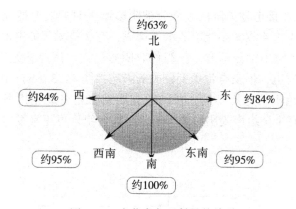

图 11.1　方位角与日射量的关系

2. 太阳能电池的倾角选定

最理想的倾角可以根据太阳能电池年发电量最大时的倾角来选择。但在现有屋顶设置时，则可与该屋顶的倾角相同。在有积雪的地区，为了使积雪能自动滑落，倾角一般选择50°~60°。所以太阳能电池方阵的倾角可以根据不同情况选择最佳倾角。

11.1.6　阴影对太阳能电池发电的影响

当建筑物、树木等的阴影遮挡太阳能电池组件时，其发电量会显著降低。一般来说，当相同浓度的阴影遮挡整个太阳能电池方阵时，发电量与阴影浓度成正比，但部分太阳能电池方阵被阴影遮挡时，发电量与阴影的面积不存在单纯的比例关系。由于串联组件的一部分被阴影遮挡时，流过组串的电流会减少，从而影响整个组串的发电量。为了减少阴影的影响，一般在太阳能电池组件中内藏有旁路二极管。

图11.2（a）所示为太阳能电池组件无阴影遮挡时的情况，此时电流可顺畅地流过太阳能电池组件。而图11.2（b）所示为太阳能电池组件一部分被阴影遮挡时的情况，此时由于阴影的遮挡，电流的流动受到阻碍，不能顺利通过太阳能电池组件。

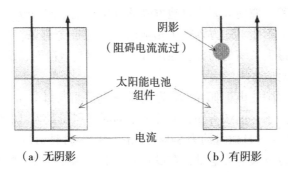

图 11.2　阴影遮挡与流过电流的关系

　　图 11.3 所示为太阳能电池方阵的一部分被阴影遮挡时的发电情况。假定太阳能电池方阵由 3 组串，各组串为 4 枚太阳能电池组件构成，有 3 枚太阳能电池组件受到阴影的遮挡。图 11.3（a）中各组串中分别有 1 枚组件有阴影遮挡，因此各组串的电压几乎相同，太阳能电池方阵虽可发电，但发电量受到较大的影响；图 11.3（b）中有 2 个组串受到阴影的遮挡，会导致各组串的电压不同，并网逆变器无法处在最佳状态下运行，发电量较低；图 11.3（c）中有 1 个组串受阴影的影响，而其余组串可正常发电，与前两种比较可多发电。

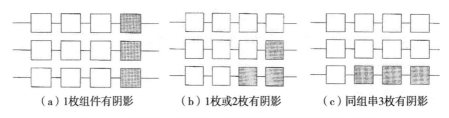

图 11.3　太阳能电池组件一部分被阴影遮挡时的发电情况

11.1.7　可设置面积

　　设计太阳能电池方阵时，要根据屋顶等的设置条件、设置地形、系统规模、太阳能电池方阵构成、设置方式以及周围的环境等决定可设置面积。然后对太阳能电池方阵的配置、方位角、倾角等进行设计，以使太阳能光伏发电系统的出力最大，并保证太阳能光伏发电系统安全、稳定运行。

11.1.8　太阳能电池方阵的设计

1. 太阳能电池组件的选定

　　太阳能电池组件的选定一般应根据太阳能光伏发电系统的规模、用途，可设置面积、周围的环境温度、外观等而定。太阳能电池组件的种类较多，现在比较常用的是单晶硅、多晶硅、非晶硅以及 CIS 太阳能电池等。

太阳能电池的选择根据是重视环境性还是重视经济性而有所不同。如果重视环境性，则需主要调查太阳能电池制造等成本；如果重视经济性，则需主要考虑安装等成本。另外选择太阳能电池时应重视其温度特性，有的太阳能电池适合于在寒冷地域使用，有的适合于在高温地域使用，因此应根据不同的地域条件选择相应的太阳能电池。

制造厂家不同，太阳能电池组件的尺寸也各不相同，但各厂家的太阳能电池性能差别不大，在选择太阳能电池组件时，应充分考虑自家屋顶可安装多大容量比较合适等问题。有关太阳能电池的寿命，制造厂家公布的寿命一般为 20~30 年，虽然超过该年限后太阳能电池的发电效率会有所下降，但如果对太阳能电池的出力要求不太高，仍然可继续使用若干年。

2. 太阳能电池方阵功率的计算

太阳能电池方阵的输出功率与负载的电压、电流有关，计算时应考虑负载和可设置面积、成本等因素，计算方法可参考后述的参数分析法中的有关内容。太阳能电池的公称容量与太阳能电池的测试标准条件有关，该标准条件为太阳能电池组件的表面温度为 25℃、AM 为 1.5、日照强度为 $1kW/m^2$。实际上厂家出厂时公布的太阳能电池组件额定出力的误差为 10% 以内，也就是说额定出力为 150W 的组件，实际的出力在 135~165W 左右。

一般来说，与标准条件相同的自然环境非常少，例如，安装在屋顶的晶硅太阳能电池组件的温度比周围的环境温度高 20~40℃，出力会降低 10%~20%，此外，并网逆变器等设备工作时会产生电能损失，因此，即使在晴天太阳能光伏发电系统的出力也只有额定出力的 60%~80%。

一般来说，太阳能电池的寿命为 20~30 年，而逆变器的设计寿命为 10 年左右。尽管太阳能电池的寿命较长，但由于逆变器的寿命较短，因此太阳能光伏发电系统的实际运行时间与逆变器等设备的使用寿命密切相关。

3. 支架设计

支架设计时应考虑设置地点的状况、环境因素、风压作用力、固定载荷、积雪载荷（如北方地区）以及地震载荷等因素。设计时需要进行事前调查、现地调查、考虑设计条件，决定太阳能电池组件的配列，进行支架结构和强度计算、荷载计算，最后进行支架基础部分的设计等。

11.1.9 太阳能光伏发电系统的价格

太阳能光伏发电系统主要由太阳能电池、并网逆变器和支架等构成。整个太阳能光伏发电系统的价格正在逐年下降，在设计系统时应确认每 kW 的平均价格，作为系统设计的参考。在设计和购买太阳能光伏发电系统时，应委托多个厂家提供报价单，对于价格较低的情况，需要特别注意价格过低可能会导致设备质量和施工质量出现问题。应参考市场价格，选择适中的报价和信得过的销售和施工安装公司。

11.2　太阳能光伏发电系统的设计步骤

太阳能光伏发电系统设计时应对设置场所的状况、方位、周围的情况进行调查，选定设置可能的场所，根据调查的结果选定太阳能电池方阵的设置方式，算出设置可能的太阳能电池组件数，设计支架，选定控制器等系统设备。然后，根据设置可能的太阳能电池组件数算出发电量，根据设计结果购买太阳能电池组件以及其他设备，安装太阳能电池组件并对其配线，施工安装工事结束后应对各个部分进行检查，如不存在问题则可交付、开始发电。

太阳能光伏发电系统设计时，设计步骤一般为：①根据负载估算所需电力；②确认屋顶的形状；③确定可设置太阳能电池组件的面积；④决定必要的太阳能电池的功率；⑤算出太阳能电池的面积；⑥决定必要的组件枚数；⑦决定逆变器的容量；⑧确定逆变器等的设置场所、分电盘电路、配线走向等；⑨设计施工安装方案；⑩施工、试验、运行。

11.3　太阳能光伏发电系统设计方法

由于太阳光辐射强度变化的无规律性、负载功率的不确定性以及太阳能电池特性的不稳定性，太阳能光伏发电系统的设计比较复杂，设计方法较多，这里主要介绍解析法和计算机仿真法等。解析法是根据系统的数学模型，并使用设计图表等进行设计，得出所需的设计值的方法。解析法可分为参数分析法和 LOLP 法（Loss of Load Probability）两种方法。

参数分析法是一种将复杂的非线性太阳能光伏发电系统当作简单的线性系统来处理的设计方法。设计时可从负载、太阳光的入射量着手进行设计，也可以从太阳能电池组件的可设置面积着手进行设计，该方法不仅使用价值高，而且设计方法比较简单；LOLP 法是一种用概率变量来描述系统的方法。由于系统的状态变量、系数等变化无规律可循，直接处理起来不太容易，采用 LOLP 法可以较好地解决此问题。

计算机仿真法则是利用计算机对日照量、不同类型的负载以及系统的状态进行动态计算，实时模拟实际系统状态的方法。由于此方法可以秒、小时为单位对日照量与负载进行一年的计算，因此，可以准确地反映日照量与负载之间的关系，设计精度较高。以上介绍了三种设计方法，一般常用参数分析法和计算机仿真法，这里着重介绍利用参数分析法和计算机仿真法进行系统设计的方法。

11.3.1　参数分析法

太阳能光伏发电系统设计时，一般采用根据负载决定所需太阳能电池功率的方法。但是太阳能电池在安装时，往往会出现设置面积受到限制等问题，因此也可事先调查太阳能电池可设置面积，然后算出太阳能电池的功率，最后进行系统的整体设计。

1. 太阳能电池方阵功率的计算

用参数分析法对系统进行设计时，要对太阳能电池方阵功率进行计算。一般分为两种情况：一种是负载消费量已决定时的情况，另一种是方阵面积已决定时的情况，这里介绍根据负载消费量决定太阳能电池方阵功率的方法。

根据负载消费量 E_L 决定标准状态下太阳能电池方阵功率 P_{AS}（kW），一般使用如下公式进行计算。

$$P_{AS} = \frac{E_L DR}{(H_A/G_S) k} \tag{11.1}$$

式中：H_A 为某期间得到的方阵表面的日照量，kWh/（m² 期间）；

G_S 为标准状态下的日照强度，kW/m²；

E_L 为某期间负载消费量（需要量），kWh/期间；

D 为负载对太阳能光伏发电系统的依存率（$=1-$ 备用电源电能的依存率）；

R 为设计余量系数，通常为 1.1~1.2；

k 为综合设计系数（包括太阳能电池组件出力变动的修正、电路损失、机器损失等）。标准状态为 AM1.5、日照强度为 1000W/m²、太阳能电池温度为 25℃。

上式中的综合设计系数 k 包括直流修正系数 k_d、温度修正系数 k_t、逆变器转换效率 η 等。直流修正系数用来修正太阳能电池表面的污垢，日照强度变化引起的损失，以及太阳能电池的特性差等，k_d 值一般为 0.8 左右；温度修正系数用来修正因辐射引起的太阳能电池的升温、转换效率变化等，k_t 值一般为 0.85 左右；逆变器转换效率 η 是指逆变器将太阳能电池发出的直流电转换为交流电时的转换效率，通常为 0.85~0.95。

对于住宅型太阳能光伏发电系统而言，某期间负载消费量 E_L 可用两种方法进行概算：第一种方法是根据所使用的电气设备的消费电能和使用时间来计算；第二种方法是根据电表记录的消费量进行推算。对于第一种方法一般采用如下公式进行计算。

$$E_L = \sum (E_1 T_1 + E_2 T_2 + \cdots + E_n T_n) \tag{11.2}$$

式中：负载消费量 E_L 一般以年为单位，即用 E_L 表示年总消费量，并用单位（kWh/年）表示；E_k（$k=1, 2, \cdots, n$）为各电气设备的消费电能；T_k（$k=1, 2, \cdots, n$）为各电气设备的年使用时间。

某期间得到的方阵表面的日照量 H_A 与设置的场所（如屋顶）、方阵的方位角以及倾角有关，该日照量每月、每年也不尽相同。太阳能电池方阵面向正南时日照量最大，太阳能电池方阵倾角与设置地点的纬度相同时，理论上的年日照量最大。实测结果表明，倾角略小于纬度时日照量较大。

2. 太阳能电池组件总数

计算出太阳能电池的功率（kW）之后，下一步则需决定太阳能电池组件总数和串联组件数（组串的组件数）。组件总数可以由必要的太阳能电池的功率计算得到，串联组件数可以根据必要的电压（V）算出。

太阳能电池组件总数由下式计算。

$$组件总数 = \frac{必要的太阳能电池的功率（W）}{每枚组件的最大功率（W）} \tag{11.3}$$

组串的串联组件数由下式计算。

$$串联组件数 = \frac{必要的电压（V）}{每枚组件的最大输出电压（V）} \tag{11.4}$$

根据组件总数和串联组件数则可计算出太阳能电池方阵的并联组串数，可由下式计算。

$$并联组串数 = \frac{组件总数}{串联组件数} \tag{11.5}$$

因此太阳能电池方阵所使用的组件总数为

$$太阳能电池方阵的组件总数 = 串联组件数 \times 并联组串数 \tag{11.6}$$

3. 太阳能电池方阵的年发电量估算

所设计的太阳能电池方阵的年发电量，可由下式进行估算。

$$E_p = \frac{H_A k P_{AS}}{G_S} \tag{11.7}$$

式中：E_p 为年发电量，kWh；P_{AS} 为标准状态时太阳能电池方阵功率，kW；H_A 为方阵表面的日照量，kW/（m²年）；G_S 为标准状态下的日照强度，1kW/m²；k 为综合设计系数。

4. 太阳能电池方阵的转换效率

标准状态下的太阳能电池方阵的转换效率 η_S 可由下式表示。

$$\eta_S = \frac{P_{AS}}{G_S A} \times 100\% \tag{11.8}$$

式中：A 为太阳能电池方阵面积；G_S 为标准状态下的日照强度，kW/m²。

太阳能电池转换效率有太阳能电池芯片转换效率、组件转换效率以及方阵转换效率，这些转换效率之间的关系是：芯片转换效率>组件转换效率>方阵转换效率。

5. 蓄电池容量的计算

太阳能光伏发电系统设计时，根据负载的情况有时需要设置蓄电池。蓄电池容量的选择要根据负载的情况、日照强度等进行。下面介绍负载比较稳定的供电系统和根据日照强度来控制负载功率的系统的蓄电池容量的设计方法。

1）负载比较稳定的供电系统的蓄电池容量

负载比较稳定且用电量不太集中时，可用下式决定蓄电池容量。

$$B_c = \frac{E_L N_d R_b}{C_{bd} U_b \delta_{bv}} \tag{11.9}$$

式中：B_c 为蓄电池容量，kWh；E_L 为负载每日的用电量，kWh/d；N_d 为无日照连续日数，d；R_b 为蓄电池的设计余量系数；C_{bd} 为容量低减系数；U_b 为蓄电池可利用放电范围；δ_{bv} 为蓄电池放电时的电压低下率。以上的 C_{bd}、U_b、δ_{bv} 为可以由蓄电池的有关技术资料得到。

2）根据日照强度控制负载功率的系统的蓄电池容量

无论是雨天还是夜间，当需要向负载提供最低电能时，必须考虑无日照连续期间向最低负载提供电能的蓄电池容量。在这种情况下，一般采用下式进行计算。

$$B_c = E_{LE} - P_{AS}\left(\frac{H_{A1}}{G_S k}\right)N_d R_b \big/ (C_{db} U_b \delta_{bv}) \tag{11.10}$$

式中：E_{LE} 为负载所需的最低消费量，kWh/d；H_{A1} 为无日照连续日数期间所得到的平均方阵表面日照量，kWh/d。

6. 逆变器容量的计算

对于独立系统来说，逆变器容量一般用下式进行计算。

$$P_{in} = P_m R_e R_{in} \tag{11.11}$$

式中：P_{in} 为逆变器容量，kVA；P_m 为负荷的最大容量；R_e 为突流率；R_{in} 为设计余量系数（一般取 1.5~2.0）。

对于并网系统来说，逆变器在负载率较低的情况下工作时效率较低。另外，逆变器的容量较大时价格较高，应尽量避免使用大容量的逆变器。选择逆变器容量时，应使其小于太阳能电池方阵功率，即 $P_{in} = P_{AS} C_n$，这里 C_n 为低减率，一般取 0.8~0.9。

11.3.2 计算机仿真法

计算机仿真法主要用来对太阳能光伏发电系统进行最优设计和确定运行模式。仿真时间通常以一年为对象，利用日照量、温度、风速以及负载等数据进行 8760h 的连续计算，决定太阳能电池方阵功率、蓄电池容量、负载的非线性电压电流特性以及运行工作点等。

1. 各部分的数学模型

太阳能光伏发电系统主要由太阳能电池、蓄电池、逆变器以及负载等组成。因此计算机仿真时需要建立各部分的数学模型，主要包括太阳能电池的数学模型、蓄电池的数学模型以及逆变器的数学模型等。

1）太阳能电池的数学模型

太阳能电池的等效电路如图 11.4 所示。在恒定光照下，处于工作状态的太阳能电池，其光电流不随工作状态而变化，在等效电路中可视为恒流源。图中的 R_s 称为串联电阻，是由于太阳能电池表里的电极接触、材料本身的电阻率、基区和顶层等而引入的附加电阻。R_{sh} 为并联电阻，由于电池边沿的漏电，电池的微裂纹、划痕等形成的金属桥漏电等，使一部分本应通过负载的电流短路被损失掉，可用一个并联电阻来等效。

由太阳能电池的等效电路可知，太阳能电池输出电流为

$$I = I_{ph} - I_d - I_{sh} \tag{11.12}$$

二极管电流 I_d 为

$$I_d = I_o\left(\exp\left(\frac{qV_j}{nkT}\right) - 1\right) \tag{11.13}$$

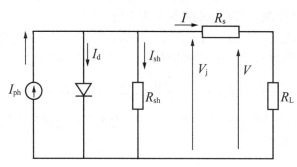

图 11.4　太阳能电池的等效电路

式中：I_{ph} 为与光照成正比的光电流；I_d 为二极管电流；I_{sh} 为漏电流；I_o 为饱和电流；n 为二极管常数；k 为波耳兹曼常数；T 为太阳能电池温度；q 为电子的电荷；V_j 为 PN 结电压。

I_{sh} 与工作电压成正比，假定并联电阻为 R_{sh}，则

$$I_{sh} = \frac{V_j}{R_{sh}} \tag{11.14}$$

太阳能电池的输出电压为

$$V = V_j - IR_s \tag{11.15}$$

太阳能电池的输出电流为

$$I = I_{ph} - I_o\left[\exp\frac{q(V + IR_s)}{nkT} - 1\right] - \frac{V + IR_s}{R_{sh}} \tag{11.16}$$

由于太阳能电池的输出随温度上升而下降，因此需要对太阳能电池的输出进行温度修正。常见的有两种方法，一种是使用温度修正系数的方法，另一种是使用二极管温度特性的方法。因为理想二极管的温度特性在很大程度上依赖于饱和电流 I_o 的温度特性，因此一般用二极管的温度特性来加以修正。饱和电流的温度特性如下式所示。

$$I_o = C_1 T^3 \exp\left[\frac{-E_{g0}}{kT}\right] \tag{11.17}$$

式中：C_1 为常数；E_{g0} 为绝对零度时的带隙。

太阳能电池的温度受气象条件的影响，与标准状态下的输出特性不同。太阳能电池的温度一般高于环境温度，受日照、风速等因素的影响，日光照射时温度上升，有风时温度则下降。因此需要考虑太阳能电池组件的构造、方阵的设置方法等，并根据技术资料或试验数据对太阳能电池方阵的温度上升加以修正。

2）铅蓄电池的数学模型

太阳能光伏发电系统中常用铅蓄电池（lead acid battery）储存电能，这里以铅蓄电池为例建立数学模型。铅蓄电池的等价电路如图 11.5 所示，由铅蓄电池的输出电压源与串联电阻组成，其数学表达式如下。

$$V_b = E_b - I_b R_{sb} \tag{11.18}$$

式中：V_b 为铅蓄电池的输出电压；E_b 为铅蓄电池的端电压；I_b 为铅蓄电池的充放电电流；

R_{sb} 为铅蓄电池的内阻。

蓄电池一般由 N_{bs} 个蓄电池串联, N_{bp} 个蓄电池并联构成铅蓄电池系统。因此,蓄电池的端电压为 $V_B = V_b N_{bs}$, 电流为 $I_B = I_b N_{bP}$, 所使用的蓄电池总数量为 N_{bs} 与 N_{bp} 的乘积。

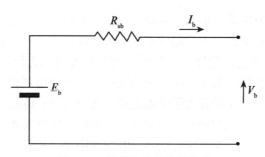

图 11.5 铅蓄电池的等价电路

3) 逆变器的数学模型

逆变器的数学模型需要考虑无负载损失,输入电流损失以及输出电流损失等因素,其数学表达式如下。

$$I_o = \frac{p_i \eta}{V_o \phi} \tag{11.19}$$

$$P_o = P_i - L_o - R_i I_i^2 - R_o I_o^2 \tag{11.20}$$

$$I_i = \frac{P_i}{V_i} \tag{11.21}$$

$$\eta = \frac{P_o}{P_i} \tag{11.22}$$

$$P = V_o I_o \tag{11.23}$$

式中:V_i 为逆变器的输入电压;I_i 为逆变器的输入电流;P_i 为逆变器的输入功率;V_o 为逆变器的输出电压;I_o 为逆变器的输出电流;P_o 为逆变器的输出功率;ϕ 为功率因素;η 为逆变器效率;L_o 为逆变器无负载损失;R_i 为逆变器等价输入电阻;R_o 为逆变器等价输出电阻。

无负载损失与负载无关,为一常数。电流损失为输入侧与输出侧之和。另外,如果逆变器具有最大功率点跟踪控制,则逆变器的输入电压与太阳能电池方阵的最大功率点时的工作电压一致,因此逆变器可以在保持最大功率点的状态下工作;同样此时逆变器的输入电流与太阳能电池方阵的最大功率点时的工作电流一致。实际上,逆变器由于受跟踪响应与日照变动等因素影响,对最佳工作点的跟踪并非理想,一般会偏离最大功率点。因此,计算机仿真时以秒为单位进行仿真,可使计算结果更加精确。

2. 计算机仿真用标准气象数据

计算机仿真时需要使用太阳能光伏发电系统设置地点的标准气象数据,如户外温度、直达日照量、风向、风速、云量等。根据负载的要求、标准气象数据以及方阵的面积可以算出方阵的出力、蓄电池容量、逆变器的大小等。标准气象数据可使用中国气象局公布的气象数据。

11.4　独立型太阳能光伏发电系统的设计

独立型太阳能光伏发电系统的设计步骤没有统一的格式，一般根据已知条件，如太阳能电池可设置面积、负载情况、所选定的系统等来选择设计方法。这里采用了几种不同设计方法对几种不同的系统进行设计。一般地，独立型太阳能光伏发电系统的设计步骤包括：①了解设置场所的状况、数据、决定负载功率；②决定电器设备的消费电流；③决定太阳能电池一日所需容量；④计算太阳能电池最大输出电压；⑤选定太阳能电池组件、容量、种类；⑥选择太阳能电池的并联、串联的连接方法；⑦计算蓄电池的容量；⑧选定蓄电池；⑨选定充放电控制器；⑩选定逆变器；⑪选定阻塞二极管。

11.4.1　使用参数分析法设计独立型系统

使用参数分析法对独立型太阳能光伏发电系统进行设计时，首先必须根据负载消费量、用途等决定系统的构成。独立型太阳能光伏发电系统根据负载的种类、是否使用蓄电池、是否使用逆变器可分为以下几种：直流负载直连型、直流负载蓄电池使用型、交流负载蓄电池使用型、直、交流负载蓄电池使用型等。下面分别介绍这些系统的设计方法。

独立型太阳能光伏发电系统设计时，首先要弄清太阳能电池使用场所的日照条件、电气设备的使用条件等，然后根据负载消费量决定太阳能电池的功率。如果使用蓄电池，还必须决定蓄电池的容量。

1. 直流负载直连型系统的设计

对于直流负载直连型系统，根据所用电器的电气特性，选择太阳能电池的功率会有很大差异，由于该系统不用蓄电池，一般来说，太阳能电池的功率应为负载功率的 2 倍左右。

2. 直流负载蓄电池使用型系统的设计

对于直流负载蓄电池使用型系统和交流负载蓄电池使用型系统，太阳能电池的功率计算流程如图 11.6 所示。

一日必要的电流 I_L 以及必要的太阳能电池的电流 I_S，可分别由下式计算。一日必要的电流为

$$I_L = I \times T (\text{Ah/d}) \tag{11.24}$$

必要的太阳能电池的电流为

$$I_S = I_L/(0.6 \times (3 \sim 4) \times 0.8) \tag{11.25}$$

蓄电池容量计算流程如图 11.7 所示，其中，蓄电池容量可由下式进行计算。

$$C = I_L \times (3 \sim 4)/(0.75 \times (0.5 \sim 0.7) \times 0.8) \tag{11.26}$$

下面举例说明实际系统的设计方法。这里假定直流负载为荧光灯，电压为 12V，负载功率为 4W。荧光灯作为庭院灯使用，每天夜间使用 5h。计算流程如图 11.6 所示。

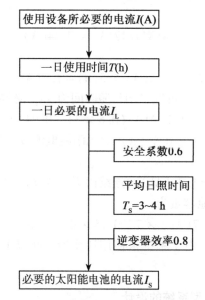

图 11.6　太阳能电池的功率计算流程

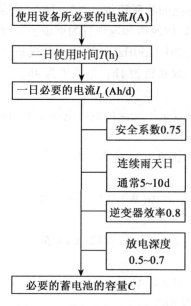

图 11.7　蓄电池容量计算流程

1）系统的构成

由于太阳能电池只需向荧光灯供电，而且为直流负载，因此不需要设置逆变器，可考虑采用直流负载蓄电池使用型系统。

2）太阳能电池的功率的计算

在已知负载功率的前提下，需要根据负载功率决定太阳能电池的功率。

荧光灯必需的电流为

$$I = 4(\text{W})/12(\text{V}) = 0.34(\text{A})$$

一日所必需的容量为

$$I_{\text{L}} = 0.34(\text{A}) \times 5(\text{h}) = 1.7(\text{Ah})$$

决定太阳能电池的功率时，可选平均日照时间为 3h，必要的电流为

$$I_{\text{S}} = 1.7(\text{Ah})/(0.6 \times 3) = 0.94(\text{A})$$

可见，选择工作电压为 15V，$I_{\text{S}} = 0.5$（A）的太阳能电池较合适。

3）蓄电池容量的计算

由前面的计算可知，$I_{\text{L}} = 1.7$（Ah），连续雨天日为 7d，由于蓄电池每天重复充放电，因此放电深度取 0.5，蓄电池容量为

$$C = 1.7(\text{Ah}) \times 7/(0.75 \times 0.5) = 31.7(\text{Ah})$$

因此选 32Ah 的蓄电池即可。由于系统未使用逆变器，在以上计算中省去了逆变器效率，将逆变器效率视为 1。

3. 交流负载蓄电池使用型系统的设计

由于一般家庭的电器为交流负载，因此必须将直流电转换成交流电，这就需要使用逆变器。因此，在计算太阳能电池的功率和蓄电池容量时，必须考虑逆变器的容量，计算流程见图 11.6 和图 11.7。这里以收录机和电视机为例说明设计方法。

使用电器：收录机（AC220V、50Hz、10W）、电视机（AC220V、50Hz、60W），总功率为 70W。每日使用时间：收录机为 1h，电视机为 4h。

1）系统的构成

由于负载为交流负载，所以采用交流负载蓄电池使用型系统。

2）太阳能电池的功率的计算

由于使用 12V 的蓄电池，因此，录音机、电视机的消费电流可由下式求得。收录机的消费电流为

$$I_{\text{R}} = 10(\text{W})/12(\text{V}) = 0.84(\text{A})$$

电视机的消费电流为

$$I_{\text{T}} = 60(\text{W})/12(\text{V}) = 5(\text{A})$$

一日所必需的容量：

收录机为 $I_{\text{RT}} = 0.84(A) \times 1 = 0.84(\text{Ah})$

电视机为 $I_{\text{TT}} = 5(A) \times 4 = 20(\text{Ah})$

总容量为 $0.84(\text{Ah}) + 20(\text{Ah}) = 20.84(\text{Ah})$

选平均日照时间为 3h，则 $I_{\text{S}} = 20.84(\text{Ah})/(0.6 \times 3 \times 0.8) = 15.4(\text{A})$，可以选择工作电压 15V，$I_{\text{op}}$ 为 1.2（A）的太阳能电池 12 枚，其电流为 14.4A，输出功率为 216W。

3）蓄电池容量的计算

由前面的计算可知，收录机和电视机一日所必需的总容量为 20.84Ah，假定连续雨天日为 7d，由于蓄电池每天重复充放电，因此放电深度取 0.5，蓄电池容量为

$$C = 20.84(\text{Ah}) \times 7/(0.75 \times 0.5 \times 0.8) = 487(\text{Ah})$$

可选 500Ah 的蓄电池。

4）逆变器

如前所述，逆变器是一种将直流电转换成交流电的装置。对于本设计系统来说，要将 12V 的直流电转换成 220V 的交流电。由于录音机与电视机的总消费功率为 70W，因此必须选择 70W 以上容量的逆变器。逆变器的容量一般用单位（VA）来表示，其容量通常取消费功率的 1.5 倍左右。

根据以上计算，太阳能电池的输出功率为 216Wp，电压为 15V，太阳能电池方阵为 12 枚；蓄电池的电压为 12V，容量为 500Ah；逆变器的输入电压为 12V，输出电压为 220V/50Hz，容量为 330VA。

4. 直、交流负载蓄电池使用型系统的设计

为了说明直、交流负载蓄电池使用型系统的设计方法，这里假定直流负载为 12V/36W 的电灯，一日使用时间为 2h。交流负载为 220V/24W 的计算机，一日使用时间为 3h。考虑到雨天、夜间使用的需要，假定蓄电池储存的电力能可满足 5 天的需要。根据以上要求可选择直、交流负载蓄电池使用型系统。下面说明直、交流负载蓄电池使用型的太阳能光伏发电系统的设计方法。

1）电器的消费电流的决定

负载功率、额定电压已知时，电器的消费电流可由下式确定。

$$消费电流 = \frac{消费功率}{额定电压} \tag{11.27}$$

对于直流 12V/36W 的电灯来说，消费电流 $= 36(\text{W})/12(\text{V}) = 3(\text{A})$；由于计算机为交流负载，因此应计算出交流消费电流，然后换算成直流消费电流。计算机的消费电流 $= 24(\text{W})/220(\text{V}) = 0.11(\text{A})$；直流消费电流 $= 24(\text{W})/12(\text{V}) = 2(\text{A})$。

2）太阳能电池一日的必要发电容量的决定

由于太阳能电池的设置条件与气象、污染状况等有关，并非一直处在最佳的发电状况，因此需要对太阳能电池的出力进行修正。一般用下式计算太阳能电池一日所需发电容量。

太阳能电池一日的必要发电容量（Ah/d）= 一日的消费容量（Ah/d）/（出力修正系数×蓄电池充放电损失修正系数×其他修正系数） (11.28)

式中：出力修正系数与气象条件、太阳能电池的污染状况、老化等有关，一般取 0.85；蓄电池充放电损失系数与蓄电池的充放电效率有关，一般取 0.95；其他的修正系数与逆变器的转换效率、损失有关，详见使用说明书。

太阳能电池一日所需发电容量确定之后，则需要根据太阳能电池设置地区的平均日照时间决定太阳能电池的必要电流。太阳能电池的必要电流根据下式确定。

$$太阳能电池必要电流 = \frac{太阳能电池一日的必要发电容量（Ah/d）}{一日平均日照时间（h）} \tag{11.29}$$

平均日照时间一般根据一年的日照时间来决定，太阳能电池设置地区不同则平均日照

时间也不同，因此一般将日照量换算成 $1000W/m^2$ 时，平均日照时间为 2.6~4h，这里以平均日照时间为 3.3h 为例。

由于所使用的电灯为直流电器，式中的其他修正系数可取 1；而计算机为交流负载，需要通过逆变器将太阳能电池的直流电转换成交流电，这里假定逆变器的转换效率为 80%，需要说明的是逆变器的转换效率与制造厂家、产品有关，请参阅厂家的产品说明书。

太阳能电池一日所需发电容量的计算如下。

太阳能电池一日的必要发电容量(Ah/d) = (3(A) × 2(h)/(0.85 × 0.95 × 1) + (2(A) × 3(h)/(0.85 × 0.95 × 0.8))

$$= 16.7(Ah/d)$$

太阳能电池的必要电流计算如下。

太阳能电池必要电流(A) = 16.7(Ah/d)/3.3(h/d) = 5.06(A)

将太阳能电池平面与太阳的光线成直角设置时，太阳能电池的出力最大。太阳能电池的倾角一般选择一年之中发电效率最高的南向与水平面的夹角。设置场所应选择一年中日照时间最短日（冬至前后）的日中（上午 9 时到下午 3 时），并且太阳能电池无阴影的地方。如果条件允许可以设置可根据冬、夏调整太阳能电池角度的支架，以增加太阳能电池的出力。

3）太阳能电池的最大出力电压的计算

太阳能电池的最大出力电压一般利用下式进行计算。

太阳能电池最大出力电压 = 蓄电池的公称电压 × 满充电系数 + 二极管电压降

(11.30)

如果使用铅蓄电池，其公称电压为 12V，满充电系数为 1.24，硅整流二极管的电压降为 0.7V，则太阳能电池最大出力电压的计算如下。

太阳能电池的最大出力电压（V）= 12×1.24+0.7 = 15.58（V）

4）太阳能电池的选定

太阳能电池的必要电流和最大电压决定之后，可参考太阳能电池规格选择适当的太阳能电池。由于太阳能电池的出力受光辐射强度、环境温度、设置场所的方位角以及倾角等因素的影响，有时难以发出足够的电能，因此，在选择太阳能电池时必须考虑这些因素并留有余地。

5）太阳能电池并联、串联的连接方法

一枚太阳能电池往往难以满足实际负载的需要，因此必须将数枚太阳能电池串联或并联，以满足负载的电压、电流以及功率的需要。数枚太阳能电池串联或并联使用时，应尽量使用同一规格的太阳能电池，因为不同规格的数枚太阳能电池串联或并联使用时，由于组件出现电压、电流误差，有时难以充分发挥太阳能电池的功能。

串联是将同一规格的各太阳能电池的正极与负极分别连接的方法。这种连接方法可使输出电压增加，但输出电流基本保持不变。如某太阳能电池厂家制造的太阳能电池的规格：

（1）最大出力为 50（W）；

（2）最大输出电压为 15.9（V）；

（3）最大输出电流为 3.15（A）。

2 枚太阳能电池串联时：

（1）最大出力为 100（W）（50W×2）；

（2）最大输出电压为 31.8（V）（15.9V×2）；

（3）最大输出电流为 3.15（A）（不变）。

并联是将同一规格的数枚太阳能电池的正极全部相连、将负极全部相连。这种并联方式会使输出电流增加，而输出电压不变。

同样，如果太阳能电池的规格如上，2 枚太阳能电池并联时：

（1）最大出力为 100（W）（50W×2）；

（2）最大输出电压为 15.9（V）（不变）；

（3）最大输出电流为 6.3（A）（3.15A×2）。

由此可知，将两枚太阳能电池并联使用时，可以满足前面算出的太阳能电池的必要电流 5.06A，最大输出工作电压 15.58V 以上的需要。

6）蓄电池的容量计算

计算蓄电池容量时，需要考虑蓄电池充放电损失，如发热损失。蓄电池维护系数用来对蓄电池充放电时的损失进行修正，维护系数一般为 0.8 左右。蓄电池的容量由下式计算。

$$蓄电池的容量（Ah）= \frac{1 日的消费容量（Ah/d）×连续无日照保障日数（d）}{蓄电池维护系数}$$

（11.31）

代入以上数据，可计算出蓄电池的容量为

蓄电池的容量（Ah）= 16.7（Ah/d）×5（d）/0.8 = 104（Ah）

7）蓄电池的选定

太阳能电池与蓄电池一起使用时，必须合理地选择蓄电池并对其进行维护。选择蓄电池时必须考虑负载功率、蓄电池的放电深度、设置环境、价格成本以及使用寿命等因素。另外，铅蓄电池出现过充电时，会过多地消费蓄电池的电解液，从而导致铅蓄电池破损，应极力避免。

蓄电池的种类较多，目前主要使用铅蓄电池、碱蓄电池以及锂电池等。一般来说，铅蓄电池容量大、价格较便宜，但重量较重，使用寿命一般在 2~5 年。而碱蓄电池寿命长、一般为 12~20 年，大电流放电特性较好、重量较轻，但价格较高。锂电池能量密度较大、电压高、自放电小，但安全性能较差；太阳能光伏发电系统中使用铅蓄电池、锂电池较多。

8）充放电控制器的选定

充放电控制器由阻塞二极管、继电器、温度修正装置等构成。阻塞二极管用来防止蓄电池的电流流向太阳能电池；继电器的作用是根据照度传感器和太阳能电池的输出电压，使蓄电池与负载连接为负载供电。温度修正装置具有检测蓄电池的温度，然后对充电电压进行修正的功能。充放电控制器的选择与蓄电池输入电流、负载电流有关，设计时要留有一定的余地。蓄电池输入电流、负载电流分别由下式计算，其中维护系数一般取 0.85 左右。

$$蓄电池输入电流（A）= \frac{太阳能电池短路电流（A）}{维护系数} \tag{11.32}$$

$$负载电流（A）= \frac{直流电器的最大出力（W）}{系统电压（V）×维护系数} \tag{11.33}$$

将有关数据代入上式，可以计算出蓄电池输入电流、负载电流。

蓄电池的输入电流（A）= 6.9（A）/0.85 = 8.12（A）

负载电流（A）= 36（W）/12（V）×0.85）= 3.5（A）

充放电控制器的最大输入电压必须大于太阳能电池的开路电压（这里为 19.8V），以防止充放电控制器受到损坏。

9）逆变器的选定

逆变器是一种将直流电转换成交流电的装置。根据其转换原理可分为正弦波形、模拟正弦波形以及矩形波形等种类。正弦波逆变器与一般家庭所使用的商用电源的电压波形相同；模拟正弦波逆变器（又称阶梯波逆变器）转换效率较高、体积小、轻便，但价格较高；矩形波逆变器（又称方波逆变器）较便宜，但有运转噪声。

选定逆变器时，需要事先计算出逆变器的输入、输出电流。这里假定逆变器转换效率为 90%，逆变器的输入、输出电流可由下式计算。

$$逆变器的输出电流（A）= \frac{交流输出功率（W）}{交流电压（V）} \tag{11.34}$$

$$逆变器的输入电流（A）= \frac{逆变器输出电流（A）×交流电压（V）}{（系统电压（V）×转换效率）} \tag{11.35}$$

需要注意的是逆变器的输入电流和输出电流是不同的，如图 11.8 所示，由于计算机功率为 24W，交流电压为 220V，逆变器的输出电流、输入电流计算如下。

逆变器的输出电流（A）= 24（W）/220（V）= 0.11（A）

逆变器的输入电流（A）=（0.11（A）×220（V））/（12（V）×0.9）= 2.24（A）

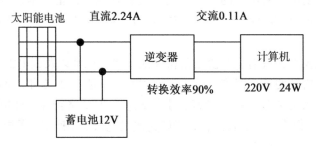

图 11.8　逆变器的输入电流与输出电流的关系

11.4.2　使用计算机仿真法设计独立型系统

以上介绍了使用参数分析法设计独立型太阳能光伏发电系统的方法。下面以直、交流负载直接型太阳能光伏发电系统为例，简要说明用计算机仿真法设计独立型太阳能光伏发电系统的方法。

如前所述，用计算机仿真法设计独立型太阳能光伏发电系统时，需要利用太阳能光伏发电系统设置地区的标准气象数据，如环境温度、直达日照量、风向、风速、云量等。然后根据太阳能电池方阵、蓄电池、逆变器等的数学模型、负载特性、标准气象数据以及方阵面积等进行最优设计并确定运行模式。仿真时间通常为一年，进行 8760h 的连续计算，决定太阳能电池方阵功率、蓄电池容量、逆变器的大小以及运行工作点等。

1. 太阳能电池方阵功率和面积的仿真计算

这里，以太阳能电池方阵功率和面积的设计为例说明计算机仿真的设计方法。其中，系统的初始条件为太阳能电池的转换效率、逆变器的转换效率、太阳能电池方阵的温度系数等，计算流程如图 11.9 所示。

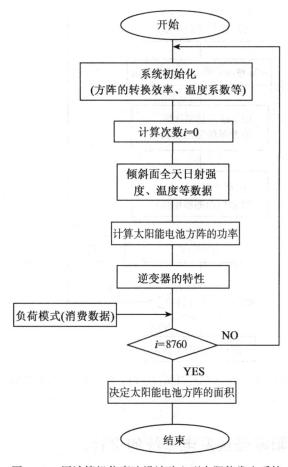

图 11.9 用计算机仿真法设计独立型太阳能发电系统

2. 蓄电池容量仿真计算

图 11.10 所示为用计算机仿真法设计蓄电池使用型独立型太阳能光伏发电系统的计算流程。计算蓄电池容量时，首先适当设定蓄电池的端电压 V_1，再算出此电压所对应的太阳能电池方阵的输出电流 I_1 和与负载功率相应的逆变器的输入电流 I_3，根据二者之差 $(I_1 - I_3)$ 计算出蓄电池的电流 I_2，然后由 I_2 计算出蓄电池的电压 V_2，当 V_1 与 V_2 的差在允许范围内时，则进行下一步的计算，若 V_1 与 V_2 之差较大，则取 V_1 与 V_2 的平均值 V_{av} 作为新的 V_1 代入再进行计算，直到 V_1 与 V_2 之差在允许范围内为止，然后结束此计算而进行其他的计算。

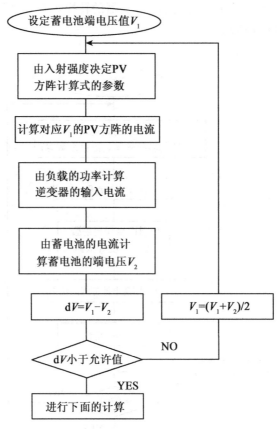

图 11.10　用计算机仿真法设计独立型太阳能光伏发电系统

11.5　住宅型太阳能光伏发电系统的设计

这里以住宅型屋顶太阳能光伏发电系统为例，在给定的条件下，利用参数分析法说明太阳能电池方阵的设计方法和步骤，并计算必要的太阳能电池方阵功率、方阵总枚数、串、并联数，并对系统的年发电量进行估算。

11.5.1 设计步骤

住宅型太阳能光伏发电系统一般为反送电并网系统，因此这里以住宅并网型太阳能光伏发电系统为例说明设计步骤。

包括：①屋顶调查，包括结构形状、方位、倾角以及周围状况等；②太阳能电池设置场所的选定（屋顶强度、屋顶面积等）；③确定并网逆变器的输出电压；④决定必要的太阳能串电池方阵功率；⑤决定太阳能电池方阵总枚数；⑥决定太阳能电池方阵的串联组件数；⑦决定太阳能电池方阵的并联组串数；⑧年发电量估算；⑨决定最终设计方案。

11.5.2 设计条件

这里假定设计条件为：

(1) 屋顶面积为 $40m^2$，不受阴影遮挡；

(2) 实地调查结果，设置面积为 $36m^2$；

(3) 屋顶正南向，倾角为 30°；

(4) 家庭年总消费量为 3000kWh；

(5) 设置场所的年平均日照量为 $3.92kWh/m^2$；

(6) 太阳能电池组件功率为 100W、电压为 35V、尺寸为 98.5cm×88.5cm；

(7) 并网逆变器的输入直流电压为 220V。

11.5.3 太阳能电池方阵的设计

1. 必要的太阳能电池方阵功率

这里，假定家庭全部消费电力由太阳能光伏发电系统提供。因此负载对太阳能光伏发电系统的依存率为 100%（=1），设计余量系数 R 取 1.1，综合设计系数取 0.58，满足年消费量时的必要的太阳能电池方阵功率由下式计算。

$$P_{AS} = \frac{E_L DR}{(H_A / G_S) k} \tag{11.36}$$

代入有关数据，得到如下的必要的太阳能电池方阵功率。

$$P_{AS} = \frac{3000/365 \times 1.0 \times 1.1}{(3.92/1.0) \times 0.77} = 2.995(kW)$$

2. 太阳能电池组件的必要枚数

太阳能电池必要枚数 = 2.994（kW）÷100（W）= 2994÷100 = 29.94（枚），可取 30 枚。

3. 太阳能电池组件的串联组件数

由于并网逆变器的输入直流电压为 220V，一枚太阳能电池的输出电压为 35V，所以串联组件数为 220（V）÷35（V）= 6.29（枚）。因此，组串由 6 枚太阳能电池组件构成，其出力为 600W（100W×6 枚），电压为 210V（35V×6 枚），面积约为 6m²。

4. 并联组串数

由于设置面积为 36m²，组串所占面积为 6m²，所以并联组串数为 36（m²）÷6（m²）= 6，即可配置 6 个组串。如果将各组串并联起来便构成太阳能电池方阵，可设置的太阳能电池方阵功率为 600（W）×6 = 3600（W），因此该住户可设置 3.6kW 的太阳能光伏发电系统。

最后考虑屋顶形状、阴影、维护等因素，对太阳能电池组件进行布置设计，以确保 3kW 的太阳能电池方阵设置无误，到此太阳能光伏发电系统的设计结束。系统设计完后，所设计的太阳能电池方阵到底能产生多大的年发电量，可用下式进行估算。

$$E_P = \frac{H_A k P_{AS}}{G_S} \tag{11.37}$$

$$E_P = \frac{3.92 \times 365 \times 0.77 \times 3.6}{1} = 3966.2(\text{kWh})$$

可见太阳能电池方阵一年的发电量为 3966.2kWh，能满足年 3000kWh 的需要。需要指出的是住宅并网型太阳能光伏发电系统设计时，用参数分析法设计一般比较粗略，而采用计算机仿真法，利用日照量、温度、风速以及负载等数据进行实时计算，得出的结果会更精确。

11.6　太阳能光伏发电系统成本核算

太阳能光伏发电系统的费用一般可分成设置费用和年经费。设置费用包括系统设备费用、安装施工费用以及土地使用费用等。在系统设备费用中，逆变器和系统并网保护装置的费用约占一半；太阳能光伏发电系统的年经费（年直接费用）包含人工费用、维护检查费用等。一般来说，住宅型太阳能光伏发电系统的年经费非常低。

太阳能光伏发电系统的成本一般用发电成本来评价，可用下式计算。

$$\text{发电成本} = \frac{\text{年经费}}{\text{年发电量}} \tag{11.38}$$

年发电量可以由下式进行估算。

$$E_P = \frac{H_A k P_{AS}}{G_S} \tag{11.39}$$

式中：E_P 为年发电量，kWh；P_{AS} 为标准状态时太阳能电池方阵功率，kW；H_A 为方阵表面的年日照量，kW/m²年；G_S 为标准状态下的日照强度，1kW/m²；k 为综合设计系数。

火力发电或核电等的发电成本一般根据电力公司的年经费（人事费、燃料费以及其他诸费用）算出，而太阳能光伏发电系统一般利用下式进行计算。

$$\text{发电成本（元/kWh）} = \frac{（\text{设置费用} \div \text{使用年数}）+ \text{年直接费用}}{\text{年发电量}} \tag{11.40}$$

太阳能光伏发电系统的发电成本正在逐年下降,在一些国家甚至低于火力发电、核电等发电方式。但随着太阳能光伏发电系统的大量应用与普及,未来太阳能光伏发电系统的发电成本将会大大下降。

11.7　初期投资回收年数

对于所设置的太阳能光伏发电系统,如果没有国家、省市或村乡各级政府的财政补贴,则初期投资回收年数较长,对于一个4口之家来说,可能需要20~30年。如果使用电价比较便宜的深夜电能,减少昼间电价较高的电能使用量,初期投资回收年数可减少5年左右。如果得到政府的财政补贴,加上出售多余电能的收入,初期投资回收年数为10年左右。

11.8　能量回收时间和二氧化碳回收时间

太阳能光伏发电不使用化石燃料,不排放二氧化碳,对环境友好。但制造太阳能电池、逆变器以及支架等设备时需要使用火电等生产的电能。在太阳能光伏发电中,需要考虑利用太阳能光伏发电系统所发电电能抵消制造太阳能光伏发电系统所消耗的电能需要花多长时间的问题,即能量回收时间(EPT)。它与构成系统的装置、厂家等因素有关,一般为2~3年。太阳能光伏发电系统的使用年数大约为20年,除去最初的2~3年的能量回收时间以外,用户可在剩下的17~18年中使用太阳能光伏发电系统产生的清洁电能。

制造产品时会消耗能源,太阳能光伏发电系统也不例外,光伏发电发电时虽不排出温室气体、有害气体,但在太阳能光伏发电系统制造时会消耗能源,并排出二氧化碳等气体。考虑太阳能光伏发电系统对环境的影响时,需要对能量回收时间和二氧化碳回收时间等指标进行评估。如果这些回收时间与太阳能光伏发电系统的寿命相比较短,则可减少能源、环境等压力,有利于太阳能光伏发电的应用与普及。

11.8.1　能量回收时间

能量回收时间EPT(Energy Payback Time)是指太阳能光伏发电系统全寿命期间投入的能量(含制造时的耗能)与系统年产生的能量之比,单位为年。即太阳能光伏发电系统在几年内能把自己全寿命周期内消耗的能量回收回来,回收时间越短越好。能量回收时间是判断利用可再生能源的指标之一。

$$\text{EPT} = \frac{\text{全寿命期间投入的能量}}{\text{系统年产生的能量}} \tag{11.41}$$

11.8.2　二氧化碳回收时间

二氧化碳回收时间(CO_2PT)是指能源设备的全寿命二氧化碳排出量与利用太阳能电池发电使二氧化碳削减的年排量之比。该指标表示几年内可回收全寿命二氧化碳排出量。

$$CO_2PT = \frac{\text{全寿命 } CO_2 \text{ 排出量}}{\text{年 } CO_2 \text{ 削减量}} \qquad (11.42)$$

　　由于太阳能光伏发电技术的不断发展，太阳能电池的转换效率和光伏发电系统的利用效率在不断提高，二氧化碳回收时间也在不断缩短。在户用型太阳能光伏发电系统中，使用多晶硅太阳能电池时二氧化碳回收时间约 2.4 年，非晶硅太阳能电池约为 1.5 年，CIS 太阳能电池约为 1.4 年。由于太阳能电池的使用寿命为 25~30 年，加之目前世界各国已经制定了碳达峰和碳中和的目标，因此二氧化碳回收时间将越来越短。

第12章 太阳能光伏发电系统的施工

太阳能光伏发电系统设计完成之后，便进入施工安装阶段。太阳能光伏发电系统的施工主要有电气设备施工安装和电气施工，其中电气设备施工安装主要有在屋顶、地面等处安装太阳能电池方阵、设置并网逆变器等；电气施工包括太阳能电池组件之间的配线，各种设备之间的连接等。根据太阳能光伏发电系统的类型、安装地点以及不同的太阳能电池组件等，其安装方法而有所不同。本章主要介绍太阳能光伏发电系统的施工安装流程、安装方法以及各种检查等。

12.1 工商企业型太阳能光伏发电系统的施工

太阳能光伏发电系统有多种类型，如住宅型、工商企业型等。工商企业型太阳能光伏发电系统主要包括在大型厂房、学校、商场、医院、地面、水面等处设置的系统。这里主要介绍住宅型太阳能光伏发电系统和工商企业型太阳能光伏发电系统的施工安装流程，内容包括施工前的准备、基础施工、支架安装、组件安装、电气设备安装、电气配线和连接、发电出力确认、接地、试运行调整以及竣工检查、设备的使用说明，最后办理交接手续等。

12.1.1 施工前的准备

1. 事先学习一些太阳能光伏发电系统方面的知识

事先掌握一些太阳能光伏发电方面的知识非常重要，如看一些有关书籍、熟悉施工安装公司网页的有关内容、听取曾经安装过太阳能光伏发电系统用户的意见等，这样与施工安装公司商谈时心中有数，比较主动、方便、安心。

2. 弄清屋顶及周围环境

太阳能光伏发电系统的发电量与屋顶形式、面积、方位、倾角（或称倾斜角）等直接有关。如果有房屋、厂房等设计图纸可提供给施工安装公司参考。另外，应确认设置地点周围是否有高大树木、高层建筑、电杆、铁塔等，这些是否会造成阴影，是否会对太阳能光伏发电系统造成安全隐患等。

3. 发电量仿真计算

太阳辐射量是影响太阳能光伏发电系统发电量的关键因素，而太阳辐射量因地区不同而有所不同。此外，该地区的环境温度、风速等也会影响太阳能光伏发电系统的发电量。因此如果事先知道太阳能光伏发电系统的发电量则可推算出销售电量、用电量，进而可估算系统回收年数、售电收入、电费支出等。发电量仿真计算可通过一些公司在网上提供的方法进行仿真，进行粗略估算。

4. 设置费用预算

太阳能光伏发电系统的设置费用预算包括自己出资、国家市县镇等各级政府的补贴，注意由于有的地方售电价格已进入低价时代，政府补贴已取消。另外可利用太阳能电池厂家或推销店推出的各种按揭方式等，根据以上费用进行预算。

5. 进行调查和提供报价

请施工安装公司调查屋顶或厂房等的屋顶形状、方位、倾角、建筑材料等，确认周围环境、道路情况，在屋顶、厂房等设置太阳能光伏发电系统的可能性。根据调查的结果，进行综合评估，提出施工等报价。

6. 选择太阳能电池种类

太阳能电池制造厂家较多，不同厂家所生产的产品具有不同的用途和特点，应调查相关信息，对各公司的产品进行分析比较：①比较太阳能电池组件每瓦的价格（组件价格/组件的公称最大出力），当然，价格低则初期成本低；②比较太阳能电池组件的转换效率，转换效率高则太阳能电池安装面积小；③根据设置地点的环境温度，选择合适的太阳能电池组件；④调查太阳能电池组件的形状，如三角形、台形等；⑤确认产品保质期，售后服务事项等。

7. 确认报价单

确认报价单的具体内容，由于报价单的内容较多，应主要确认太阳能光伏发电系统容量、详细的设备费、施工安装费以及检查费、施工安装工期、保质期、售后服务、维修等。

8. 安全措施

施工安装时应按照国家的有关电气规范、电气法规等进行。由于在住宅、工厂、学校的屋顶等高处施工安装较多，应事先做好安全措施，防止高空坠落、触电等事故的发生，确保安全施工安装。安全措施主要有戴好安全帽、系好安全带和腰带、穿好防滑鞋、戴好低压绝缘手套、使用绝缘工具等。此外由于多枚太阳能电池组件串联后的端电压可达220V 以上，因此施工前必须在组件表面盖上遮光布等，或检查组件间连接线是否为低电压或无电压。雨雪天应停止施工安装作业，以免造成滑落、触电等事故。

12.1.2　基础施工

决定施工安装公司和厂家之后，接着是进行太阳能光伏发电系统的施工安装。施工安装可分为电气设备施工安装和电气施工两类，电气设备施工安装主要包括安装支架、太阳能电池组件、设置并网逆变器等设备；电气施工包括太阳能电池组件之间的配线，各种设备之间的连接等。

工商企业屋顶的支架基础有两种类型，一种是平屋顶式支架基础，支架与建筑物（或地面）相连，支架被固定在建筑物（或地面）上；另一种是重量基础，该基础的重量包含组件、支架以及与之相连的混凝土重物等重量，因此重量基础的重量较重。重量基础不与建筑物连接，而是将其直接放在建筑物上，以防止支架基础滑动或被拔起。安装重量基础时，需要考虑屋顶和整个建筑物的强度。

基础施工主要有固定基座、固定连接金具、防水保护等。在工厂等工商企业屋顶的平屋顶设置固定支架和建筑物的支架基础非常重要，设置该支架基础时需要考虑支架所承担的荷重，如组件重量、固定荷重、风压荷重、积雪荷重、地震荷重等，以防止支架基础滑动或被拔起。另外，根据实际情况应进行防水处理以免发生漏水。图 12.1 所示为大型厂房平屋顶式支架和基础。图 12.2 所示为大型厂房坡屋顶式支架和基础。

图 12.1　平屋顶式支架和基础

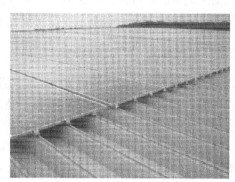

图 12.2　坡屋顶式支架和基础

12.1.3　支架和组件的安装

支架可安装在平屋顶上或坡屋顶上。在平屋顶上安装支架时，首先根据设计图暂时固定支架，无须拧紧螺帽，应留有一定余地，以便固定太阳能电池组件时进行调整；然后调整间距并拧紧螺帽，将太阳能电池组件固定在支架上；接着根据组串配线图，利用连接件连接太阳能电池组件。由于连接件的正负极的形状存在差异，连接时应确认正负极性并确保连接无误，否则可能会出现连接处电阻值上升，引起发热、火灾等；最后确认太阳能电池组件连接是否正确，并利用电压表测量各组串的开路电压是否基本相同，如果电压相差较大，则需进行检查并找出原因。

在坡屋顶上安装支架时，根据设计图标记支架的支撑金具安装位置，然后安装、固定金具，按照厂家的要求拧紧螺帽。在坡屋顶上安装支架和太阳能电池组件、组件配线以及方阵的出力电压确认方法等与平屋顶的方法基本相同。另外，最近趋向于不使用支架，而是将太阳能电池组件与支撑金具直接固定的方法。

太阳能电池组件的方位和倾角对太阳能电池温度、发电出力、发电量等影响较大。通常在南向的屋顶上安装太阳能电池最为理想，发电出力较大，而在东、西向屋顶设置太阳能电池时，其发电出力只有南向设置时的出力的 84% 左右。若以南向为基准，当太阳能电池的安装方位为东、西 45°时，发电出力为南向设置时的 95% 左右。

在屋顶安装太阳能电池时，太阳能电池与安装面之间的倾角应与所在地区的纬度保持一致，使太阳能电池的发电出力尽可能达到最大。一般来说，屋顶南侧的倾角较小，而北侧的倾角较大。

另外，太阳能电池安装时必须考虑阴影的影响。太阳能电池组件受到阴影遮挡时发电出力会大幅下降。虽然阴影对 CIS 化合物太阳能电池的发电出力影响较小，但也应极力避免。实际安装时，应考虑天线、树木、其他建筑物屋顶的阴影对太阳能电池的影响，特别要考虑天线、树木等的冬季阴影较长给太阳能光伏发电带来的问题。

在一些地区夏季时的太阳能电池温度可达 80℃ 以上，由于太阳能电池温度上升会使太阳能电池的发电量下降，因此应使支架与太阳能电池组件之间留有通道，利用通风降低太阳能电池的温度。另外，由于非晶硅太阳能电池、CIS 太阳能电池的温度特性较好，在温度较高的地区应尽可能使用这类太阳能电池发电。此外如果考虑景观等因素，可考虑使用光伏建筑一体化太阳能电池，省去支架，节约成本。

12.1.4　电气设备安装

太阳能光伏发电系统主要由太阳能电池组件、支架、并网逆变器、汇流箱、方阵出力开关、电表（指电度表）等构成。前面已经介绍了太阳能电池组件、支架等的安装方法，这里主要介绍并网逆变器的安装方法。为了节省空间，一般将并网逆变器、汇流箱设置在屋外。壁挂型并网逆变器、盘式汇流箱一般设置在平屋顶式支架的背面，利用太阳能电池组件的阴影遮挡这些设备，以避免直射阳光的照射；而对于坡屋顶式支架，太阳能电池组件与支撑金具直接固定的方法来说，将并网逆变器、汇流箱安装在建筑物的幕墙上的情况较多。但这种设置方式可能使并网逆变器、汇流箱直接收到阳光的照射，温度上升可能导致发生故障，因此应将并网逆变器、汇流箱安装在北面或有阴影的地方。此外安装时应考虑重量、安装空间以及方便维修等因素。图 12.3 所示为在幕墙设置的并网逆变器和汇流箱的状况。

12.1.5　电气配线和连接

太阳能光伏发电系统的电气配线和连接施工有三种，第一种是从太阳能电池组件到并网逆变器的直流配线，在该配线中串联和并联配线较多，连接时要注意正、负极性不要接错；第二种是从并网逆变器到并网点的交流配线，单相连接时注意火线和地线不要接错，三相配线时同样要确认 R、S、T 相或 U、V、W 三相，并进行正确接线；第三种是设置测量装置、显示装置时的通信信号线配线。但有的太阳能光伏发电系统不设测量装置、显示装置等，因此不必进行配线。

12.1.6　发电出力确认

太阳能电池组件配线完成后，需要确认各组串的极性，检查正极、负极是否正确。此

图 12.3　在幕墙设置的并网逆变器和汇流箱

外需要使用电表、直流电压计等确认太阳能电池组件施工安装是否正确，电压是否符合规格要求，同时比较各组串的电压是否存在较大差异，否则应再检查配线，查出问题并予以解决。另外还要根据太阳能电池组件的规格书，利用直流电流计检查是否有短路电流，各组串的短路电流是否存在较大差值，否则应再检查配线状态。最后，为了避免因漏电发生人身事故、火灾等，确保人身安全和财产不受损失，需要进行接地检查，确认太阳能电池组件、支架、汇流箱、并网逆变器外箱等是否接地完好。

12.1.7　试运行调整

施工结束后需进行太阳能光伏发电系统的试运营调整。在此之前，需要确认与电力公司商定的系统并网保护功能的整定值、确认并网逆变器的参数设定是否正确，如果不存在问题，则可进行试运行。

12.1.8　竣工检查

施工、试运行调整结束后，则进行交接前的检查。如果检查出现问题，则需进行处理，直至没有问题才能交接。检查对象有太阳能电池方阵、汇流箱、并网逆变器、开关以及电表等。检查项目较多，主要有外观检查、接地电阻测量、绝缘电阻测量、绝缘强度试验、保护装置试验、开关试验、控制电源可靠性试验、负荷遮断试验、运转停止试验、发电出力试验、噪声测量以及震动测量等。

12.1.9　系统并网

并网型太阳能光伏发电系统所发电能的一部分可供用户使用，有多余电能时则可销售给电力公司。由于用户为了将多余电能销售给电力公司，电能不足时从电力公司购电，因此用户需要与电力公司签订"电力供需合同"，根据合同的规定进行系统并网，并和施工安装公司一起确认太阳能光伏发电系统工作是否正常。

12.1.10　发电运行

太阳能光伏发电系统发电之前，还需要确认以下事项：①确认保修证。保管好厂家、施工安装公司发行的保修证。②确认补助申请是否已办理。如果当地政府有补助的话则应申请办理。③确认是否更节约电费。确认昼间和夜间的电价，是否有昼间电价较高的情况。④确认显示屏显示的发电量等信息。太阳能光伏发电系统发电时不需要特别的操作、维护等，为了避免出现问题，通过显示屏经常确认发电量为好。以上事项确认无误之后，则太阳能光伏发电系统可开始发电。

12.2　住宅型太阳能光伏发电系统的施工

住宅型太阳能光伏发电系统的施工安装流程主要有施工前的准备、支撑金具安装、支架和组件的安装、电气设备安装、电气配线和连接、发电出力确认、试运行调整以及竣工检查、设备的使用说明，最后办理交接手续等，该流程与工商企业型太阳能光伏发电系统的施工安装流程大致相同，主要不同之处在于支撑金具安装、支架和组件的安装，因此这里主要介绍支撑金具、支架和组件的安装方法。

12.2.1　支撑金具的安装

住宅屋顶可分为平屋顶、坡屋顶以及曲屋顶等种类，屋顶所使用的瓦的种类较多，按瓦的材料分类有琉璃瓦，彩钢瓦，水泥瓦，沥青瓦，合成树脂瓦等，按瓦的形状分类有凹形瓦、平板瓦等。安装太阳能电池组件之前时，首先需要在屋顶安装支撑金具，图 12.4 所示为在坡屋顶的凹形瓦上所使用的支撑金具。安装流程为在凹形瓦背面上标记安装支撑金具的位置、取出安装支撑金具处的凹形瓦、在支撑金具的位置贴上防水膜、用螺钉固定补强板、在补强板上用螺钉固定支撑金具、切削凹形瓦与支撑金具接触部分、将支撑金具与凹形瓦固定，至此支撑金具安装完成。图 12.5 所示为坡屋顶支撑金具与凹形瓦固定的状态。

图 12.4　坡屋顶用支撑金具

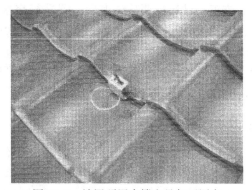

图 12.5　坡屋顶用支撑金具与瓦固定

这里介绍了凹形瓦的安装方法，对于住宅屋顶使用平板瓦的情况则需使用平板瓦用支撑金具，其安装流程与凹形瓦的安装方法基本相同。需要指出的是，以前，固定支撑金具时需要在屋顶打孔、进行防水处理等，会造成屋顶漏水、建材腐蚀等问题。随着技术的发展，现在可使用专用支撑金具与瓦等直接固定，可防止漏水、缩短安装时间、降低成本。

12.2.2 支架和太阳能电池组件的安装

支撑金具的安装结束之后，下一步则安装支架和太阳能电池组件。对于住宅型太阳能光伏发电系统来说，在屋顶安装太阳能电池的方法有两种：一种是在屋顶已有的瓦或金属屋顶上固定好支架，然后在其上安装太阳能电池；另一种是将光伏建筑一体化太阳能电池组件直接安装在屋顶上。对于前一种安装方法来说可分为紧拉固定线方式和支撑金具方式。

1. 紧拉固定线方式

这种方式是在屋顶的瓦上固定支架，将太阳能电池组件放在支架上，然后用数根铁丝将支架拉紧固定，如图 12.6 所示。该方式可用于固定单枚或数枚太阳能电池组件的情况。在 3.0~5.0kW 的太阳能光伏发电系统中使用较少。

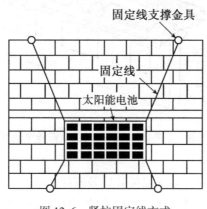

图 12.6 紧拉固定线方式

2. 支撑金具方式

图 12.7 所示为在支撑金具上安装支架和太阳能电池组件的方式。安装流程为：在坡屋顶的凹形瓦上用螺钉固定支撑金具，然后在其上固定支架，最后将太阳能电池组件摆放在支架上，并用压板等固定金具将太阳能电池组件固紧。图 12.8 所示为利用支撑金具方式安装的太阳能电池组件。

3. 光伏建筑一体化太阳能电池组件的安装方法

如前所述，光伏建筑一体化太阳能电池组件有光伏屋顶一体化太阳能电池组件、光伏幕墙一体化太阳能电池组件以及柔性光伏建筑一体化组件等。光伏屋顶一体化太阳能电池

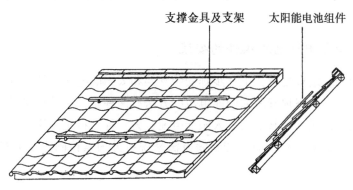

图 12.7　支撑金具安装方式

图 12.8　支撑金具方式安装的太阳能电池组件

组件有三种，即可拆卸面板式、屋顶面板式以及断热面板式。光伏幕墙一体化太阳能电池组件可分为玻璃幕墙式和金属幕墙式。光伏建筑一体化太阳能电池组件的最大特点是不需另外使用屋顶材建筑料，直接将太阳能电池作为屋顶的材料使用，也就是说太阳能电池组件既可当屋顶材料使用又可用于发电。

　　图 12.9 所示为典型的光伏建筑一体化太阳能电池组件的构成。光伏建筑一体化太阳能电池组件一般在已建屋顶、新建屋顶或屋顶翻新时使用，通常在屋顶构件上开凿通气孔，然后安装光伏建筑一体化太阳能电池组件。光伏建筑一体化太阳能电池组件除了安装在屋顶外，也可安装在建筑物幕墙上。由于晶硅太阳能电池的转换效率随温度上升会下降，因此开凿通气孔可以使太阳能电池周围的空气与大气对流，使太阳能电池的温升降低，从而提高太阳能电池的转换效率和发电出力。

　　有关住宅型太阳能光伏发电系统的安装时间，安装前需要调查屋顶形状、设置环境等，大约需要半天时间。对于新建住宅、设置容量为 3.0~3.5kW 的太阳能光伏发电系统来说，安装太阳能电池组件、配线连接等需要 1~2d 的时间。在已建住宅上安装太阳能光伏发电系统时需要考虑搭建脚手架、屋顶施工等，可能需要数天时间。

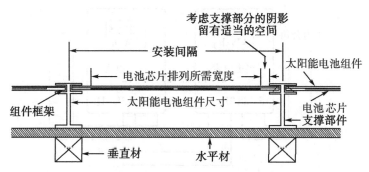

图 12.9 光伏建筑一体化太阳能电池组件的构成

12.3 电气设备的安装、配线以及接地

电气设备的安装除了前面所述的太阳能电池方阵之外，还有并网逆变器、汇流箱、配电盘、买电电表、卖电电表等，并网逆变器等的安装一般与太阳能电池组件等的安装同时进行。配线从太阳能电池组件开始，依次与汇流箱、并网逆变器、配电盘、买电电表、卖电电表等同时配线、连接。

12.3.1 电气设备的安装

电气设备的安装包括太阳能电池方阵、并网逆变器、配电盘、汇流箱、买电电表、卖电电表等的安装。安装太阳能电池方阵时，首先安装支撑金具，然后在其上固定支架，最后将太阳能电池组件摆放在支架上，并用固定金具将太阳能电池组件固紧。

并网逆变器一般安装在环境条件较好的地方。如果将并网逆变器安装在室内，则应安装在配电盘附近的墙壁上，如果安装在户外，则要将其设置在满足户外条件的箱体内，要考虑环境温度、湿度、浸水、尘埃、换气、安装空间等因素。

安装配电盘时首先要确认已有的配电盘中是否有漏电断路器，是否有太阳能光伏发电系统专用配电用断路器，如果没有的话则要对配电盘进行必要的改造、更换或在已有的配电盘近旁安装太阳能光伏发电系统专用配电盘。

汇流箱一般安装在太阳能电池方阵附近，以便汇集各路组串接入并网逆变器。安装时应考虑汇流箱的安装地点是否会受到建筑物的构造、美观等条件的限制，此外还应考虑以后的检查、电气设备的交换是否方便等因素，然后将汇流箱安装在比较合适的地方。

图 12.10 所示为买电电表和卖电电表的安装状况，一般将它们安装在室外的墙壁上。电表有户外式和室内式两种，户外式电表应用较多。最近出现了智能电表，结构紧凑、使用方便、可实现电力公司与用户之间的双向通信，可同时记录买电量和卖电量，并使施工安装大大简化。

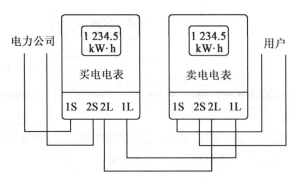

图 12.10　买电电表和卖电电表的安装状况

12.3.2　太阳能电池组件与并网逆变器之间的配线

图 12.11 所示为太阳能电池方阵的配线施工图。在进行太阳能电池组件与并网逆变器之间的配线时，首先应确认所使用的线截面积是否满足短路电流的要求，并从太阳能电池组件背面引出两根线，接线时一定要注意电线的正负极性不要接错；然后根据并网逆变器的输入电压和输入电流的要求，确定串联电路所需的太阳能电池枚数，将太阳能电池组件安装在支架上并构成组串；最后将各组串的引线引到汇流箱内进行配线，将各组串进行并联，并通过电缆接入逆变器。

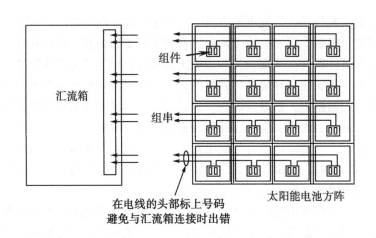

图 12.11　太阳能电池方阵的配线施工图

一般来说，一枚晶硅太阳能电池组件的电压较低，需要将几枚或几十枚组件串联构成组串，图 12.12 所示为晶硅太阳能电池组件构成的组串。太阳能电池方阵则由必要的数个组串并联构成。

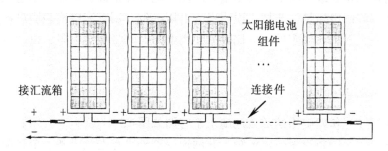

图 12.12 由晶硅太阳能电池组件构成的组串

对于非晶硅等薄膜太阳能电池组件来说，一枚太阳能电池组件的电压较高，组串一般为 1 枚或几枚太阳能电池串联构成。图 12.13 所示为薄膜太阳能电池组件构成的组串。太阳能电池方阵则由必要的数个组串并联构成。

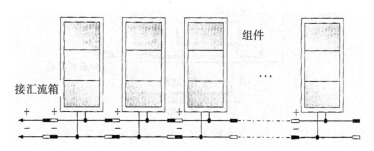

图 12.13 由薄膜太阳能电池组件构成的组串

太阳能电池方阵的输出电缆通过汇流箱与并网逆变器的输入端连接，如果并网逆变器内有汇流箱功能，则太阳能电池方阵的输出电缆直接接入并网逆变器的输入端，然后并网逆变器的输出与屋内配电盘中设置的太阳能光伏发电用遮断器连接，并通过该遮断器接入电网。

12.3.3 并网逆变器与分电盘之间的配线

并网逆变器的输出部分的电气结线方式有单相结线和三相结线两种方式，住宅型太阳能光伏发电系统一般为单相结线方式，根据系统的输出功率和负载的情况也可采用三相结线方式；而在工商企业型太阳能光伏发电系统中，如果容量较大，有空调等较大负载时一般采用三相结线方式。在进行配线时应注意不要将交流侧的地线接错。另外，应安装漏电保护器，以便在出现漏电或雷电流时能迅速切断电路，从而避免造成人身事故和设备损坏。

12.3.4 太阳能电池方阵的检查

太阳能电池方阵配线结束后，需要检查太阳能电池方阵的极性、电压、短路电流、接地等。检查时用测量表或直流电压表测量太阳能电池方阵正极、负极。用电压表检查安装的太阳能电池方阵的电压是否与技术说明书的电压一致。用直流电流表测量各方阵的短路电流，并与技术说明书所规定的电流比较。使用电阻计测量接地电阻，以确认接地是否满足规范要求。

12.3.5　接地施工

住宅型太阳能光伏发电系统的接地施工系统图如图 12.14 所示。太阳能光伏发电系统一般不需接地，但必须将支架、汇流箱、并网逆变器外壳等电气设备、金属配管等与地线相连接，然后通过接地电极接地，以保证人身、电气设备的安全。

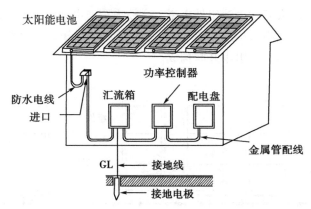

图 12.14　住宅型太阳能光伏发电系统的接地施工图

12.3.6　防雷措施

由于太阳能电池方阵安装在户外，太阳能电池方阵的面积较大，而且其周围一般无其他建筑物，容易受到雷击而产生过电压，所以必须根据太阳能光伏发电系统的安装地点的情况和供电要求等实施防雷措施。

雷击一般通过太阳能电池方阵、配电线、接地线或以这些组合的形式侵入太阳能光伏发电系统。现在采用的防雷措施主要有：在太阳能电池方阵的主回路分散安装避雷装置；在并网逆变器、汇流箱内安装避雷装置；在配电盘内安装避雷装置以防止雷电从低压配电线侵入；在雷电较多的地区应考虑更加有效的防雷措施，如在交流电源侧设置防雷变压器等，使太阳能光伏发电系统与电力系统绝缘，避免雷电侵入太阳能光伏发电系统。

12.3.7　故障排除

太阳能光伏发电系统安装结束后便开始发电，随着使用时间的增加，太阳能光伏发电系统的故障也会增加。一般来说，约 20% 的太阳能光伏发电系统会出现故障，其中半数以上的故障出自并网逆变器。系统故障主要有太阳能光伏发电系统停机、发电量减少、显示屏异常等。太阳能电池也会出现故障，太阳能电池组件表面装有强化玻璃，可抵御直径约 4cm 的冰雹的冲击，组件里面有保护用树脂，维护检修和排除故障时要注意。

当安装的太阳能光伏发电系统出现故障时，首先应联系施工安装公司或制造厂家，同时应准备好"使用说明书""保修证""电气接线图"等资料，以方便说明。

并网逆变器的显示屏有显示故障异常码的功能，当显示异常码时，可查阅"使用说明书"，根据异常码查找是何种故障，如果自己不能排除故障，则应使并网逆变器停止工作，然后联系施工安装公司或制造厂家进行检查维修，排除故障，恢复运行。

第13章 太阳能光伏发电系统的
检查试验和故障诊断

太阳能光伏发电系统安装结束后，需要对整个系统进行竣工检查和必要的试验，为系统的正常启动、运转创造条件。系统运转开始后还需要进行日常检查、定期检查以确保系统正常运行。本章将介绍太阳能光伏发电系统检查方法的种类、检查方法、试验方法、故障诊断方法、故障诊断事例以及太阳能电池的维护和清洗等内容。

13.1 太阳能光伏发电系统检查方法的种类

太阳能光伏发电系统的检查方法可分为系统安装完成时的竣工检查、日常检查以及定期检查三种。竣工检查包括目视检查和测量；日常检查主要利用目视检查的方式；定期检查主要有目视检查、触摸检查、测量及试验等方式。

13.1.1 竣工检查

太阳能光伏发电系统安装结束后应对系统进行全面检查。检查方法包括目视检查和测量。检查内容有太阳能电池方阵、汇流箱、并网逆变器、运行停止、发电量、太阳能电池方阵的开路电压测量、各部分的绝缘电阻测量、对地电阻测量等。在检查和测量过程中，应将观测结果和测量结果等记录下来，为日后的日常检查、定期检查提供参考。

13.1.2 日常检查

日常检查主要采用目视检查的方式，一般一个月检查一次。如果发现有异常现象应尽快与有关部门联系，以便尽早解决问题。日常检查的内容有太阳能电池方阵表面污损和破损、框架破损和变形、支架的表面污损腐蚀和破损、电缆破损、瓦等屋顶材料；汇流箱箱体的腐蚀和破损等；并网逆变器箱体的腐蚀和破损、外部配线损伤、通气确认、异常噪声、显示屏幕以及发电状态等；开关、漏电遮断器、电表箱体腐蚀和破损等。

13.1.3 定期检查

定期检查方式主要有目视、触摸、测量及试验检查等。定期检查一般4年或4年以上进行一次。检查内容根据设备状况等而定，原则上应在地面上实施，根据实际需要也可在屋顶进行。定期检查的内容主要包括太阳能电池方阵的接地线损伤和连接件松紧；并网逆变器箱体的腐蚀和破损、接地线损伤和连接件松紧、外部配线损伤和连接件松紧、通气确认、异常噪声、振动及气味、对并网逆变器绝缘电阻进行测量和试验、确认显示屏幕等；

开关的连接件松紧和绝缘电阻试验等。

13.2 太阳能光伏发电系统的检查方法

太阳能光伏发电系统检查一般指对各电气设备进行外观检查，包括太阳能电池组件（含接线盒）、方阵、支架、汇流箱、并网逆变器、系统并网装置、接地以及接线是否良好等。

13.2.1 太阳能电池组件的检查

太阳能电池在运输过程中有可能被损坏，因此安装施工时需进行外观检查。太阳能电池组件安装在屋顶后再进行详细的检查比较困难，在摆放前和安装过程中应检查太阳能电池芯片是否有裂痕、缺陷、变色等。另外应检查太阳能电池组件表面钢化玻璃是否有破损、损伤以及变形等。确认太阳能电池组件背板和框体是否有损伤和变形、接线盒和连接件接线是否正常等。

太阳能电池组件表面一般采用钢化玻璃结构，具有抵御被冰雹破坏的强度，出厂时一般要对太阳能电池组件进行钢球落下强度试验，因此，在一般情况下不必担心太阳能电池组件会发生破损现象。但是，如果由于人为、自然因素等使太阳能电池组件受损时，虽然暂时未对太阳能电池组件的正常发电造成影响，但若长期不予修理，如果雨水进入其中可能会导致太阳能电池组件的损坏，因此应尽快进行修理为好。

由于太阳能电池组件的表面被污染后会影响发电出力，在雨水较少、风速较低、粉尘较多的地区要进行定期检查，必要时应进行清洗。相反，在雨水较多、风速较高、粉尘较少的地区可借助自然降雨、自然风力进行清洗，而不必对太阳能电池的表面进行清洗。

13.2.2 并网逆变器的检查

并网逆变器施工结束后应检查螺钉是否松动，电线电缆的连接部分是否固定牢固。此外，应检查并网逆变器输入电路的正负极性、直流电路和交流电路连接是否正常。

并网逆变器一般具有故障诊断功能，故障发生时会自动显示故障种类等信息。如果发现有故障显示信息、发热、冒烟、异臭、异音等情况时，应立即停机并与联系厂家进行检修。除此之外，应进行外观检查，如外箱是否变形、生锈、脱落、变色，保护装置是否动作过等，还应定期对吸气口的过滤装置进行清扫，使吸气口运行正常。

13.2.3 其他设备的检查

1. 支架的检查

支架会因风吹雨淋而出现生锈、螺钉松动等现象，因此需要进行是否有铁锈、螺钉松动等检查，如果有问题则需进行必要的修理。另外，对于在屋顶用铁丝固定的太阳能电池方阵，安装1~2个月之后应对金属部件再次进行固定以防松动，经再固定后一般不会松动。

2. 汇流箱的检查

汇流箱在运输过程中有时会出现连接部分的螺钉松动、安装施工现场可能会出现配线未连接的状态、试验时暂时断开连接的情况，因此施工后应检查螺钉、电线电缆的连接部分。此外应检查正负极性、直流电路和交流电路连接是否正常。应定期检查汇流箱的外部是否有损伤、生锈的地方。另外应打开箱门检查保护装置是否动作过，如果动作过则应及时复位。

3. 配线电缆的检查

配线电缆在安装过程中，可能会出现太阳能电池连接件插入不到位、电线电缆损伤和扭曲等情况，如果长期使用会导致绝缘电阻降低、绝缘破坏等问题，因此施工中需要进行外观检查，以确保配线电缆正常工作。在日常检查和定期检查时，应对配线进行目视检查以确定是否有损伤等。

4. 系统并网装置的检查

系统并网装置一般安装在并网逆变器中，检查时需打开箱门对保护继电器进行确认。另外，需要检查备用电源用蓄电池是否正常、其他设备是否脱落、变色等。

5. 运行状况的确认

太阳能光伏发电系统在运行过程中，应注意是否有异常噪声、异臭、振动等，如果觉得与平常有不同之处，则要尽快进行检查。根据需要也可委托厂家或技术人员进行检查。

对于住宅型太阳能光伏发电系统来说，最近在屋内一般设有显示器，可显示环境温度、太阳能电池背面温度、风速、日照强度、输出电压、输出电流、输出功率、发电量等数据，如果发现这些数据有较大变化，应委托厂家或技术人员进行检查。而对于工商业型太阳能光伏发电系统，电气管理技术员等可对运行状况进行确认，也可通过设置的检测装置、显示装置确认日常运行状况。

13.3　太阳能光伏发电系统的试验方法

太阳能光伏发电系统安装结束、开始发电之前一般需进行各种电气试验，以确定是否满足各种电气规范的要求，为太阳能光伏发电系统启动运行做好准备。电气试验项目主要有绝缘电阻试验、绝缘耐压试验、接地电阻试验、太阳能电池方阵出力试验、系统并网保护装置试验等。

13.3.1　绝缘电阻试验

为了确认太阳能光伏发电系统各部分的绝缘状态，判断是否可以通电，需要进行绝缘电阻试验。绝缘电阻试验包括太阳能电池方阵的绝缘电阻试验和并网逆变器的绝缘电阻试验。这些试验一般在太阳能光伏发电系统竣工检查、定期检查以及确定事故点时进行。

图 13.1 所示为太阳能电池方阵的绝缘电阻试验电路。进行太阳能电池方阵的绝缘电阻试验时，先用短路开关将太阳能电池方阵的输出端短路，根据需要选用 500V 或 1000V 的绝缘电阻计，使太阳能电池方阵通过与短路电流相当的电流，然后测量太阳能电池方阵的输出端对地间的绝缘电阻，绝缘电阻值一般在 0.1MΩ 以上。

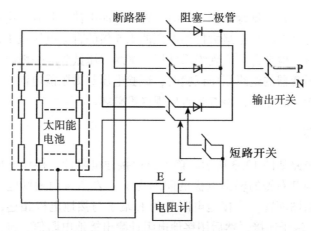

图 13.1 太阳能电池方阵的绝缘电阻试验电路

并网逆变器的绝缘电阻试验电路如图 13.2 所示。应根据并网逆变器额定电压选择不同电压等级的绝缘电阻计进行试验。可选用 500V 或 1000V 的绝缘电阻计，并网逆变器的额定电压小于 500V 时可选用 500V 的绝缘电阻计，超过 500V 时应选用 1000V 的绝缘电阻计。

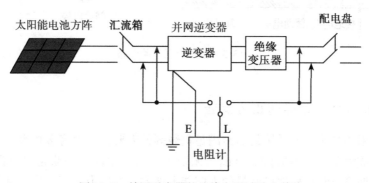

图 13.2 并网逆变器的绝缘电阻试验电路

并网逆变器的试验项目主要有输入回路和输出回路的绝缘电阻试验。进行输入回路绝缘电阻试验时，首先将太阳能电池与汇流箱分离，并将并网逆变器的输入回路和输出回路短路，然后测量输入回路与大地间的绝缘电阻；进行输出回路绝缘电阻测量时，同样将太阳能电池与汇流箱分离，并将并网逆变器的输入回路和输出回路短路，然后测量输出回路与大地间的绝缘电阻。并网逆变器的输入、输出绝缘电阻值一般在 0.1MΩ 以上。

13.3.2　绝缘耐压试验

对于太阳能电池方阵和并网逆变器来说，根据要求有时需要进行绝缘耐压试验，测量太阳能电池方阵和并网逆变器的绝缘耐压值。测量的条件一般与前述的绝缘电阻试验相同。

进行太阳能电池方阵的绝缘耐压试验时，将太阳能电池方阵开路电压作为最大使用电压，对太阳能电池方阵电路加上最大使用电压的 1.5 倍的直流电压或 1 倍的交流电压，试验时间为 10min 左右，检查是否出现绝缘破坏。绝缘耐压试验时一般将避雷装置取下，然后进行试验；并网逆变器的绝缘耐压试验时，试验电压与太阳能电池方阵的绝缘耐压试验相同，试验时间为 10min 左右，检查是否出现绝缘破坏。

13.3.3　接地电阻试验

接地电阻试验电路如图 13.3 所示。该电路由接地电阻计、接地电极以及两个辅助电极构成。接地电极与其右侧的辅助电极的间隔为 10m 左右，两辅助电极之间也相隔 10m 左右，三者之间如右图配置。将接地电阻计的 E 端子与接地电极相连，两辅助电极分别与接地电阻计 P、C 端子连接，然后用接地电阻计测出接地电阻值，确认接地电阻值是否满足要求。

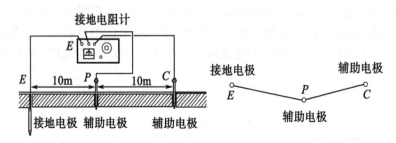

图 13.3　接地电阻试验电路

13.3.4　太阳能电池方阵的出力试验

为了使太阳能光伏发电系统的出力满足负载等的需要，一般将多枚太阳能电池组件进行串、并联构成太阳能电池方阵。判断太阳能电池组件串联、并联是否有误需要进行检查、试验。定期检查时可根据已测量的太阳能电池方阵的出力发现动作不良的太阳能电池组件和配线存在的缺陷等问题。

太阳能电池方阵的出力试验包括太阳能电池方阵的开路电压试验和短路电流试验。图 13.4 所示为太阳能电池方阵的开路电压试验电路。如图 13.4 所示，在进行太阳能电池方阵的开路电压试验时，首先利用电压计测量各组串的开路电压，并确认各组串的电压是否大致相同，以便发现动作不良的组串、不良的太阳能电池组件以及串联接线出现的问题等。

通过太阳能电池方阵的短路电流试验可以发现异常的太阳能电池组件。由于辐射强度的变化会引起太阳能电池组件的短路电流发生较大变化，因此在现场利用短路电流测量值判断是否正常有一定的困难。如果利用电流计同时测量各组串的短路电流，并对各组串短路电流测量值进行比较，则可对各组串的太阳能电池组件是否正常进行大致判断，确认太阳能电池组件是否有异常。

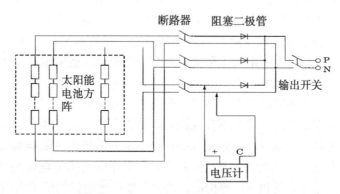

图 13.4 太阳能电池方阵的出力试验电路

13.3.5 系统并网保护装置试验

系统并网保护装置试验包括继电器动作特性试验和孤岛运行防止功能试验等。由于系统并网保护装置的生产厂家不同，所采用的孤岛运行防止功能的方式也不同。因此，可以采用厂家推荐的方法进行试验，也可以委托厂家进行试验。

13.4 太阳能光伏发电系统的故障诊断方法

太阳能光伏发电系统主要由太阳能电池方阵、并网逆变器、汇流箱等构成，据统计太阳能电池的故障率约为12%，并网逆变器约为59%，接线故障约为4.2%，可见太阳能电池和并网逆变器的故障率较高，对太阳能光伏发电系统的安全、稳定运行影响较大。并网逆变器内部构造比较复杂，故障后一般由厂家进行检查修理。而太阳能电池设置在室外、工作环境比较严酷，易受到外力的影响。这里主要介绍太阳能电池的故障诊断。

造成太阳能电池故障主要有两个原因，一个是由于太阳能电池上的污垢、树木、建筑物等阴影、黄沙、积雪等外部原因；另一个是太阳能电池组件、旁路二极管、阻塞二极管、互连条故障等内部原因。这些故障会造成太阳能光伏发电系统的发电出力降低、系统不能正常运行，并影响系统的使用寿命等问题。为了提高太阳能光伏发电系统的出力、增加发电量，防止太阳能光伏发电系统出现事故，并使系统能正常运行，通过故障诊断及时发现故障元器件和故障点，并对故障进行及时处理，恢复系统正常工作是非常重要的。本节将以晶硅太阳能电池为例，介绍太阳能光伏发电系统常见故障、各种诊断方法以及诊断事例等。

13.4.1　太阳能光伏发电系统常见故障

太阳能光伏发电系统故障常常会造成系统的发电出力下降，系统不能正常运行并影响系统的使用寿命等问题。造成系统出力下降的原因主要有外部原因和系统内部原因两种，而外部原因也会导致系统内部原因的产生。

外部原因较多，如辐射强度变化、温度、风速等气象条件、阴影等。阴影一般为局部阴影，它包括固定阴影和移动阴影。如太阳能电池上的污垢、落叶、鸟粪等会产生固定阴影，可能会使太阳能电池局部发热并出现热斑效应，导致封装材料变黄或白浊出现；另外，建筑物、树木、电杆等可能与太阳能电池有一定距离，但随地球运转产生的移动阴影会导致太阳能光伏发电系统的出力降低。

内部原因主要有太阳能电池芯片裂纹、旁路二极管开路，阻塞二极管故障，由热斑效应、制造不良等引起的互连条接触不良或断开以及太阳能电池组件劣化等，除此之外，电极、互连条等的电阻增加以及电线连接件的接触电阻的增加也会影响系统的出力。

太阳能光伏发电系统的构成如图 13.5 所示，主要由太阳能电池组件、旁路二极管、阻塞二极管、并网逆变器（PCS）等构成，由太阳能电池组件构成的太阳能电池方阵与并网逆变器连接并接入电网。在太阳能光伏发电系统中，太阳能电池组件两端接有旁路二极管以避免该组件因出力下降而影响整个系统的出力。为了防止发电出力较低的组串对其他处在正常工作状态组串的发电出力的影响，在各组串设置了阻塞二极管。

对太阳能光伏发电系统来说，常见的故障主要有太阳能电池组件劣化，热斑效应、旁路二极管开路，阻塞二极管故障等。另外，当太阳能电池组件内断线、旁路二极管开路等故障发生时，组串将失去发电的功能。如果其中一路组串中的太阳能电池故障，且与之并联的旁路二极管开路，则该组串的出力为零，由于该电压的牵制作用会使太阳能电池方阵的电压为零，此时将严重影响整个系统的发电出力。

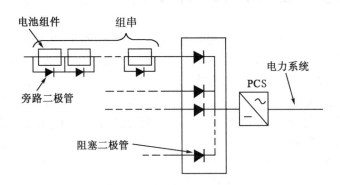

图 13.5　太阳能光伏发电系统构成

图 13.6 所示为晶硅太阳能电池组件的构造，主要由太阳能电池芯片、透明树脂、钢化玻璃、接线盒以及互连条等组成。常见故障主要有制造不良导致劣化所造成的白浊、太阳能电池芯片出现裂纹、接线盒内烧坏、互连条接触不良或断开、封装材料变黄等。太阳

能电池上的污垢、落叶、鸟粪等局部阴影以及电杆、树木、建筑物等移动阴影所造成的出力下降等。

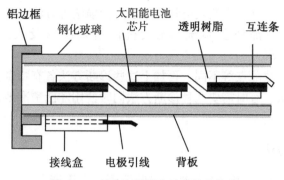

图 13.6 晶硅太阳能电池组件的构造

图 13.7 所示为晶硅太阳能电池组件电路，在太阳能电池组件内部太阳能电池芯片串联而成，即使一枚太阳能电池芯片的发电出力下降或有一处断线（如互连条断线）也会使整个太阳能电池组件的出力降低或为零。例如由于局部阴影的影响，太阳能电池组件内其中 1 回路的阻塞二极管工作，则太阳能电池组件的出力电压将降低 1/3，该部分将处在反向偏置状态，可能会使太阳能电池局部发热并出现热斑效应，导致封装材料变黄或出现白浊的现象，因此应极力避免局部阴影（如污垢、落叶、鸟粪等产生的阴影）对太阳能电池组件的影响。

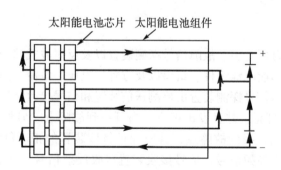

图 13.7 晶硅太阳能电池组件电路

并网逆变器的故障主要有停止运行、雷击导致开关处于断路状态、组串升压装置故障以及并网逆变器本身的升压功能故障等，这些故障同样会导致系统的出力下降。此外，当太阳能光伏发电系统的电能送往电网并导致电网的电压上升时，为了防止此电压超过所规定的电压上限值时，并网逆变器会自动抑制太阳能光伏发电系统的出力或停止运行，从而导致太阳能光伏发电系统的出力降低。

13.4.2　故障诊断方法

太阳能光伏发电系统故障诊断主要使用 *I-V* 特性测量装置、红外线成像装置、专用诊断装置、发电量比较法、预测实测发电量比较法、扫描法等方法，此外还有自动实时故障监测系统，无线实时故障监测系统、无人机诊断系统以及人工智能 AI（Artificial Intelligence）诊断方法等。

由于故障的类型，故障点等不同，再加上这些诊断方法各有特点，所以需根据具体情况使用不同的诊断方法，有时需要几种诊断方法同时使用才能精准地确定故障类型和故障点。

1. *I-V* 特性诊断方法

I-V 特性诊断方法通常使用 *I-V* 特性测量装置测量太阳能电池组件、组串以及方阵的最大输出电压、最大输出电流、开路电压、短路电流、填充因子（FF）以及 *I-V* 特性的形状等，根据 *I-V* 特性、电压、电流等信息判断故障的类型、故障点。

2. 红外线成像装置

在太阳能光伏发电系统发电状态下，如果太阳能电池芯片、太阳能电池组件、连接件、旁路二极管等出现问题，则会在该处出现局部发热、太阳能电池组件可能会出现热斑效应等现象，这时可使用红外线成像装置对发热部分进行诊断，根据成像找到高温点，然后检查该部分是否出现故障，判断故障类型并排出故障。这种诊断方法有时需要配合使用其他诊断方法，如 *I-V* 特性诊断方法，使用专用诊断装置等。

3. 专用诊断装置

专用诊断装置有万用电表、故障信号探测装置以及反射波式诊断装置等。万用电表可以用来简单地检测太阳能电池组件、组串以及方阵的电压、电流、阻抗等，初步判断故障类型、故障点等。故障信号探测装置由检测送信装置和信号接收装置构成，如果在探测太阳能电池某处时 LED 灯亮、并且发出声音，则可找到故障点。另外也可使用反射波式诊断装置对组串进行诊断，找到故障点，其原理是将该装置的正、负极分别连接在组串两端，信号发生装置发出高频信号，信号接收装置接收反射信号，然后利用专用软件或 AI 技术对反射波形进行分析，找到组串中的故障点。

4. 发电量比较法

发电量比较法通过记录太阳能光伏发电系统的发电量，与过去同月或同年的发电量进行比较，如果同期的发电量出现较大差值，则表明太阳能光伏发电系统存在故障，这时需要使用其他故障诊断方法对系统进行仔细诊断以确定故障点。

5. 预测实测发电量比较法

将数月或数年的预测发电量与实测发电量进行比较，分析日照强度与预测发电量和实测发电量的相关性，以此推断太阳能光伏发电系统是否出现故障。

6. 扫描法

这种诊断方法是给太阳能光伏发电系统的电路发出一种特殊的脉冲信号，使该脉冲信号经过要诊断的电路，然后检测出响应波形，并利用软件或 AI 技术进行分析诊断，判别故障种类，找出故障点，这种方法在反射波式诊断装置中已得到应用。

7. 其他方法

此外还有自动实时故障监测系统、无线实时故障监测系统、无人机诊断系统以及 AI 技术诊断方法等。实时故障监测系统可分为有线方式和无线方式，可对太阳能光伏发电系统进行实时监测，及时准确地找到故障位置；无人机诊断系统主要遥控无人机在太阳能电池方阵之上飞行，利用先进的摄影技术获取太阳能电池方阵等的故障数据，然后利用 AI 技术进行分析诊断，确定太阳能电池组件是否有热斑现象、裂纹、破损等故障。

13.4.3 故障诊断实例

如前所述，使用发电量比较法可以发现旁路二极管开路故障，该故障一般发生在图 13.5 所示的多路组串中。如果其中一路组串中的太阳能电池故障，且与之并联的旁路二极管开路的话，则该组串的出力为零。例如，若太阳能光伏发电系统由 4 个组串构成时，则系统出力将减少 1/4，与过去记录的同期发电量相比，发电量会出现较大差别，由此可推断太阳能光伏发电系统存在故障。可见，通过发电量比较法可以发现旁路二极管开路故障，当然也可通过其他诊断方法发现该故障。

太阳能电池组件出现热斑故障时，会在太阳能电池组件某处出现局部发热现象，这时可使用红外线成像装置对发热部分进行诊断，根据成像找到高温点，然后检查该部分是否出现故障，判断故障类型并排出故障。这种诊断方法有时需要配合使用其他诊断方法，如 I-V 特性诊断方法，使用专用诊断装置等。

图 13.8 所示为太阳能电池组件背面温度分布的热成像图。可以看出太阳能电池芯片的一半处于高温状态，温度达 90.1℃ 左右，而无故障太阳能电池芯片的温度为 40.2℃ 左右，温差为 50℃ 左右，因此可判定这枚太阳能电池组件存在故障。

如前所述，利用 I-V 特性诊断方法也可以判断太阳能电池组件的故障。这里使用 I-V 特性测量装置对上述同一太阳能电池组件进行了检测，得出的 I-V 特性如图 13.9 所示，最大功率 P_m 的额定值为 150W 的太阳能电池组件，但其测量值却为 98.2W，出力降低了约 52W，即出力降低了 35% 左右。可见使用 I-V 特性测量装置也可以发现太阳能电池组件的故障。不过，由于所测得的开路电压 V_{oc} 与额定电压几乎相同，所以在某些情况下利用开路电压无法判断太阳能电池的故障，需要使用其他辅助诊断方法。

13.4.4 太阳能电池的维护和清洗

太阳能电池长期安放在室外，容易被灰尘、沙尘、油污等污染，造成发电出力降低，因此需要进行处理。通常情况下可利用自然降雨、自然风力进行清洗，但太阳能电池被含油尘土等污染时，很难通过自然方法去污，会导致太阳能电池的发电出力降低 1.0% ~ 2.5%。在这种情况下应使用专用清污洗净装置进行清洗。

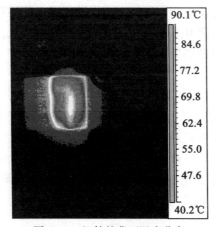

图 13.8　组件的背面温度分布

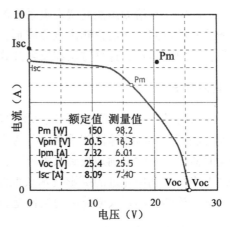

图 13.9　同枚组件的 *I-V* 特性

太阳能电池的清污方法有多种，如在污染比较严重的地方可适当增加太阳能电池的倾角，利用雨水自动清洗；对太阳能电池表面进行化学处理使其表面光滑，使污物不易沉淀而顺利排走；也可利用光触媒分解太阳能电池表面的杂质，使其表面不易残留污染物等。

第14章　太阳能光伏发电的应用

太阳能光伏发电是目前发展最为迅速、发展前景最为看好的可再生能源产业。截止到2020年底，全球太阳能光伏装机累计容量已达760.4GW，当年太阳能装机容量达到138.2GW，与2019年相比增加了18%，在电价方面许多地区已经实现电网平价或更低，预计到2050年太阳能光伏发电量将占全球总发电量的16%以上。

太阳能光伏发电系统的应用领域非常广泛，已遍及民用、住宅、工商业、航天等领域，如海洋、通信、道路管理、汽车、运输、农业利用、住宅、工商企业、大型太阳能发电所以及太空开发等。本章主要介绍太阳能光伏发电在民用、户用、工商企业、城镇区域、大型发电、水面水上、农电并业、虚拟电厂、智能微网、智能电网、全球太阳能光伏发电（地球规模发电）以及太空太阳能发电等方面的应用范例。

14.1　民用太阳能光伏发电

1958年太阳能电池首次在人造卫星上被使用，当时由于价格昂贵，20世纪70年代前太阳能电池未能得到广泛应用。1962年太阳能电池在收音机上首次被使用，从此拉开了太阳能电池在民用领域应用的序幕，但由于当时三极管的功耗较大，太阳能电池未能得到广泛应用。随着半导体集成电路IC、大规模集成电路的发展，使电子产品的功耗大幅度下降，此外非晶硅太阳能电池实现了低成本制造，转换效率也得到了提高，因此1980年太阳能电池在计算器上得到了应用，以后相继出现了太阳能计算器、太阳能钟表等电子产品，使太阳能电池在民用上得到越来越广泛的应用。

14.1.1　太阳能计算器

图14.1所示为太阳能计算器的外观。太阳能计算器的电源采用独立型太阳能光伏发电系统，该系统主要由太阳能电池、蓄电池以及充放电控制器等构成，其中太阳能电池采用非晶硅太阳能电池，以便能有效利用房间的荧光灯灯光发电。蓄电池一般使用锂电池。由于计算器的液晶显示屏耗电较少，所以太阳能电池在荧光灯的照射下所产生的电能足以满足其需要。

14.1.2　太阳能钟表

最近，在公园和公共设施处可以看到太阳能时钟。由于钟表技术的发展，节能钟表不断出现，小容量太阳能光伏发电系统用作电源成为可能。图14.2所示为太阳能时钟。昼间太阳能电池所产生的电能直接驱动太阳能时钟工作，并将多余电能通过蓄电池储存起来，日落后传感器感知太阳能电池的出力，如果其出力不能满足供电，这时控制器使蓄电池向太阳能时钟供电，以保证太阳能时钟正常工作。

图 14.1　太阳能计算器　　　　　　　　　图 14.2　太阳能时钟

图 14.3 所示为太阳能手表的外观和断面图。太阳能手表内装有太阳能光伏发电系统，该系统主要由太阳能电池、蓄电池以及控制器等构成。太阳能电池采用透明、柔软的非晶硅太阳能电池，将它安装在本体内文字板的外圈呈圆形布置。太阳能电池较薄，可以做成各种不同形状以满足各种手表的需要。蓄电池一般使用锂电池。太阳能手表由于使用太阳能电池发电，因此不需频繁更换电池，使用维护比较方便。

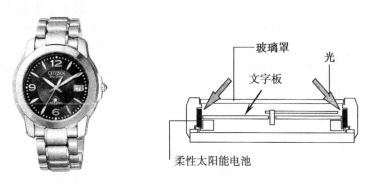

图 14.3　太阳能手表的外观和断面图

14.1.3　太阳能充电

1. 手机等用太阳能充电器

现在，小型充电器在手机、笔记本电脑以及数字照相机等便携式设备方面的应用已非常普及，这些设备在远离公共电网的地方使用时，存在难以充电的问题，利用太阳能充电器则可解决便携式设备的充电问题。太阳能充电器主要由太阳能电池、蓄电池以及控制器等构成，图14.4所示为手机用太阳能电池充电器。

2. 电动车用太阳能充电站

由于使用汽油等化石燃料的汽车在行走过程中会排放二氧化碳等温室气体和有害气体，给环境造成严重影响，目前电动车正在得到快速应用和普及，全国各地正在大量建设太阳能充电站。图14.5所示为电动车用太阳能充电站，主要由太阳能电池方阵、充电控制器以及蓄电设备等构成。太阳能电池一般采用晶硅太阳能电池等，太阳能电池方阵的容量可根据电动车蓄电池容量、充电站蓄电池容量等选定，以满足36V、48V、60V等不同型号蓄电池的需要。

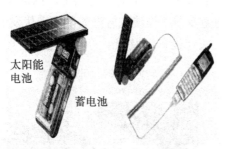

图14.4　太阳能电池充电器　　　　图14.5　电动车用太阳能充电站

14.1.4　交通指示用太阳能光伏发电系统

交通指示用太阳能光伏发电系统一般将太阳能电池与高亮度LED组合构成，如自发光式道路指示器、方向指示灯以及障碍物指示灯等。图14.6（a）所示为自发光式障碍物指示灯，同图（b）所示为方向指示灯。

(a)　　　　　　　　　　　　　(b)

图14.6　交通指示用太阳能光伏发电系统

指示灯所使用的蓄电器一般为密封型蓄电池或超级电容，具有充电简单等特点。由于交通指示灯、标志牌等可能设置在建筑物或偏僻的地方，因此会出现光照时间短、有时只能接收散射光的情况，所以，设计太阳能电池的容量时，应比通常的独立型太阳能光伏发电系统的容量大 5~10 倍。另外，由于指示灯使用的场所不同还应满足机械强度、耐腐蚀等要求。

14.1.5　应急用太阳能光伏发电系统

当地震灾害、停电事故等发生时，太阳能光伏发电系统作为独立电源一般用于避难引导灯、防灾无线电通信等。当公共电网供电停止时，带有蓄电池的并网型太阳能光伏发电系统可向紧急负荷供电，如加油站、道路指示以及避难场所指示等。

图 14.7 所示为 60kW 的应急型太阳能光伏发电系统。通常情况下，该系统通过并网逆变器与电力系统连接，应急型太阳能光伏发电系统所产生的电能供工厂内的负荷使用。当灾害发生时，系统并网保护装置动作，并网逆变器工作使应急型太阳能光伏发电系统与电力系统分离，该系统为紧急通信、避难所、医疗设备以及照明等提供电能。图 14.8 所示为路灯用太阳能光伏发电系统。

图 14.7　防灾用光伏发电系统　　　　图 14.8　路灯用光伏发电系统

14.2　户用型太阳能光伏发电

图 14.9 所示为户用并网型太阳能光伏发电系统，它由太阳能电池方阵、并网逆变器、汇流箱、配电盘、卖电、买电用电表等构成。其工作原理是：太阳能电池方阵产生的直流电经汇流箱送往并网逆变器，它将直流电转换成交流电，然后经配电盘送至住宅内的各负载使用，有多余电能时则经卖电用电表送至电网，相反，电能不足时则由电网经买电用电表为负载供电。

图 14.10 所示为户用型太阳能光伏发电系统范例。现在，户用型太阳能光伏发电系统正在不断增加，不只是已建住宅，新建住宅设置太阳能光伏发电系统也在不断增加，一般

作为分布式电源使用。户用型太阳能光伏发电系统通常接入电网、南向设置、容量为 3～5kW，太阳能电池方阵的直流电通过逆变器转换成交流后供给住宅内的负载。

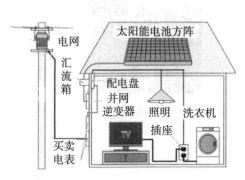

图 14.9 户用并网型光伏发电系统

图 14.10 户用光伏发电系统范例

如果太阳能光伏发电系统所产生的电能大于负载的消费电能，则通过配电线向电力企业卖电（售电）。相反，则从电力企业买电（购电）。户用型太阳能光伏发电系统的年发电量中大约 40% 的电量供住宅内的负载消费，余下的约 60% 的电量出售给电力企业。但是，由于夜间太阳能光伏发电系统不能发电，因此，住宅内负载所需约 60% 的用电量需要从电力企业买入。一般来说，容量为 3～5kW 的户用型太阳能光伏发电系统基本能满足一般家庭的年消费量的需要。

14.3 工商业型太阳能光伏发电

工商业型太阳能光伏发电系统主要设置在公共设施、大型建筑物、办公楼、学校、体育馆、医院、福利设施、工厂、车站、码头、机场等的屋顶或幕墙上，为这些设施提供电能。与户用型太阳能光伏发电系统相比，工商业型太阳能光伏发电系统的规模较大，设置面积一般超过 $100m^2$、设置容量在 10～1000kW。另外，这种系统一般自发自用，很少卖电，卖电时其卖电价格一般会低于户用型太阳能光伏发电系统的价格。除此之外，发生灾害时，该太阳能光伏发电系统可作为备用电源为负载供电。在楼宇、高层建筑物等处设置的太阳能光伏发电系统，既可采用常用的太阳能电池组件，也可采用建材一体型太阳能电池组件，太阳能电池组件有标准型、屋顶材一体型以及强化玻璃复合型等。图 14.11 所示为在楼宇屋顶和幕墙上设置的工商业型太阳能光伏发电系统。

图 14.12 所示为大学校园内设置的屋顶型太阳能光伏发电系统。该系统的容量为 40kW，太阳能电池方阵面积约 $400m^2$，年发电量约为 45000kWh。太阳能光伏发电系统所产生的电能由 4 台逆变器转换成交流电后供校园照明、空调设备等使用。图 14.13 所示为采光型太阳能光伏发电系统。该系统除了发电之外，由于部分光线透过太阳能电池，因此

图 14.11　屋顶和幕墙上设置的工商业型太阳能光伏发电系统

可增加天桥通道的亮度，方便行人通行。

图 14.12　屋顶设置型光伏发电系统　　　　图 14.13　采光型光伏发电系统

14.4　区域型太阳能光伏发电

随着太阳能光伏发电系统的应用与普及，户用型太阳能光伏发电系统正在得到大力推广，该系统一般分布设置、直接上网。但随着大量住宅小区和居住型城市的建设，将会出现大量的太阳能光伏发电系统集中接入公共电网的情况，这将会导致电力系统的电压升高、频率波动、谐波以及供需失衡等问题的出现。为了解决这些问题，有必要设置区域型太阳能光伏发电系统。

图 14.14 所示为在某区域的住宅和公共设施上设置的区域型太阳能光伏发电系统，设置住宅约 500 栋，系统容量约为 1000kW，该系统可为 300 栋住宅提供电能，多余电能通过区域内设置的配电线供区域内的其他住宅的负载使用。该系统既可减少与电网的买卖电能，还可实现削峰填谷，因此可缓解或解决电压升高、频率波动以及供需失衡等问题。

图 14.14　区域型太阳能光伏发电系统

14.5　大型太阳能光伏发电

　　大型太阳能光伏发电系统一般是指容量在 1MW 以上的系统。目前世界各国正在大力推广大型太阳能光伏发电系统。我国在太阳能资源非常丰富的西北（如沙漠地区）建设大型太阳能光伏发电系统非常必要，如我国在敦煌附近建造的大型太阳能光伏发电系统，该系统产生的电能除了供当地负载使用之外，还可将多余电能送入电网，远距离传输到大城市等负荷中心使用。

　　为了解决远离电网的偏远地区的民用、工业等用电问题，合理利用人口稀少地区的沙漠、荒地、荒山等丰富的土地资源，充分利用太阳光辐射能较强地区的太阳能资源，建设大规模太阳能光伏发电系统十分必要。此外，利用城市周边的荒地、荒山、城区的工厂、学校、购物中心、大型停车场等建筑物的屋顶或幕墙设置大型太阳能光伏发电系统，一方面可"地产地销"，解决当地的用电问题，另一方面可减轻电网的峰荷压力。图 14.15 所示为在荒山设置的大型太阳能光伏发电系统。图 14.16 所示为在上海世博会的会场设置的大型太阳能光伏发电系统。

图 14.15　在荒山设置的大型系统

图 14.16　上海世博会大型系统

14.6　水面水上太阳能光伏发电

太阳能光伏发电系统一般设置在屋顶、幕墙、地面、水面和水上等处。但在地面设置大型太阳能光伏发电系统时，需要占用大面积土地，由于我国土地资源十分宝贵，需要尽最大限度保护耕地资源，因此在地面设置太阳能光伏发电系统时会受到一定的制约。

在水面、水上设置太阳能光伏发电系统具有不占用土地资源、发电效率高、成本低、减少水的蒸发量以及抑制藻类生长等明显优势，正方兴未艾。我国东部地区土地资源宝贵，但水网密布，水塘、湖泊以及水库纵横交错，加之电力负荷主要集中在东部地区，因此比较适合建造水面、水上太阳能光伏发电系统。

14.6.1　水面漂浮式太阳能光伏发电系统

1.　水面漂浮式太阳能光伏发电系统

太阳能光伏发电系统可建造在水面上，该系统一般为漂浮式。图 14.17 所示为水面漂浮式太阳能光伏发电系统。该系统借助漂浮式基础平台，相对固定地漂浮在水面上发电。基础平台一般采用高密度聚乙烯浮箱、支架式漂浮。汇流箱、太阳能电池组件以及逆变器等装置被固定在浮体上，太阳能电池方阵就如同浮萍一般漂浮在水面上。

图 14.17　水面漂浮式光伏发电系统

这种水面漂浮式太阳能光伏发电系统适用于较深的水域、对水体环境没有影响、可节省基础成本、缩短施工周期。与传统的地面太阳能光伏发电系统相比，具有不占用土地资源、减少水量蒸发、遮挡阳光抑制藻类生长的作用。同时，水体还可帮助太阳能电池组件降温，使其转换效率提高，并显著增加发电量。

2.　水面漂浮式太阳能光伏发电系统的特点

与地面太阳能光伏发电系统相比，水面漂浮式太阳能光伏发电系统具有诸多特点：

①可节省大量土地资源，有利于保护耕地资源，使水塘、湖泊以及水库等资源得到合理、有效利用；②水面通常非常平整开阔，不存在建筑物等遮挡太阳出现阴影的情况，能够有效利用太阳光，发电出力较大；③可利用水体冷却作用降低太阳能电池温度，与地面和屋顶太阳能光伏发电系统相比，发电效率可提高5%左右；④由于不需要土地使用金，再加上使用寿命较长，因此维护成本较低，发电成本低廉；⑤因太阳能电池等覆盖部分水面，夏天可降低水温和水的蒸发量，更适合鱼类的生存，并可改善水质；⑥由于在水面安装的各太阳能电池之间会留有一定的空隙，以便让太阳光能够照射到水下，另外，对于一片水域会考虑安装的太阳能电池数量以抑制藻类生长，因此这种系统不会破坏水体环境，也不会对生态系统带来危害。

14.6.2 水上太阳能光伏发电系统

图 14.18 所示为水上太阳能光伏发电系统，该系统主要建在鱼塘、海边或水库的平坦区域，在该区域先建造基础，并固定支架，然后将太阳能电池方阵固定在支架上，各排太阳能电池方阵之间保持一定间距，使太阳光照射在水面上，为水中的鱼类、水生生物等创造良好的水体环境。

图 14.18 水上光伏发电系统

14.7 农电并业型太阳能光伏发电

农民一般以农业为生，由于诸如季节、天气、灾害、价格竞争等众多因素的影响，会出现投入与收益不平衡，收入不稳定等问题，导致从事农业种植的人越来越少，特别是年轻农户的流失尤为严重。另一方面，适合建设太阳能光伏电站的土地也变得越来越少，利用种植农作物的农地安装太阳能光伏发电系统也是一种不错的选择。

14.7.1 太阳能共享的基本思路

一般认为在植物生长过程中日照量越多越好，其实并非如此。实际上，对于某种农作物来说，具有超过某极限光时，对于提高光合强度不再起作用的性质，一般称该极限光为该植物的光饱和点。对于大多数农作物而言，平常的日照量是过剩的，利用这些过剩的日照量（分享）进行发电，对农作物的生长并没有不良影响。这就是太阳能共享的基本思路。

农电并业型太阳能光伏发电（solar sharing）是指在农地上设置太阳能光伏发电系统，在进行农业产出的同时还获得太阳能光伏发电卖电的收益。它是一种"收益"的共享，是农作物生产和太阳能发电共同分享（sharing）太阳能（solar）的机制。又称"太阳能共享"。

农电并业型太阳能光伏发电既可使农户获得农业收入，也可获得卖电收入，可以解决农户收入单一问题，此外还可解决太阳能光伏发电系统安装土地面积受限的问题，因此得到了人们的广泛关注，目前在一些地区正在大力推广。

14.7.2　农电并业型系统用太阳能电池

由于透光型太阳能电池只吸收紫外光发电，不影响其他波长的光透过，因此在农电并业型太阳能光伏发电系统中通常使用透光型太阳能电池，如在种植蔬菜的农地上安装透光型太阳能电池，该太阳能电池利用紫外线发电的同时，让紫外线以外的可见光等光线透过，为蔬菜等提供光合作用所需光能，农民可获得售电和销售蔬菜两方面的收入。

在农电并业型太阳能光伏发电系统中，通常采用透光型有机薄膜太阳能电池，该太阳能电池让蓝色领域和红色领域的光能透过，供农作物生长使用，而利用绿色领域的光能发电，发电对农作物的生长不产生影响。另外，为了确保农作物生长所需的日照量，可加大各太阳能电池之间的设置间隔，或者交错相间地设置小型太阳能电池。

14.7.3　农电并业型太阳能光伏发电系统

图 14.19 所示为农电并业型太阳能光伏发电系统。安装该系统时先在农地上用防锈单管等材料固定好支架，然后在其上安装太阳能电池即可。不过为了保证支架下面能够正常进行农业生产，应加长支架使高度达 3~3.5m。在支架下一般种植一些需要少量日照或完全不需要日照的阴性植物，如水稻、茶叶、胡萝卜、白萝卜、青椒、茄子、葡萄等。除此之外，也可以种植卷心菜、草莓、菌类等。图中支架下种植的植物为水稻，可见水稻长势喜人。

14.7.4　农电并业型太阳能光伏发电的特点

在农电并业型太阳能光伏发电系统中，虽然太阳能电池遮住了部分阳光，但不会对农作物的生长产生影响，对收成几乎没有影响，有些农作物的收成反而有所增加。另外由于太阳能电池遮挡住了不必要的光线，因此还可减少土壤中的水分蒸发、从而节约农业用水。

农电并业型太阳能光伏发电这种新型运营模式的好处在于：可以在进行农业种植的同时发电，农户还可出售电能获取额外收入。新模式在减少农业从业者风险的同时，也使太阳能光伏发电产出。此外在光照量溢出的夏季，太阳能电池可以有效地保护农作物，避免

图 14.19　农电并业型太阳能光伏发电系统

因暴晒而导致减产。

14.8　太阳能光伏发电在虚拟电厂中的应用

14.8.1　虚拟电厂的提出

随着科技的进步和发电成本的降低，在用户侧，企业或一般家庭设置太阳能光伏发电设备、家用燃料电池等热电联产、电动车、蓄电设备以及节电电能（通过节电省下的电能）等分布式能源 DER（Distributed Energy Resource）的普及取得了较大进展。另外，需求响应 DR（Demand Response）的不断增加，使其对产能、节能以及储能的贡献度也在不断提高。因此，用户不只是消费电能的一方，也是进行产能、节能以及储能，担当能源供给的一方。在这样的背景下，对依存集中电源的从来型能源供给系统的重新评估、如何将用户侧的能源资源用于电力系统的方法得到了发展。

由于电力、燃气等零售业的放开，许多企业进入能源行业，特别是可再生能源发电行业，导致市场中产生了新的竞争并使市场极具活力，使新的服务和技术革新等环境得到提升，使能源系统改革得到了较大推进。

IoT 技术的出现，需要对在各种场所分布的设备、装置进行有机结合整合、调控管理的技术。虽然工厂、家庭等分布式能源的规模较小，但如果利用 IoT 等先进能源管理技术将许多发电设备、装置等通过互联网进行连接聚合、整合调控，进而对家庭能源管理系统（HEMS）、楼宇能源管理系统（BEMS）等进行自控和群控，则可对电力供需平衡进行综合调整，实现电能的有效利用。

太阳能光伏发电、风能发电等可再生能源发电的应用与普及得到了很大的发展，但这些发电的输出功率随季节、气候、时间等变化产生较大的波动，出现了诸如多余电能、电网并网点附近的电压和频率波动等问题，使得电能供给量的控制极为困难，急需找到好的解决方法。

如上所述，由于用户侧能源资源（即产能、节能和储能）的扩大、能源系统改革的推进、物联网 IoT（Internet of Things）技术的应用以及解决间歇式发电出力波动的需要，人们提出了虚拟电厂的概念。由于这种模式的功能类似于电厂的功能，因此称之为虚拟电厂。

14.8.2　虚拟电厂的构成

虚拟电厂 VPP（Virtual Power Plant）是一种利用先进信息通信技术和软件系统，实现分布式电源 DG（分布式发电设备）、储能系统（分布式储能设备）、可控负荷（节能设备）、电动汽车等分布式能源 DER（Distributed Energy Resources）的聚合和协调优化，作为一个特殊电厂参与电力市场和电网运行的电源协调管理系统。虚拟电厂并非传统意义上的电厂，它其实是一个管理系统。

虚拟电厂是一种先进的区域性电能集中管理模式，其中分布式电源主要包括太阳能光伏发电、风力发电等分布式发电设备；储能系统主要包括铅蓄电池、锂电池等分布式储能设施；可控负荷主要指节能设备，如空调、照明设备、需求响应 DR 等。DR 可在电力交易市场价格暴涨或系统的可靠性下降时，利用设定的电价等变换电能消费模式以抑制家庭用电量。

图 14.20 所示为虚拟电厂的构成。图中的负荷集成调度商（aggregation coordinator）是指与一般电力企业、零售电力企业以及包括太阳能光伏发电等的可再生能源电力企业等直接进行交易、为需求侧提供电力供给的运营企业。负荷集成代理商（resource aggregator）是指与居民用户等需求侧用户直接签订 VPP 服务协议，负责聚合用户的各类负荷，对电力资源进行调控的运营企业。一般来说，VPP 集成所有能源互联网先进技术，包括投资组合优化、数据管理系统、新能源分布式电源 DG（Distributed Generator）、储能电动车、智能电表与测量、需求侧管理和测量等；VPP 还与所有主要能源互联网参与者互动，即 VPP 分别与电网运营企业、发电企业、售电企业、电力交易市场、政策制定者、主动用户等互动。

如图所示，VPP 与一般电力企业、零售电力企业、可再生能源电力企业以及用户有关，所提供的服务主要有：为一般电力企业提供调整力（类似备用电源），并进行维持电能品质的工作；为零售电力企业提供供给能力，避免产生供需不平衡问题；为可再生能源电力企业提供避免抑制出力服务；为用户提供有效利用能源、降低电费服务等。

14.8.3　虚拟电厂的功能

虚拟电厂的主要作用是将许多分布式电源进行集中，并对其进行综合控制，调整供需平衡、调整运营服务，参与电力市场交易，确保电力的安全、稳定和有效利用等。其主要功能包括：①使能源的供需平衡最优化；②使电力需要的负荷平均化；③吸收可再生能源的供给过剩、电力不足时的供给（即供给调整力）；④扩大可再生能源的普及，促进节能；⑤有利于经济发展；⑥减少用户电费；⑦促进用户智慧用电。

与后面介绍的智能微网有所不同，由于虚拟电厂是一个假想的、特殊的电厂，它对每个分布式电源来说，其并网方式并未改变，而是通过先进的控制、计量、通信等技术聚合分布式电源、储能系统、可控负荷、电动汽车等不同类型的分布式能源，并通过高层面的

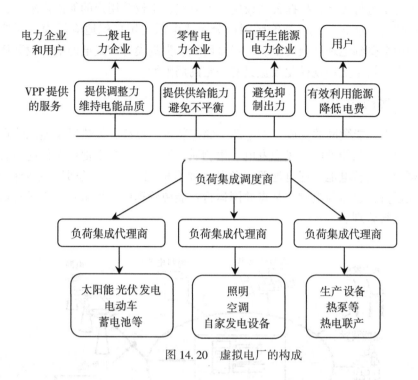

图 14.20 虚拟电厂的构成

软件构架实现多个分布式能源的协调优化运行。它能够聚合智能微网所辖范围之外的分布式电源、储能系统、可控负荷等，更有利于资源的合理优化配置及有效利用。

由于太阳能光伏发电、风能发电等可再生能源发电的电力具有显著的间歇性和随机波动性，因此可利用虚拟发厂对大规模可再生能源电力进行安全、高效的利用，它提供的可再生能源电力与传统能源和储能装置集成的模式，能够在智能协同调控和决策支持下，对大电网呈现出稳定的电力输出特性，为可再生能源电力的安全高效利用开辟了一条新的路径。

14.9 太阳能光伏发电在智能微网中的应用

14.9.1 智能微网

所谓智能是指进行合理分析、判断、有目的的行动和有效地处理问题的综合能力，是多种才能的总和，或称为智慧和能力的总和。智能微网（smart microgrid）又称智能微电网，是指由分布式电源、储能装置、能量转换装置、相关负荷和监控、保护装置汇集而成的小型电力系统，是一个能够实现自我控制、保护和管理的独立系统，是一个实现独立电能稳定供给的小规模能源网。

智能微网可与公共电网并网运行，也可独立运行，可协调大电网与分布式电源的技术矛盾，并具备一定的能量管理功能。该系统可对太阳能光伏发电等可再生能源、蓄电池等进行聚合，对供电量进行控制，把握公共设施、办公室、学校等用户的能源需求量，实现局部区域的功率平衡与能量优化。智能微网以分布式电源与用户就地应用为主要控制目标，在实际应用中会受到地理区域的限制，对多区域、大规模分布式电源的有效利用存在一定困难，在电力市场中实现规模化效益具有一定的局限性。

14.9.2　智能微网的构成

图 14.21 所示为智能微网的构成。由电源、储能装置、负载、供热以及能源管理中心等构成。电源主要由太阳能发电、风力发电、生物质能发电、燃料电池以及储能装置等构成；储能装置可使用铅蓄电池、锂电池等；负载主要有医院、学校、公寓、办公楼宇等。智能微网可独立运行，也可与电网在某点并网运行；能源管理中心用来对供需进行最优控制、对整个系统进行管理。

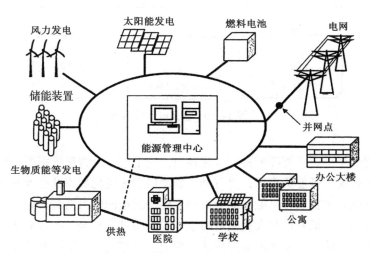

图 14.21　智能微网的构成

在智能微网中，大量使用太阳能发电等可再生能源发电，而柴油发电、微汽轮机发电以及蓄电池通常作为补充电源。可使用 IT 技术等对网内的供需进行最优控制，使发电与消费最优并保证电网稳定运行、安全可靠。

14.9.3　智能微网的特点

在智能微网中，电源一般使用太阳能光伏发电、风能发电、微型汽轮机发电以及蓄电池等。由于太阳能、风能等的发电出力容易受气候、环境等因素的影响，导致发电出力波动较大，所以需要使发电与住宅、办公室、学校等负载之间保持供需平衡，使供给特性与能源需求特性相适应。由于在智能微网中利用 IT 技术等对整个系统进行最优控制和管理，因此可使供需平衡达到最佳，并保证电网稳定运行、安全可靠。

另外，在用户侧一般装有智能电表，它具有通信和管理功能，可向电力企业实时传送用户的用电量等信息，电力企业可掌握有关用户的用电情况，为可靠、安全供电提供决策。

与智能电网不同，智能微网是一个独立的小型电网，可用于发电与消费较小的区域，一般情况下不与公共电网连接。但在有公共电网的地方，为了提高智能微网供电的可靠性和安全性，在必要的情况下也可与公共电网连接，但主要靠智能微网本身供电。

14.9.4 智能微网的应用

我国海南省三沙市西沙永兴岛地处南海，有着丰富的太阳能、风能以及海洋能资源，加之该岛远离南方电网，因此大力开发应用智能微网非常必要。我国首个远海岛屿智能微网在海南三沙永兴岛正式建成并投入运行，该岛居民等可全部利用太阳能光伏发电等清洁能源，未来还可以灵活接入波浪能、可移动电源等多种新能源。永兴岛智能微网可通过海底光纤接收 400 多公里外的海南岛电力指挥中心的调控，使供电可靠性达到城市电网水平。永兴岛电网还将成为海岛智能微网群的控制中心，以便对多个边远海岛智能微网进行远程集中运行管理。

该岛将充分利用太阳能等可再生能源，综合利用柴油或 LNG 发电余热实现冷、热联供，实现智能微网供电与供热的可持续发展，最大限度地促进能源资源综合利用。永兴岛将以建设"智能、高效、可靠、绿色"的岛屿型多功能互补微型电网为目标，建成具有海岛特色的智能微网，为该岛的居民等提供电能、热能等清洁能源。

美国、日本及西班牙等国也在研发智能微网系统。日本已选定横滨市、丰田市、京都府（京阪奈学园都市）以及北九州市作为智能能源系统试验地区，开展新一代能源社会系统等方面的研究。横滨市将安装 27MW 的太阳能光伏发电系统，将 4000 户住宅及楼宇智能化，以试验电力、供热区域能源系统与大规模网络的互补关系。除此之外将投入 2000 台新能源汽车用于研究新一代交通系统，对未来城市模式进行研究；丰田市的二氧化碳减排目标是家庭为 20%，交通为 40%，将与当地的大型企业和地方团体协商，开展能源的有效利用、低碳交通系统方面的研究；京都府将在家庭、办公楼内安装发电、储能装置用智能控制系统，以家庭、办公楼为单位，形成"纳米智能微网"，构筑能源自产自销模式，进行"区域纳米智能微网"与"大电网"互补方面的试验；北九州的试验项目将使用民间已有的太阳能、氢能等可再生能源资源，实现以智能微网为核心的区域居民全员参加型能源区域管理，使二氧化碳减排达 50%以上。

14.10 太阳能光伏发电在智能电网中的应用

14.10.1 智能电网

智能电网（smart power grids）就是电网的智能化，它建立在集成、高速双向通信网络的基础上，利用先进的传感和测量技术、先进的设备技术、先进的控制方法以及先进的决策支持系统技术，实现电网的可靠、安全、经济、高效以及环境友好等目标。

现在的电网由大型发电站单向为用户供电，根据负荷需要对发电站的出力进行控制，但随季节、气候以及时间带不同，出力波动的太阳能光伏发电、风力发电等大量接入电网时，现在的实时跟踪负荷并对供给进行调整的控制方法则变得无能为力。在智能电网中，当电力供给过剩时可进行储存，或告知用户用电，当供给不足时可由蓄电池供电，或通知不急于用电的用户减少或停止用电，根据供需双方的信息进行自动控制，使电网稳定运行。

14.10.2　智能电网的构成

由于使用智能电网的目的不同，所以智能电网的形式也多种多样，主要有提高可靠性强化型、高增长需要型、可再生能源大量普及型以及都市开发型等。图 14.22 所示为智能电网的构成。图中环状粗线（内侧）以及箭头表示电力线路、流向，而细线（外侧）则表示通信、控制线路。发电包括传统发电和可再生能源发电，即发电站由火力、水力、风能、太阳能等构成。用户主要有智能房、智能楼宇、工厂等用电负载。另外还有智能系统、控制中心等。

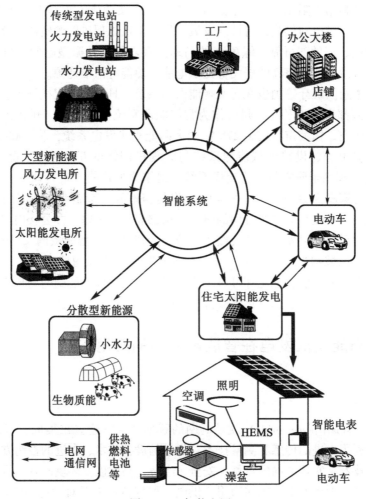

图 14.22　智能电网

14.10.3 智能电网的应用

图 14.23 所示为江西共青城市的智能微网。该智能微网主要由分布式电源、负载、智能微网综合管理系统以及电动巴士充电管理系统等构成。其中分布式电源主要有太阳能光伏发电、蓄电池等；负载主要有住宅、楼宇、工厂等负载。该智能电网的主要目标是实现包括太阳能光伏发电在内的可再生能源发电的应用和普及、住宅和楼宇等负载的节能、区域协调高效运转以及交通高效便捷运行等。

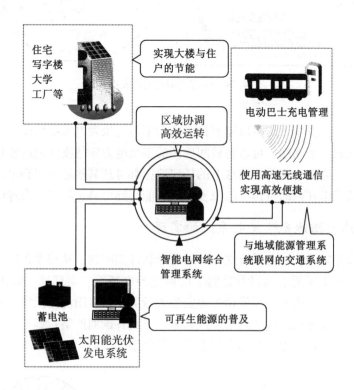

图 14.23 江西共青城市的智能微网

14.11 全球太阳能光伏发电系统

14.11.1 全球太阳能光伏发电系统

太阳能光伏发电虽然有许多优点，但也存在许多弱点，例如，太阳能电池在夜间不能发电，雨天、阴天的发电出力会减少，无法提供稳定的电力供给等。随着科学技术的发展，超电导电缆的应用，科学家提出了全球太阳能光伏发电系统的设想。即在地球上的各地分布建设太阳能发电站，用超电导电缆将太阳能发电站连接起来构成如图 14.24 所示的全球太阳能光伏发电系统（GENESIS）。

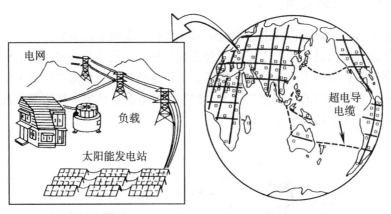

图 14.24　全球太阳能光伏发电系统

　　全球太阳能光伏发电系统可以克服目前的太阳能光伏发电系统的弱点。即将全球的太阳能发电站连接成一个网络，可以将昼间地区的多余电力输往夜间地区使用。若将该网络扩展到地球的南北方向，则无论地球上的任何地区都可从其他地方得到电能，这样可以使包括太阳能光伏发电在内的可再生能源发电的电能得到可靠、稳定、合理的使用。

14.11.2　全球太阳能光伏发电系统的实现

　　实现全球太阳能光伏发电系统这一计划还面临许多问题，从技术角度看需要研究开发高性能、低成本的太阳能电池以及常温下的超电导电缆等。实现这一设想可以分三步进行：第一步在家庭或工商业工厂屋顶等地安装大量的小型太阳能光伏发电系统，构成局部地域网络；第二步将邻国之间的网络连接起来，形成各国间网络；第三步如古代丝绸之路一样将网络扩展到全球，形成全球太阳能光伏发电系统，如图 14.25 所示。

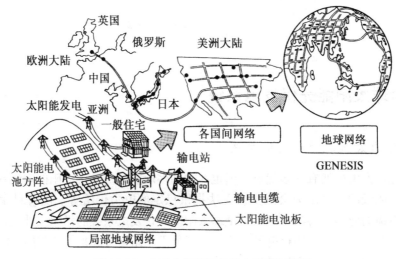

图 14.25　全球太阳能光伏发电系统的实现

14.12 太阳能光伏发电在太空的应用

目前，太阳能发电在地面应用较多，而在太空的应用较少。地面太阳能光伏发电由于受太阳能电池的设置纬度、昼夜、四季等日照条件的变化，大气以及气象状态等因素的影响，这种利用方式的发电效率较低。由于太空的太阳光能量密度比地面高 1.4 倍左右，日照时间比地面长 4~5 倍，发电量比地面多 5.5~7 倍，在太空中没有阴天刮风下雨，太阳能转换效率可以提高 14 倍，此外，与日益枯竭并导致严重环境问题的传统化石能源相比，太空太阳能更加高效和可持续。因此太空太阳能发电可利用那些永远不会到达地球表面的太空太阳能量，并将其转换成强大的电能。

14.12.1 太空太阳能发电系统的提出

为了克服太阳能光伏发电系统在地面上发电的不足之处，人们提出了太空太阳能发电（SSPS）的概念。所谓太空太阳能发电，就是利用大推力火箭将太阳能电池等设备送入地球上空 36000km 的静止轨道，利用展开的太阳能电池方阵发电，并将太阳能电池发出的直流电能转换成微波（或激光），通过输电天线传输到地面上的接收天线，然后将微波转换成直流电或交流电供负载使用。图 14.26 所示为太空太阳能发电系统。该系统由数千MW 的太阳能电池、输电天线、接收天线、电力微波转换器、微波电力转换器以及控制系统等构成。

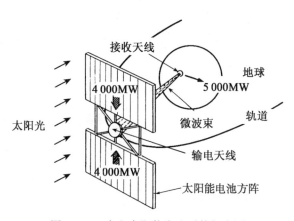

图 14.26　太空太阳能发电系统概念图

太空太阳能发电的最大课题是如何将在太空获得的电能传到地面的问题。可采用将电能转换成微波送往地面，然后利用在地面或海上设置的接收天线接收电能的方法。这种方法的缺点是使用火箭或航天器等运载工具将太阳能电池等设备运往太空的费用较高。除此之外，也可采用将太阳光能转换成激光送往地面，通过地面设置的太阳能电池转换成电能的方法。但这种方法的缺点是空中的云、雨等会吸收激光。另外人们提出了发射小型卫星进行发电的"太阳鸟"构想。目前正在对这几种发电方法的经济性进行研究，预计在 20

世纪 30 年代将建造 1GW 级的太空太阳能发电系统。

14.12.2　我国的太空太阳能发电站计划

　　根据中国空间技术研究院（CAST）的信息，我国计划到 2035 年将建成 200MW 级太空太阳能发电站。建设该电站需要解决大量太阳能电池模块的运载、安装以及兆瓦级能源的高效无线传输等难题。我国的太空太阳能电站将按四步走设想向前推进，即 2011 年到 2020 年的第一阶段进行太空太阳能电站的验证与设计；2021 年到 2025 年的第二阶段将建成第一个低轨道空间电站系统；2026 年到 2040 年的第三阶段将发射太空太阳能电站并完成组装；2036 年到 2050 年正式实现商业运营，设计寿命约 30 年。

参 考 文 献

［1］［美］G Boyle. Renewable Energy［M］. 2nd ed. London：Oxford University Press，2004.

［2］［德］R Wengenmayr. Renewable Energy—Sustainable Energy Concepts for the Future［M］. Weinheim：WILEY-VCH，2008.

［3］［美］Richard P. Walker，Andrew Swift. Wind Energy Essentials［M］. Weinheim：WILEY，2015.

［4］［德］Konrad Mertens. Photovoltaics［M］. Weinheim：WILEY，2014.

［5］［美］Ron DiPippo. Geothermal Power Generation［M］. Sawston，Cambridge：Woodhead Publishing，2016.

［6］［瑞士］Gerardus Blokdyk. Biomass Electricity Generation［M］. Switzerland：5STARCooks，2018.

［7］［日］柳父. 能源变换工学［M］. 东京：东京电机大学出版局，2004.

［8］［日］谷，等. 太阳能电池［M］. 东京：パフー社：2004.

［9］［日］谷，等. 再生型自然能源利用技术［M］. 东京：パフー社，2006.

［10］［日］西澤，稻葉. 能源工学［M］. 东京：讲坛社，2007.

［11］［日］西川. 新能源技术［M］. 东京：东京电机大学出版局，2013.

［12］［日］饭田，等. 自然能源发电［M］. 东京：日本实业出版社，2013.

［13］［日］野吕，等. 分布型能源发电［M］. 东京：コロナ社，2016.

［14］［日］八坂，等. 电气能量工学［M］. 东京：森北出版株式会社，2017.

［15］［日］荒川. 21 世纪的太阳光发电［M］. 东京：コロナ社，2017.

［16］［日］石桥. 自家消费型太阳光发电［M］. 东京：现代书林社，2021.

［17］车孝轩. 地域并网型太阳发电系统的构成方法［J］. 日本电气学会杂志，2000，120（2）.

［18］崔容强，等. 并网型太阳能光伏发电系统［M］. 北京：化学工业出版社，2007.

［19］车孝轩. 太阳能光伏系统概论［M］. 武汉：武汉大学出版社，2011.

［20］车孝轩. 太阳能光伏发电及智能系统［M］. 武汉：武汉大学出版社，2014.